Ralph Köbler
Neue Wege im Recruiting
Mehr Effektivität mit Gravesmodell und Metaprogrammen
Ein praxisorientiertes Handbuch

Ausführliche Informationen zu jedem unserer lieferbaren und geplanten Bücher finden Sie im Internet unter www.junfermann.de. Dort können Sie auch unseren kostenlosen Mail-**Newsletter** abonnieren und sicherstellen, dass Sie alles Wissenswerte über das **JUNFERMANN**-Programm regelmäßig und aktuell erfahren.

Besuchen Sie auch unsere e-Publishing-Plattform www.active-books.de!

Ralph Köbler

Neue Wege
im Recruiting

Mehr Effektivität mit Gravesmodell und Metaprogrammen

Ein praxisorientiertes Handbuch

Junfermann Verlag • Paderborn
2009

Copyright © Junfermannsche Verlagsbuchhandlung, Paderborn 2009
Covergestaltung/Reihenentwurf: Christian Tschepp
Coverfoto: © poco_bw – Fotolia.com

Satz: JUNFERMANN Druck & Service, Paderborn

Bibliografische Information der Deutschen Bibliothek

Die Deutsche Bibliothek verzeichnet diese Publikation in der Deutschen Nationalbibliografie; detaillierte bibliografische Daten sind im Internet über http://dnb.ddb.de abrufbar.

ISBN 978-3-87387-730-6

Inhalt

Ich bedanke mich an dieser Stelle
bei allen Teilnehmern der offenen
und firmeninternen Seminare „NLP im Recruiting" und
„Das Gravesmodell im Recruiting" der letzten sechs Jahre.
Ihr habt aktiv mitgeholfen, die Graves-Fragen
zu entwickeln und zu verbessern.

Vielen Dank!

Buch-Navigator

Bevor Sie dieses Buch kaufen bzw. lesen, möchten Sie sicherlich erfahren, auf welche Art und Weise Sie es nutzen können. Natürlich können Sie dieses Buch auf klassische Art und Weise Kapitel für Kapitel lesen, aber eventuell interessiert Sie ein bestimmter Anwendungsbereich. Hier einige Fragestellungen anhand derer Sie entscheiden können, wie Sie mit diesem Buch arbeiten wollen:

Fragestellung:	Werfen Sie einen Blick auf:
Sie möchten Ihren Interviewstil verbessern?	→ „Interviewstil" im 1. Kapitel → „Die zentrale Herausforderung im Auswahlverfahren" im 1. Kapitel → „Rapport" im 2. Kapitel → das 3., 4., 5. und 6. Kapitel
Es interessieren Sie Neuigkeiten aus den Neurowissenschaften mit Bezug zu Personalthemen?	→ 2. Kapitel „Werte, Motivation und das Gehirn in Aktion" → das 4. Kapitel → „Limbische Motivsysteme im Personalmarketing" im 8. Kapitel
Sie möchten Motivation besser verstehen und erkennen, wie Menschen sich motivieren?	→ das 2., 4., 5. und 6. Kapitel
Sie interessieren sich für globale Personalthemen und möchten neue Ansätze zur Strategieentwicklung?	→ 1., 5., 9. und 11. Kapitel
Ihr Fokus liegt speziell auf Personalmarketing?	→ Grundlage: 4., 5. und 6. Kapitel → Personalmarketing: 8. Kapitel
Sie interessieren sich für Zusammenhänge zwischen dem Gravesmodell und anderen Modellen?	→ „Limbische Motivsysteme im Personalmarketing" im 8. Kapitel → 9. Kapitel
Sie interessieren sich für CSR (Corporate Social Responsibility) und Nachhaltigkeitsmanagement?	→ 11. Kapitel
Sie möchten Metaprogramme und das Gravesmodell im Assessment-Center einsetzen?	→ 3., 4., 5., 6. und 7. Kapitel

Anmerkungen:

...⟩ Im Sprachgebrauch des Buches wird meist die männliche Form genutzt: der Bewerber, der Kandidat, der Recruiter etc., ohne die weibliche Variante Bewerberin, Kandidatin, Personalistin etc. zu verwenden. Natürlich sind immer beide Geschlechter angesprochen.

...⟩ In diesem Buch werden viele Erkenntnisse der Neuropsychologie in Bezug gesetzt zu diagnostischen Ansätzen in der Gesprächsführung von Bewerbungsgesprächen. Sicherlich ist hier noch viel zu forschen. Diese Bezüge zwischen den Fragetechniken und den Neurowissenschaften basieren sowohl auf wissenschaftlich abgesicherter Laborforschung als auch auf begründeten Vermutungen, abgeleitet aus den Erfahrungen einer ganzen Generation von Personalisten, Psychotherapeuten und psychologischen Praktikern. Sehr viel Laborforschung mit kostspieligen Gehirnscannern ist allerdings noch zu absolvieren, um alle in diesem Buch beschriebenen Zusammenhänge streng wissenschaftlich nachzuweisen. Auch wird zukünftige Forschung Erkenntnisse liefern, die Teile der in diesem Buch beschriebenen Zusammenhänge neu einordnen werden. Bis dahin kann man die hier enthaltenen neuropsychologischen Zusatzinformationen auch als nützliche „neuropsychologische Metaphern" verstehen.

...⟩ Ergänzende Informationen zu diesem Buch finden Sie auf der Website des Autors: www.ecruiting.at.

...⟩ Gerne nimmt der Autor Feedback an und beantwortet im Rahmen seiner Möglichkeiten Fragen unter der eMail: ralph.koebler@ecruiting.at.

Vorwort

Personalmanagement ist ein zentraler Qualitätsbereich in Unternehmen, die ihr Personal sorgfältig auswählen und langfristig binden. Diese Unternehmen können durch Einsparpotentiale Vorteile erzielen. Die Kosten für die ständige Suche und Integration neuer Mitarbeiter fallen erheblich geringer aus. Mangelnde Qualität im Recruiting ist betriebswirtschaftlich hochrelevant und belastet das Unternehmensergebnis langfristig. Denn Mitarbeiter sind die Ursache von Erfolg und Expansion und gleichzeitig auch der größte Kostenfaktor im Unternehmen.

Die sechs wichtigsten Wertschöpfungsprozesse der Personalabteilung aus Sicht des Topmanagements, geordnet nach ihrer Bedeutung,[1] sind:
1. Recruiting von High-Potentials und High-Performern
2. Performance Management und leistungsgerechte Vergütung
3. Unterstützung Change Management
4. Transparenz über Leistungspotentiale im Unternehmen
5. Management Development
6. Unterstützung der Unternehmenskultur

Für diese zentralen Wertschöpfungsprozesse ist Diagnostik ein essentieller Erfolgs- und Qualitätsfaktor, d.h. Diagnostik generiert Wertschöpfung:
⇢ Online-Diagnostik;
⇢ Interview-Diagnostik;
⇢ Auswahl Assessment-Center;
⇢ Development Center/Potentialanalysen;
⇢ Team- und Organisationsdiagnostik.

Natürlich ist die Wertschöpfung des operativen Recruiting stark von der konjunkturellen Phase des wirtschaftlichen Umfeldes abhängig. In konjunkturellen Hochphasen mit starkem Wirtschaftswachstum wird es immer schwieriger, überhaupt noch qualifizierte Bewerber für offene Positionen zu finden. Die wichtigste Kompetenz der Personalabteilung ist die Suchkompetenz, d.h. passende Kandidaten zu finden und sie dann zu überzeugen. Die Ansprüche der wechselwilligen Kandidaten sind oft recht hoch. Personalberater mit einer Stärke im Research und in der Direktansprache haben

---

1 Quelle: Kienbaum Studie 2003 nach Dr. Walter Jochmann, Kienbaum Management Consultants GmbH: *Was können Hochschulen von Unternehmen lernen?* 2006.

in dieser Konjunkturphase ihr bestes Geschäft. Umso teurer wird der ganze Recruitingprozess und umso kostspieliger werden Fehlbesetzungen.

Genau hier setzt dieses Buch an. Qualitativ hochwertige Personalauswahl dient allen Beteiligten, den Bewerbern genauso wie den Unternehmen. Zielgenaue Besetzungen nutzen dem Unternehmen und bringen gleichzeitig die neuen Mitarbeiter in einen beruflichen Flow. Mitarbeiter, die ihr Potential optimal umsetzen, haben Freude an ihrer Arbeit, sind motiviert, setzen ihre Fähigkeiten und Stärken optimal ein und sind so ein entscheidender Erfolgsfaktor für ein Unternehmen. Fehlbesetzungen erzeugen nicht nur horrende Kosten auf Seiten des Unternehmens, sondern schaden auch der Karriere der Kandidaten.

In konjunkturellen Abwärtsphasen und in Wirtschaftkrisen wird oft weniger Personal aufgenommen und stärker selektiert. D.h. die Auswahlkompetenz, die Fähigkeit zum „Filtern", wird wichtiger als die Suchkompetenz. Daher steigt die Bedeutung der Qualität im Auswahlprozess an und wird noch wichtiger als in konjunkturellen Hochphasen.

Mangelhafte Qualität im Recruiting hat mehrdimensionale Auswirkungen. Ein Kandidat kann im Recruitingprozess überzeugen und im Tagesgeschäft versagen. Auch Abgänge nach ein, zwei Jahren durch mangelnde Langfristmotivation sind Fehlbesetzungen und können durch effektives Recruiting minimiert werden. Zu wenig werden in Personalabteilungen auch jene Fehlentscheidungen registriert, bei denen Kandidaten im Recruitingprozess nicht überzeugen und abgelehnt werden, wobei sie aber anschließend bei Marktbegleitern zu langfristigen Leistungsträgern werden. Auch diese Fehlentscheidungen können durch qualitativ hochwertiges Recruiting reduziert werden. Auf Unternehmer-Seite wird das Recruiting als Erfolgsfaktor selten gewürdigt, die betriebswirtschaftliche Relevanz wird kaum gesehen. Zu stark liegt der Fokus auf dem operativen Geschäft, wobei die Personalabteilung oft zu einer Beschaffungsabteilung abgewertet wird. Häufig soll aus der Sicht des Managements das Recruiting einfach funktionieren und das Unternehmen mit neuer Arbeitskraft versorgen. Personalmanager übernehmen einerseits Verantwortung für Expansion und Entwicklung, andererseits unterstützen sie auch den „humanen und intelligenten" Personalabbau. Qualitativ hochwertige Personalarbeit steigert den Erfolg langfristig und rechnet sich voll und ganz.

In diesem praxisorientierten Handbuch werden das Gravesmodell – ein psychologisches Werteentwicklungsmodell – und seine Anwendung für das Recruiting und die strategische Personalarbeit vorgestellt. Im Vordergrund stehen dabei die Metaprogrammfragen und das Gravesmodell im konkreten Auswahlverfahren. Im weiteren Verlauf wird die Anwendung des Gravesmodells ausgeweitet. Folgende Bereiche werden dargestellt:

···⊱ Erstellung des Anforderungsprofils;
···⊱ Personalmarketing und die Anpassung von Print- und Online-Anzeigen;

⋯⟩ Auswahl-Interview und andere Auswahlverfahren, z.B. Assessment-Center;
⋯⟩ Personal-, Organisations- und Führungsentwicklung;
⋯⟩ Corporate Social Responsibility (CSR) und Nachhaltigkeitsmanagement.

Dieses Buch ist aus einer mehrjährigen Serie von offenen und firmeninternen Seminaren für Personalverantwortliche entstanden. In diesen Seminaren geht es konkret um die Anwendung von Modellen wie die Metaprogramm-Fragen und das Gravesmodell im Bewerberinterview und im ganzen Recruiting-Prozess.

Die Qualität im Recruitingprozess zu verbessern, ist das zentrale Thema dieses Handbuchs. Das Gravesmodell und die Metaprogramm-Fragen wurden bereits von verschiedenen Autoren publiziert[2]. In diesem Buch wird deren Anwendung im Recruiting-Kontext erläutert. Die Graves-Fragen und der Einsatz der Graveslevel-Diagnostik im Recruiting sind eine Eigenentwicklung des Autors und werden in diesem Buch erstmals vorgestellt.

---

2 Siehe Literaturverzeichnis.

1. Anforderungen an den Recruitingprozess

Die Werteebenen der Personalabteilung

Expansion und Wachstum sind zentrale Werte der modernen Leistungsgesellschaft. Für ein Unternehmen bedeutet dieses Wachstum:

- quantitatives Wachstum mit Fokus auf Top-Performer und High-Potentials, sichtbar im Headcount = externes Recruiting;
- Weiterentwicklung bestehender Teams und Mitarbeiter, d.h. Personalentwicklung und internes Recruiting;
- Organisationsentwicklung und strukturelle Weiterentwicklung, z.B. neue Abteilungen, Projektorganisationen und Bildung von Tochtergesellschaften etc.

Personalmanager sind wertschöpfungsorientierte Entwicklungsmanager. Das Topmanagement wird in der Umsetzung der vielfältigen Entwicklungs- und Wachstumsprozesse vom Team der Personalabteilung entlastet. So wird das Topmanagement für strategische und operative Führungsaufgaben freigespielt.

Gleichzeitig verkörpert die Personalabteilung auch die traditionellen Werte von Recht, Ordnung und Struktur, die sich in der juristisch geprägten Personaladministration mit Personalrecht-Know-how manifestieren, die eine risikovermindernde Verwaltungsfunktion hat. Ordnung und Struktur bzw. Expansion, Wertschöpfung und Wachstum sind unterschiedliche Werteebenen (siehe Gravesmodell), die in der Personalabteilung oft personell unterschiedlich verkörpert werden. Je breiter das Kompetenzspektrum der Personalmanager hier ist, umso besser ist dies natürlich für die ganzheitliche Aktivität der Personalabteilung.

Das Zielunternehmen hat ein Image am Markt, wobei der Personalmarkt einen Teil des globalen Marktumfelds darstellt. Aus dieser Image-Attraktivität ergibt sich eine grundsätzliche Magnetfeldstärke aller Personalmarketingaktivitäten. Über konkrete „Magnete", wie z.B. Print- und Online-Anzeigen etc. wird dieses Image genutzt, um am Personalmarkt einen Sog aufzubauen und die Fachkräfte und High-Performer anzuziehen.

Vom Ablauf her ergeben sich drei Prozess-Abschnitte, die im Personal-Tagesgeschäft bei einer Vielzahl von zu besetzenden Positionen oft ineinander fließen. Die drei Phasen benötigen unterschiedliche Kompetenzen, die im Team der Personalabteilung oft von unterschiedlichen Mitarbeitern abgedeckt werden:

···> Planung → Strategische Kompetenz
···> Personalmarketing & Search → Suchkompetenz
···> Auswahl & Onboarding → Auswahlkompetenz

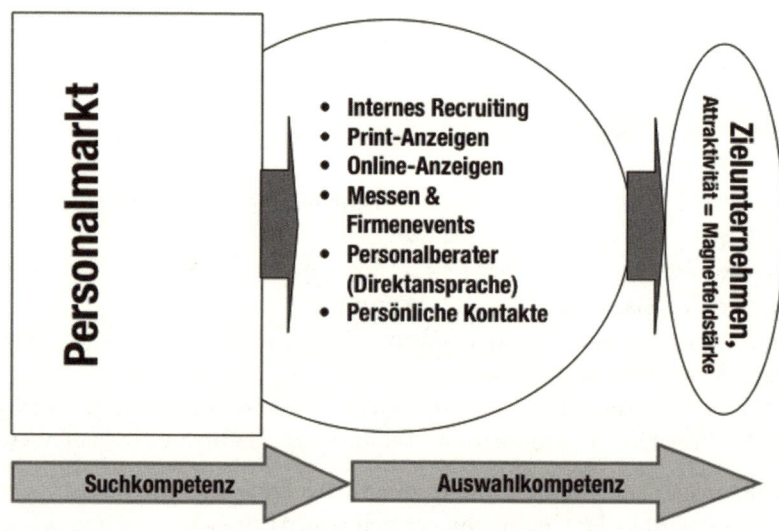

Abbildung 1: Such- und Auswahlkompetenz

Auswahlprozesse

Die beiden am meisten verbreiteten Auswahlprozesse sind:

···> das persönliche Interview, in unterschiedlichen Varianten:
  - Zweiergespräche mit dem Personalmanager;
  - Dreiecks-Kombination: Bewerber, Personalmanager und fachliche Führungskraft;
  - Hearing-Version mit mehreren Führungskräften;
  - mehrstufige Interviews: z.B. zuerst Interview mit dem Personalmanager, dann erneute Einladung zur zweiten Runde mit der Führungskraft, zum Schluss letzte Runde als Hearing mit Geschäftsleitung, Führungskraft und Personalmanager;
···> Auswahl-AC (Assessment-Center) bzw. handlungsdiagnostische Elemente im mehrstufigen Bewerberprozess, wie z.B. ein Fachvortrag vor dem zukünftigen Team.

Interview-Struktur

Durch die Modellierung des persönlichen Interviewstils von vielen hundert Personalisten ergibt sich eine einfache Grundstruktur für den Gesprächsablauf:

1. Phase: Einleitung

(Dauer, je nach Position: 1 min – 10 min)

···⟩ Begrüßung, Small Talk, Einstimmung;
···⟩ positives Gesprächsklima aufbauen;
···⟩ kurzen Überblick geben über: eigene Person, Tätigkeit und Organisation;
···⟩ erfragen, was der Bewerber bereits erfahren hat. Ist er vorbereitet?;
···⟩ die vakante Position benennen, aber nicht beschreiben. Sonst würde der Bewerber eine Vorgabe für seine Präsentation bekommen;
···⟩ das Gespräch strukturieren, Gesprächsziele ansprechen;
···⟩ in dieser kurzen Einleitungsphase hat der Recruiter das Wort;
···⟩ den „Ball" übergeben: Dem Bewerber Raum für Präsentation geben, d.h. eine Überleitung zur Phase 2 herstellen.

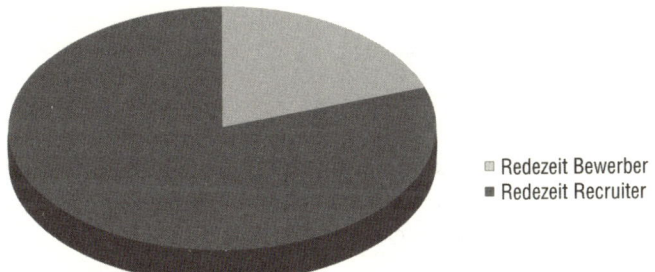

■ Redezeit Bewerber
■ Redezeit Recruiter

Abbildung 2: **Redezeit Phase 1**

2. Phase Bewerberpräsentation

(Dauer, je nach Position: 5 min – 1 h)

···⟩ Dem Kandidaten Raum für die Selbstpräsentation geben;
···⟩ Bewerbungsmotive erfragen: Die Gründe für die Bewerbung und den Arbeitsplatzwechsel. Was ist dem Kandidaten über das Unternehmen und die vakante Position bekannt? Wie ist er vorbereitet?;
···⟩ die meiste Redezeit hat in dieser Phase der Bewerber. Nur dadurch ist der diagnostische Wert des Interviews gewährleistet;
···⟩ die Rolle des Interviewers: beobachten und nachfragen;

...» Ziel: Gesprächstiefe erreichen;

...» Fachlichkeit: chronologischer beruflicher Werdegang, Vergangenheit kompakter behandeln – hier bringt sich ein eventueller Fachbereichs-Gesprächspartner mit offenen Fragekombinationen in das Gespräch ein;

...» Persönlichkeit: Werte, Ziele, Zukunftsvorstellungen und Selbsteinschätzung – hier kommen die Metaprogramm- und Graves-Fragen zum Einsatz.

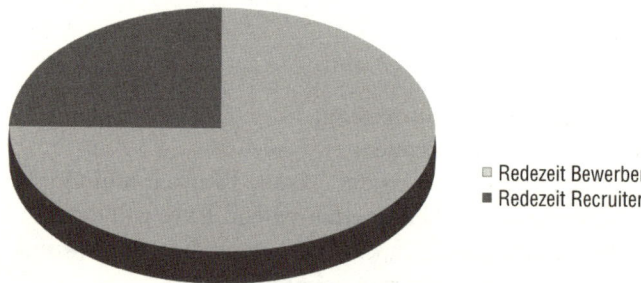

Abbildung 3: Redezeit Phase 2

3. Phase: Dialog

(Dauer, je nach Position: 1 min – 1 h)

...» Dialog = gleiche Redezeiten;

...» Beantwortung von Bewerberfragen;

...» „Die Position verkaufen";

...» ausgewogene Informationen über die vakante Position und das Unternehmen geben;

...» Besprechung von finanziellen Fragen, Einkommen, Bezahlung, Zusatzleistungen, Weiterbildungs- und Förderungsmöglichkeiten.

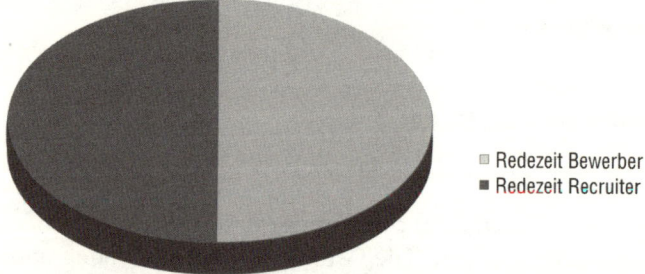

Abbildung 4: Redezeit Phase 3 und 4

4. Phase: Abschluss

(Dauer, je nach Position und Besetzungsnähe: 1 min – 30 min)

···> Zusammenfassung;
···> weiteres Vorgehen.

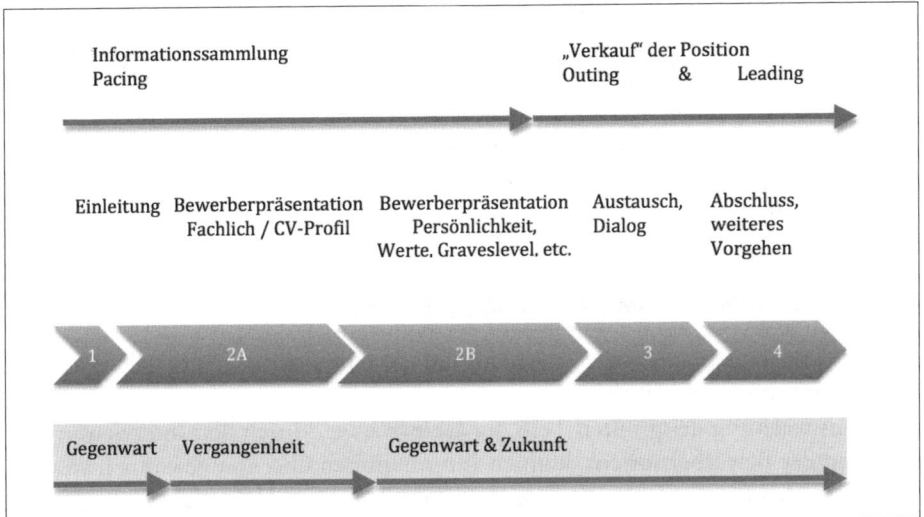

Abbildung 5: Typische Interview-Ablaufstruktur

Die in obiger Abbildung beschriebene Struktur entspricht nicht ganz der momentanen Realität, da derzeit sicherlich in den meisten Fällen die Bewerberpräsentationsphase schwerpunktmäßig vergangenheitsorientiert an die Biographie des Bewerbers angelehnt wird. Eine Wendung hin zu mehr Zukunfts- und Zielorientierung muss hier nicht auf Kosten der Informationsgewinnung gehen, wenn Metaprogramm- und Graves-Fragen eingesetzt werden.

Natürlich gibt es viele unterschiedliche Gesprächsvarianten. Die oben beschriebene Struktur beschreibt in ihren Varianten sicherlich einen Großteil aller im deutschen Sprachraum durchgeführten Bewerbungsgespräche.

Die zentrale Herausforderung im Auswahlverfahren

Eine große Herausforderung für ein gelungenes Bewerberinterview liegt darin begründet, dass sich Bewerber in Bewerbungssituationen meist nicht spontan, natürlich und offen äußern. Sie bereiten sich – teilweise mit externer Hilfe – auf die Bewerbungssituation vor und verhalten sich dann in derselbigen so, dass es für sie vorteilhaft ist. Gleichzeitig ist eine ebenso große Anzahl von Bewerbern durch den „Prüfungscharakter" des Bewerbungsgespräches so gehemmt, dass sie nicht adäquat auf die Fragen des Interviewers antworten. Dadurch hängt die Aussagekraft bzw. Validität (Gültigkeit) des Gesprächsergebnisses stark von der Beobachtungs- und Kommunikationskompetenz des Interviewers ab. Hier einige Einflussfaktoren auf die Validität eines Bewerber-Interviews[3]:

Ursachen für eine geringe Validität des Interviews:

···⇥ Fehlender oder mangelnder Anforderungsbezug der Fragen: Die Fragen sind nicht auf das Positionsprofil abgestimmt.

···⇥ Beanspruchung des größten Teils der Gesprächszeit durch den Interviewer: Nur wenn der Bewerber spricht, können Informationen über ihn gewonnen werden. Es ist dabei für den Interviewer wichtig hinzusehen und hinzuhören.

···⇥ Mangelhafter Beziehungsaufbau zum Bewerber: Durch den „fehlenden Draht" zwischen Bewerber und Interviewer ist der Bewerber nicht offen in der Kommunikation und der Interviewer sammelt keine relevanten bzw. nur verzerrte Informationen.

···⇥ Unzulängliche Verarbeitung der aufgenommenen Informationen durch den Interviewer, z.B. durch emotionale Einflüsse auf die Urteilsbildung. Dazu zählen unter anderem folgende Beobachtungsfehler:

  – *Überstrahlung:* In den ersten 90 Sekunden haben wir einen ersten Eindruck. Dieser erste Eindruck kann als „Vorurteil" die ganze Gesprächszeit überstrahlen.

  – *CV-Vorurteil:* Durch das Studium des Lebenslaufs und der Bewerbungsunterlagen haben wir ebenfalls einen ersten Eindruck. Dieser erste Eindruck kann als „Vorurteil" die ganze Gesprächszeit überstrahlen.

  – *Bezugspersoneneffekt:* Der Bewerber sieht einer bekannten sympathischen bzw. unsympathischen Person ähnlich und wird entsprechend vorbewertet.

  – *Kontrasteffekt:* Die Bewertung eines Bewerbers kann durch das Auftreten des vorherigen Bewerbers beeinflusst werden.

---

3 U.a. nach Eberhard Hofmann: *Einstellungsgespräche führen – Bewerber aus der Reserve locken.* 2000.

Die Validität des Auswahlverfahrens kann erhöht werden durch:

···≯ Anforderungsbezogene Gestaltung des Interviews;

···≯ Durchführung des Interviews in strukturierter bzw. teil-strukturierter Form;

···≯ Einsatz mehrerer Beurteiler (Mehr-Augenprinzip, Kostenfaktor);

···≯ Formen des Gruppengesprächs oder Präsentationen vor einer Gruppe (ähnlich einem Assessment-Center, Kostenfaktor);

···≯ Trennen von Sammlung und Bewertung von Informationen;

···≯ Herstellen einer Gesprächsatmosphäre, in der sich der Bewerber entspannen kann und sich „ein Draht zwischen Bewerber und Interviewer" aufbaut;

···≯ Training der Interviewer.

Psychologisches Know-how im Recruitingprozess

Aus den obigen Ausführungen wird deutlich, dass die Kompetenzentwicklung des Interviewers ein zentraler Erfolgsfaktor im Recruiting ist. Nur ein kleiner Prozentsatz der Interviewer ist wirklich psychologisch ausgebildet. Der Erkenntnisgewinn durch Auswahlverfahren wie persönliche Interviews und AC beruhen oft auf einer effektiven „Bauch-Diagnostik". Dieses Bauchgefühl ergibt sich aus langjähriger Berufserfahrung und verkörpert die unbewusste Kompetenz der Personalisten. Der Wert eines intuitiven Bauchgefühls steht hier nicht in Frage! Die in den folgenden Kapiteln präsentierten Methoden und Fragetechniken helfen in der Regel, die Weisheit des inneren Bauchgefühls bewusst zu verstehen und damit auch für externe Entscheidungsstrategien angemessen kommunizieren zu können.

Wir wissen seit den Forschungen von Prof. Albert Mehrabian[4], dass sich die emotionale Wirkung von Kommunikation aus drei Wirkkomponenten zusammensetzt:

···≯ 7% Inhalt, d.h. die wortgetreuen Inhalte der Kommunikation

···≯ 38% Tonalität der Stimme

  – Tonlage und Lautstärke

  – Sprachmelodie

···≯ 55% Körpersprache

  – Gestik und Mimik

  – Körperhaltung

  – Bewegungen

Wohlgemerkt geht es hier um die Wirkkomponenten für die *emotionale* Wirkung und nicht, wie vielfach falsch zitiert, um Wirkfaktoren in der Kommunikation generell. Auch wenn die genauen Zahlen oft Streitpunkt wissenschaftlicher Auseinanderset-

---

4 Albert Mehrabian: *Silent messages.* 1971

zung waren, steht außer Zweifel, dass die nonverbalen Faktoren zu einem überwältigenden Anteil die emotionalen Wirkungen und damit auch den Beziehungsaufbau dominieren. Letztendlich ist ein Bewerberinterview auf beiden Seiten ein Verkaufsgespräch, bei dem emotionelle Faktoren erfolgsrelevant sind. Der emotionelle Beziehungsaufbau ist nicht nur tragend für den „Verkauf der Position", sondern auch ein wichtiger Faktor in der Einschätzung der Persönlichkeit des Kandidaten.

Die in den Folgekapiteln beschriebenen psychologischen Modelle wie Rapport, Werte-, Metaprogramm- und Graves-Fragen helfen, den Beziehungsaufbau zu beschleunigen und die Beziehungsqualität zu den Kandidaten zu verbessern. Erst durch einen gelungenen Beziehungsaufbau erhalten diese Fragetechniken ihre diagnostische Aussagekraft. Der Beziehungsaufbau beginnt übrigens schon in der Phase des Personalmarketings. Durch die gewählten Suchkanäle bzw. maßgeschneiderten Anzeigen-Layouts und -Designs kann die Zielgruppe psychologisch angesprochen werden. Zum Beziehungsaufbau gehören ebenso eMail-Korrespondenz, Einladung und Empfang. Gerade beim Empfang, d.h. bei der Begrüßung und Betreuung vor dem eigentlichen Interview, gibt es in vielen Unternehmen noch deutliche Verbesserungsmöglichkeiten.

Aus Sicht der Wertschöpfung bedeutet eine psychologische Qualifizierung der Personalabteilung: Fehlbesetzungen und Fehlentscheidungen in allen Varianten mit ihren ökonomischen Verlusten und den begleitenden Imageschäden werden minimiert. Zielführende Besetzungen werden mit hoher Abschlussrate optimal begleitet und Personal- und Organisations-Entwicklungsmaßnahmen maßgeschneidert geplant und umgesetzt.

2. Werte, Motivation und das Gehirn in Aktion

Neuigkeiten über das Gehirn

In den letzten 10 bis 15 Jahren sind in den Neurowissenschaften revolutionäre Erkenntnissprünge gelungen. Was ist so neu in den letzten Jahren? In der Zeit von 1850 bis 1990 wuchs das Wissen der Gehirnforscher hauptsächlich durch Ausfallsymptome und Verhaltens- und Wahrnehmungsabnormalitäten bei Unfallpatienten mit Hirnverletzungen. Durch neue, bildgebende Verfahren läuft seit ca. 15 Jahren eine breite Forschungswelle, wodurch das gesunde Gehirn in Aktion beobachtet werden kann. Die 90er Jahre wurden in den USA zur Dekade der Hirnforschung erklärt. Derzeit wächst das Wissen über das Gehirn mit einer unglaublichen Geschwindigkeit. Damit werden derzeit nicht nur die Neurowissenschaften, sondern auch die Psychologie und allmählich auch die angewandte Psychologie revolutioniert.

Schon Sigmund Freud versuchte Ende des 19. Jahrhunderts, die Anfänge der Psychoanalyse auf eine feste neurowissenschaftliche Basis zu stellen. Er erkannte aber bald, dass dieser Versuch verfrüht ist und sich die damalige Gehirnforschung den praktischen Anforderungen der Psychotherapie noch nicht stellen konnte. Bis 1990 beschäftigten sich Neurowissenschaftler hauptsächlich mit sinnesspezifischer Informationsverarbeitung, motorischen Programmen, Repräsentation der räumlichen Wahrnehmung, Gedächtnis und ähnlich „handfesten" Aspekten der Hirnaktivität. Für relevante Konzepte der angewandten Psychologie, wie das Selbstkonzept, die Identität, die Werte- und Glaubenssysteme, war nicht wirklich Platz im Forschungsprogramm der Neurowissenschaftler. Doch diese Themen kommen in der Neuropsychologie jetzt gezielt in den Fokus und es gibt bereits die erstaunlichsten Ergebnisse. Mittlerweile werden die Anwendungen der früher rein medizinisch orientierten Forschung für andere Wissenschaftszweige bzw. für die Wirtschaft immer interessanter. Hier einige Updates:

⇢ In den 70er und 80er Jahren des letzten Jahrhunderts rückte die sogenannte Neuroplastizität in den Fokus der Forschung. Die wissenschaftliche Forschung erkannte mehr und mehr, dass das Gehirn kein fest verdrahtetes System ist, sondern sich ständig reorganisieren kann. Wenn Nerven z.B. getrennt werden, so dass bestimmte Bereiche des Gehirns keinen sensorischen Input mehr bekommen, so werden diese Bereiche umorganisiert und erfüllen andere Funktionen. Bei Blinden wird der visuelle Kortex zum Hören genutzt. Gehörlose verwenden den auditiven Kortex, um das räumliche Sehen zu verbessern. Verliert ein Mensch einen Arm, so wird seine taktile Wahrnehmung von anderen Körperpartien differenzierter und feiner, da die sensorischen Neuronen die vorher zum Fühlen und Wahrnehmen am fehlenden Arm genutzt wurden, nun andere Hautbereiche höher auflösen. Mit anderen Worten ist das Gehirn auch beim Erwachsenen nicht statisch fest verdrahtet, sondern im hohen Umfang dynamisch programmier- und nutzbar.[5] Die bekannten Gehirnkarten mit verschiedenen visuellen, auditiven, taktilen, motorischen und anderen Bereichen stellen quasi die Grundnutzung dar, die sich aus der Verschaltung mit den Hauptnervenbahnen ergibt.

...⋗ Bis 1998 war es allgemeingültige wissenschaftliche Meinung, dass Neuronen vorgeburtlich gebildet werden und dann im Laufe des Lebens nur noch absterben. Heute weiß man, dass in bestimmten Teilen des Gehirns ständig neue Neuronen gebildet werden und damit abgestorbene Neuronen ersetzt werden. Entspannung, Meditation, gute Ernährung etc. regenerieren das Gehirn. Geistiges Training und meditative Praxis verändern die physische Struktur des Gehirns und bewirken Veränderungen, die sich auch im täglichen Leben auswirken.

...⋗ Früher glaubte man auch, dass beide Gehirnhälften quasi unabhängig voneinander bestimmte Funktionen übernehmen. In den Gehirnscannern kann man beobachten, dass fast immer beide Hirnhälften gemeinsam aktiv sind, auch wenn eine Gehirnhälfte je nach Aufgabe „die Führung" übernimmt. So wird z.B. bei Nicht-Musikern die linke Hemisphäre aktiver genutzt, um Rhythmen zu hören, während die rechte Hemisphäre Melodien wahrnimmt. In der Verarbeitung von Sprache wird die Wortbedeutung stärker mit der linken Hirnhälfte analysiert, während die rechte Hirnhälfte Sprachmelodie und Betonung wahrnimmt.

...⋗ Weit verbreitet ist auch heute noch die einschränkende Vorstellung, dass ab dem 20. oder 25. Lebensjahr das Gehirn nur noch abbaut. Aktuelle Forschungsarbeiten erkennen unglaubliche Entwicklungsprozesse auch im reiferen Alter. Werteentwicklung und abwägende Entscheidungsfähigkeit kommen erst ab dem Alter von 30 Jahren so richtig zur Entfaltung. Viele höhere Funktionen, wie Wertemotivation, fokussierte Aufmerksamkeit, Strategiebildung, Empathie und Kontaktfähigkeit etc. nehmen im Erwachsenenalter ganz natürlich zu. Besonders bei Frauen werden beide Hemisphären zunehmend integriert und erst im Alter von 40 bis 50 Jahren erreicht die integrierende Struktur – der Balken – seine maximale Dicke. Bei beiden Geschlechtern erreicht die Integration von Werteentwicklung, Gefühl und Kognition erst zwischen dem 50. und 60. Lebensjahr seine volle Blüte.[6] Da-

---

5 Sharon Begley: *Neue Gedanken, neues Gehirn – Die Wissenschaft der Neuroplastizität beweist, wie unser Bewusstsein das Gehirn verändert.* 2007.
6 Norbert Herschkowitz: *Das Gehirn – Die wichtigsten Antworten.* 2007.

mit verbunden ist auch die Untersuchung der Alters-Weisheit bzw. der Weisheit generell, die als psychologische Weisheitsforschung in den Fokus der Wissenschaft rückt. Nach Prof. Dr. Judith Glück von der Alpen-Adria-Universität Klagenfurt ist Weisheit aus wissenschaftlicher Sicht ein komplexes Phänomen, bei dem es sowohl kognitive Komponenten, wie Wissen, reiche Lebenserfahrung, die Fähigkeit zur Selbst-Reflexion, Intelligenz, Durchschauen komplexer Zusammenhänge etc. gibt, als auch emotionale Aspekte, wie Gelassenheit, Wärme, Friedlichkeit, Toleranz, Freundlichkeit, Einfühlsamkeit, Mitgefühl und altruistische Wesenszüge wie Hilfsbereitschaft gibt. In Bezug auf Arbeits- und Betriebspsychologie und Recruiting sind diese Forschungsansätze auch in Bezug zu unserer demographischen Entwicklung interessant, da ältere Mitarbeiter besonders dann für ein Unternehmen wertvoll sind, wenn sie diese Weisheit entwickelt haben.

Die Neuropsychologie der Werte

Einfach ausgedrückt, sind Werte das, was uns wichtig ist. Werte motivieren uns. Werte können bewusst oder unbewusst wirken. Die Metaprogramm- und Graves-Fragen, die in diesem Buch vermittelt werden, bauen auf dem Wissen über die Motivationskraft der Werte auf. Werte sind hier nicht als schöngeistige Prinzipien im Sinne einer philosophischen Wertediskussion zu verstehen, sondern als neuropsychologisch vorhandene, hochwirksame Motivatoren für bewusstes und unbewusstes menschliches Verhalten.

Werte hängen unmittelbar mit dem Thema Motivation zusammen. Motivation ist ein zentrales Thema in fast allen Lebensbereichen. Allen Handlungen liegt ein Motiv oder Bedürfnis zu Grunde und die Intensität des Verhaltens steht in direkter Beziehung zur Kraft der Motivation. Viele Probleme haben mit Motivation zu tun und auch alle Spitzenleistungen haben in der Motivation ihr Erfolgsgeheimnis. Wie entsteht Motivation und was passiert dabei im Gehirn? Wie können die neuesten wissenschaftlichen Erkenntnisse für Wirtschaft und Gesellschaft nutzbar gemacht werden? Wie formen Motivationsgewohnheiten die Persönlichkeit? Wie beeinflusst die globale Werteentwicklung der Zivilisationen die Motivationsgewohnheiten des Einzelnen? Wie definieren sich kulturelle Unterschiede? Wo liegen Entwicklungsmöglichkeiten für Gesellschaften, Organisationen, Teams und einzelne Menschen? Alle diese Fragen stehen im Zentrum dieses Buches.

Von *ecruiting solutions consulting*[7] wurden mehr als 1.000 Potentialanalysen von Bewerbern aus den Jahren 2006 und 2007 anonym ausgewertet, wobei jeweils vier Werte mit der offenen Fragestellung erhoben wurden: *„Was ist Ihnen in Ihrer Arbeit wichtig? Als Antwort reichen Kriterien in Form von einzelnen Worten (z.B. Arbeitsklima).“*

---

7 www.ecruiting.at ein vom Autor geführtes Consulting-Unternehmen.

Hier die Gesamtnennung der Werte, wobei ähnliche Formulierungen sinngemäß zu Gruppen zusammengefasst wurden:

Genannter Wert	Nennungen
Arbeitsklima[8]	637
Adäquate Bezahlung	357
Arbeit im Team	303
Eigenständigkeit	221
Aufgabe und Arbeit an sich	207
Arbeitsumfeld, akzeptable Rahmenbedingungen, geregelte Arbeitszeit	183
Herausforderungen	179
Aus- und Weiterbildung	175
Klare Zielsetzung	144
Spaß an der Arbeit	140
Sicherer Arbeitsplatz	128
Abwechslung	115
Aufstieg bzw. Führungsverantwortung	93
Freiraum und gestaltbarer Wirkungsbereich	83
Entwicklung	72
Erfolg	71
Arbeitskollegen, abwechslungsreiches Team	69
Abgegrenzte Aufgaben- und Kompetenzbereiche	63
Anerkennung	63
Ansprechpartner haben, Beziehungen mit Management bzw. Arbeitgeber	61
Flexibilität	56
Gutes Unternehmen	55
Kundenorientierung	54
Akzeptable geographische Lage	49
Ehrlichkeit	35

---

8 Da „Arbeitsklima" ein in der Frage angeführtes Beispiel ist, ist die absolute Zahl der Nennung nicht ganz so aussagekräftig. Sicherlich ist der erste Platz auch ohne diese Tatsache gerechtfertigt.

Genannter Wert	Nennungen
Flexible Arbeitszeit	34
Vertrauen	20
Kompetenz	19
Interessante Produkte	16
Akzeptanz	15
Transparenz	14
Identifikation	12

In den Antworten werden die Werte sichtbar. In den Werten steckt Motivationskraft und die eigene Formulierung ist für jeden Menschen ein individueller Motivationstrigger. Die Folgekapitel beschreiben die relevanten Fragetechniken, mit denen die Werte der Bewerber hinterfragt werden können.

Was sagt uns nun die moderne Neuropsychologie zu der Struktur von Werten und Motivation?

Die Neuropsychologie der Werte ist untrennbar mit Motivation und Emotion verbunden. Werte, Strategie- und Zielbildung sind Funktionen des vorderen Stirnhirns (frontaler Kortex).

Der untere Teil des Stirnhirns (der orbitofrontale Kortex, der Teil des Stirnhirns, der über den Augen liegt, siehe Abbildung 6) dient der Bewertung von Erfahrungen und äußeren Objekten. Hier sind Werte neurologisch repräsentiert. Für die Bewertungsfunktion ist der orbitofrontale Kortex besonders intensiv mit dem stammesgeschichtlich älteren limbischen System im Innern des Gehirns verbunden. Zahlreiche Studien belegen, dass die Werte des orbitofrontalen Kortex die zentralen Emotionsregulatoren sind.[9]

Sinnesreize werden im emotionalen, limbischen Mittelhirn unmittelbar verarbeitet. Diese primären Emotionen werden im orbitofrontalen Kortex kognitiv bewertet und finden hauptsächlich über diesen orbitofrontalen Kortex ihren Weg in das Großhirn.

---

9 Z.B. Davidson, R.J. (2001). „Toward a biology of personality and emotion." *Annals of the NY Academy of Sciences*, 935, 191-207. Davidson, R.J., Putnam, K.M., & Larson, C.L. (2000). „Dysfunction in the neural circuitry of emotion regulation – A possible prelude to violence." *Science*, 289, 591-594. http://psyphz.psych.wisc.edu/web/pubs.html.

Hier wird ein kleiner Teil der verarbeiteten Emotionen bewusst als emotionale Gefühle wahrgenommen.

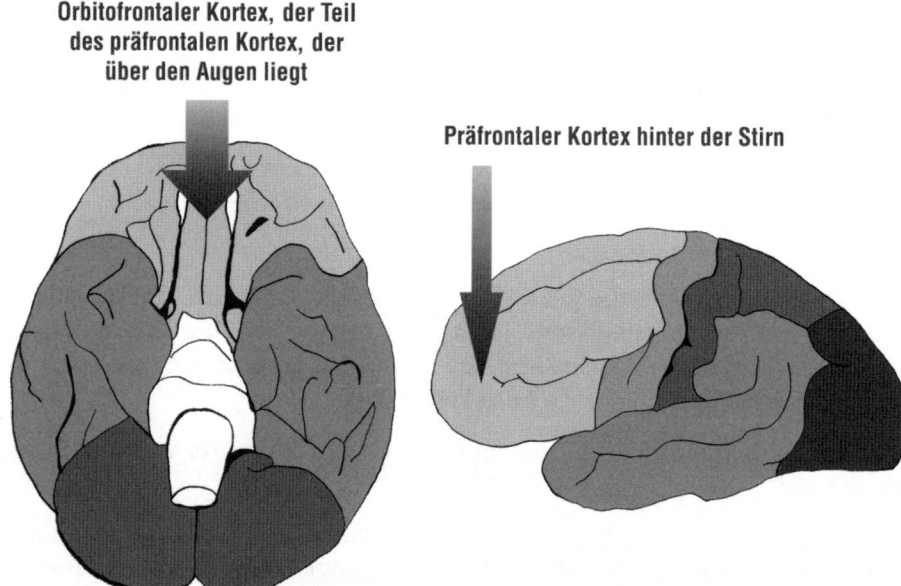

Abbildung 6: Werteverarbeitung im Gehirn – Ansicht von unten und von der Seite

Aus tausenden von einzelnen Bewertungserfahrungen entstehen im Laufe des Lebens im orbitofrontalen Kortex die neuropsychologischen Repräsentationen von Werten. Genau in diesem Bereich erreicht die Integration von Werteentwicklung, Gefühl und Kognition erst zwischen dem 50. und 60. Lebensjahr ihren vollen Entwicklungsstand. Dieser Reifungsprozess ist derzeit Gegenstand psychologischer Weisheitsforschung. Über ihre Werte wissen Menschen, was ihnen im Leben wichtig ist. Da Werte aus der Generalisierung von Bewertungserfahrungen entstanden sind, haben Werte immer auch einen Kontextbezug. Daher können Menschen im Kontext der Arbeit andere Werte wichtiger sein als z.B. im Kontext des Privatlebens. In Werten manifestiert sich kognitive Emotionsverarbeitung und in Form von Werten können Menschen ihre Erfahrung auch verbal leicht weitergeben und damit kollektiv lernen.

Die im unteren Stirnhirn repräsentierten Werte interagieren und modulieren direkt die Emotionen im limbischen Zwischenhirn. Das limbische System in den Tiefen des Gehirns hat auch eine wichtige Funktion für das Gedächtnis. Es verarbeitet die Wahrnehmung, setzt diese mit erinnerten Episoden in Verbindung und aktiviert Gefühlsreaktionen. Wenn durch aktuelle Situationen oder Vorstellungen negative Erlebnisse der Vergangenheit aktiviert werden, dann wird das Weg-Von-Motivationssystem aktiviert: Angstbesetzte oder ablehnende Gefühle aktivieren Vermeidungs- bzw. Flucht-verhalten oder Kampf- bzw. Problemlöseverhalten. Bei positiven Situationen und Situationen, die besser als erwartet sind bzw. bei anregenden sinnlichen Vorstellungen, wird das Hin-Zu-Motivationssystem aktiviert. Such- und Belohnungssysteme erzeugen in diesem Fall über Neurohormone gute Laune, Interesse und Aufmerksamkeit. Das Hin-Zu-System scheint auch speziell mit dem linken, orbitofrontalen bzw. gesamten linken, präfrontalen Kortex (PFK) verbunden zu sein, was die Ergebnisse des Neurowissenschaftlers Richard Davidson an der Universität Wisconsin nahelegen. Wenn die Aktivität im linken PFK deutlich und dauerhaft höher ist als im rechten PFK, dann fühlt sich die betreffende Person wacher, enthusiastischer und glücklicher und der mentale Fokus liegt mehr auf positiven Aspekten und Zielbildern. Sind diese Gehirnaktivitätsmuster im linken PFK langfristig sehr dauerhaft, dann hat die Person das Gefühl, dass sie ihr Leben unter Kontrolle hat, sich weiterentwickelt, eine klare Ausrichtung im Leben hat, gute Beziehungen führt und sich so akzeptiert wie sie ist.[10] Außerdem funktioniert das Immunsystem mit einem starken linken PFK wesentlich besser, was positive Auswirkungen auf die Gesundheit hat. Beim Richtungsfilter Weg-Von gibt es durch die Vermeidungstendenzen einen Bezug zum rechten PFK und zum Angst-System, wobei der Mandelkern (Amygdala) eine zentrale Funktion übernimmt. Im Kapitel über die Metaprogramm-Fragen wird die Bedeutung der Hin-Zu- bzw. Weg-Von-Motivationssysteme weiter vertieft.

Zusammenfassend kann gesagt werden, dass im unteren Stirnhirn Emotionen und das Wissen über die Welt in Form von Werten integriert werden. Werte sind damit die zentralen Motivationsmodulatoren. In den höheren Bereichen des Stirnhirns werden auf dieser Basis Entscheidungen gefällt. Vorstellungen – wie Zielbilder und Problembilder, beide oft unbewusst – liefern quasi gehirninternen Input für das limbische System, so dass über kognitive Schleifen und Kreisläufe die Motivationsenergie der Emotionen kanalisiert und in Strategien, Ziele und Handlung umgesetzt werden kann.

---

10 Kapitel 9 („Transformation des emotionalen Geistes") in Sharon Begley: *Neue Gedanken, neues Gehirn – Die Wissenschaft der Neuroplastizität beweist, wie unser Bewusstsein das Gehirn verändert.* 2007.

Rapport und Spiegelneurone

Wie im vorherigen Kapitel bereits erwähnt, setzt sich die emotionale Wirkung von Kommunikation aus drei Wirkkomponenten zusammen:
⋯⋗ 7% Inhalt, d.h. die wortgetreuen Inhalte der Kommunikation
⋯⋗ 38% Tonalität der Stimme
⋯⋗ 55% Körpersprache

Wie kann man diese wertvolle Information nun im Recruiting bzw. in der Bewerber-Kommunikation einsetzen? Es gibt zwei Hauptansätze, um Körpersprache zu nutzen:

a) Der interpretative Ansatz

Dabei werden einzelne Elemente der Körpersprache genommen und für sich gedeutet, im Sinne von z.B. „Kopf abwinkeln bedeutet Vertrauen demonstrieren" etc. – ein Experte dieses Ansatzes ist z.B. Samy Molcho. Mit diesem interpretativen Ansatz arbeitet dieses Buch NICHT! Hier geht es um den vergleichenden Ansatz.

b) Der vergleichende Ansatz

In dieser Denkweise vergleicht man zwei miteinander kommunizierende Menschen, wobei nur auf gemeinsam auftretende nonverbale Muster geachtet wird. D.h. es geht darum, wie gut sich die nonverbalen Faktoren synchronisieren.

In Videoanalysen hatten Verhaltensforscher in den frühen 90er Jahren folgendes Versuchssetting: Zwei Menschen haben die simple Aufgabe, sich eine Zeit lang zu unterhalten, während sie auf Video aufgenommen wurden. Am Ende des Gesprächs füllten beide einen Fragebogen aus und bewerteten die Gesprächsqualität – im Sinne von „Chemie hat gepasst", „Wir haben einen Draht zueinander aufgebaut" etc. Auf den Videos, wo beide Gesprächsteilnehmer übereinstimmend die Gesprächsqualität als sehr gut bewertet haben, ist nun ein Phänomen zu sehen, welches auf den Videos nicht zu sehen ist, wo die Gesprächsqualität nicht übereinstimmend als gut bewertet wurde. Wenn die „Chemie stimmt", ergibt die Videoanalyse:
⋯⋗ Synchronisierung der Körpersprache;
⋯⋗ ähnliche Körperhaltung und Mimik;
⋯⋗ Angleichen der Tonalität und Sprechgeschwindigkeit;
⋯⋗ viel Blickkontakt;
⋯⋗ gleichzeitige bzw. zeitnahe gemeinsame Änderungen von Mimik, Haltung und anderen nonverbalen Faktoren.

Dieses Synchronisierungs-Phänomen und seine Praxisrelevanz für effektive Kommunikation wurden bereits in den 70er Jahren unter der Bezeichnung Rapport (franz. für

Beziehung & Kontakt, ausgesprochen ohne das ‚T' am Ende) beschrieben.[11] Erst seit der Entdeckung der Spiegelneurone[12] durch Rizzolatti und Iacoboni im Jahre 1996 wurde das Rapport-Phänomen auch neuropsychologisch bewiesen. Die beiden Forscher hatten mit einem Ein-Neuron-Messfühler entdeckt, dass bestimmte Neuronen bei Affen nicht nur feuern, wenn die Affen nach einer Nuss greifen, sondern auch, wenn diese Affen nur beobachten, dass andere Affen nach einer Nuss greifen. Mit anderen Worten führt die Beobachtung einer Handlung beim Beobachter zu einer Aktivierung jenes neurologischen Programms, welches auch dann aktiviert wird, wenn der Beobachter die Handlung selbst durchführt. Wenn ein Beobachter z.B. sieht und hört wie ein anderer Mensch lacht, werden die prämotorischen Lachprogramme beim Beobachter quasi „vorgeglüht". Es ist dann beim Beobachter – je nach Aktivität und Leistungsfähigkeit seiner Spiegelneuronen-Systeme – eine bewusst durchgeführte Hemmung nötig, um zu verhindern, dass er spontan mitlacht oder lächelt. Diese neurologische Hemmung nennt man in diesem Zusammenhang umgangssprachlich „sich kontrollieren". Auch das „Mit-Gähn-Phänomen" verdankt seinen Ursprung den Spiegelneuronen. Der indische Neurologe Vilayanur S. Ramachandran hält die Entdeckung der Spiegelneuronen für die Psychologie für so bedeutsam, wie es die Entdeckung der DNS für die Biologie war. So sind die Spiegelneuronen derzeit die Erklärungsgrundlage für viele grundlegende psychologische Funktionen:

···⟩ Empathie und emotionales Einfühlungsvermögen;
···⟩ Rapport und effektive Kommunikation;
···⟩ Joint Attention: gemeinsame Aufmerksamkeit;
···⟩ Lernen am Modell: Kleine Kinder lernen durch Imitation über Rapport zu Erwachsenen.

Interessant ist auch die Information der Forscher, dass bei Stress und Angst eine deutliche Funktionsminderung der Spiegelneuronen-Systeme zu beobachten ist. Wenn wir nicht so „gut drauf sind", sind wir nicht so kommunikativ, lernen schlechter und können uns weniger in andere Menschen einfühlen.

Für die Kommunikation in konkreten Gesprächssituationen stärken folgende Komponenten den Rapport:

···⟩ *Gemeinsame Interessen und Ziele:* Aus dem normalen Alltagsverständnis heraus ist fast jedem klar, dass ein Gespräch flüssiger wird, wenn man gemeinsame Interessen ausmacht.

···⟩ *Angenehmes Setting, Sitzwinkel:* Ein angenehm eingerichteter Raum mit angenehmer Umgebung verbessert den Rapport. Es ist auch schwieriger, Rapport aufzubauen, wenn man sich 180° direkt frontal gegenübersitzt. Ein leicht abgewinkelter Sitzwinkel zueinander erleichtert den Rapport, indem er es nonverbal vereinfacht,

11 Richard Bandler & John Grinder: *Neue Wege der Kurzzeit-Therapie: Neurolinguistische Programme.* 1979
12 Joachim Bauer: *Warum ich fühle, was du fühlst. Intuitive Kommunikation und das Geheimnis der Spiegelneurone.* 2006.

Sach- und Beziehungsebene zu trennen. Beim 180°-Sitzwinkel vermischen sich Sach- und Beziehungsebene leichter, da alles Besprochene automatisch „zwischen den Gesprächspartnern ist". Siehe hierzu auch die hilfreichen Sitzanordnungen in Recruiting-Gesprächen im nächsten Abschnitt „Rapport im Recruiting".

···❭ *Interesse am anderen ausdrücken:* Ehrlich ausgedrücktes Interesse an der anderen Person stärkt den Rapportaufbau. Dieses Interesse am einander kennenlernen wird vom Gesprächspartner oft mit einer starken Rapportverbesserung beantwortet. Im Gegenteil dazu ist mangelndes Interesse am Gesprächspartner mit Fokus auf die Sachaspekte, besonders während des Beziehungsaufbaus, rapport- und damit auch erfolgsmindernd.

···❭ *Körperhaltung sanft angleichen = Ausdruck von Sympathie:* Dieses authentische Interesse am Gesprächspartner drückt sich spontan durch sanftes Angleichen an die Körperhaltung des Gesprächspartners aus. In der Literatur wird dies oft beschrieben als proaktives Spiegeln (engl. Pacing = im Gleichschritt gehen). Proaktives Angleichen wirkt nur dann rapportverstärkend, wenn es als ehrlicher Ausdruck von Interesse gemeint ist und damit signalisiert, dass der Angleichende mit dem Gesprächspartner in Kontakt kommen möchte bzw. diesen sympathisch findet.

···❭ *Backtracking – „Habe ich Sie richtig verstanden, dass ... ":* Aus der Gesprächsführung ist dieses Gesprächsmuster auch bekannt als aktives Zuhören. Es geht darum, wertschätzend die Position und die Werte des Gesprächspartners zusammenzufassen. Einerseits um sich zu vergewissern, dass man ihn wirklich richtig verstanden hat, andererseits um ihm zu signalisieren, dass er verstanden worden ist. Ein weiterer positiver Faktor ist die Tatsache, dass der Interviewer mit dem Backtracking die wesentlichen Informationen aktiv reproduziert und sie damit selbst neuronal tiefer verarbeitet, als wenn er es nur als gehört speichert. Er kann es sich damit selbst langfristig besser merken und signalisiert damit dem Gesprächspartner auch auf einer tieferen Ebene, dass das von ihm Gesagte wichtig ist und er es sich merken möchte.

···❭ *Blickkontakt, Humor und gute Laune:* Durch eine vorteilhafte Biochemie im Gehirn kommen die Spiegelneuronen so richtig in Schwung.

···❭ *Gleiche Sprechgeschwindigkeit:* Die auditiven Aspekte der Synchronisierung sind den Gesprächspartnern oft nicht so bewusst, wirken aber sehr stark.

···❭ *„Outing" & Ich-Botschaften:* Roman Braun hat in seinem Trinergy-Modell[13] das Gleichgewicht in der Kommunikation zwischen den Gesprächspartnern betont. Ein Gespräch, in dem einer der Gesprächspartner z.B. nur Fragen stellt, während der andere antwortet und damit von sich erzählt (= Outing), läuft sich irgendwann tot. Der Rapport vermindert sich, wenn aus dem Gespräch kein Dialog wird, in dem beide Fragen stellen und abwechselnd auch eigene Standpunkte vertreten.

---

13 Z.B. Roman Braun: *Die Coaching-Fibel. Vom Ratgeber zum High Performance Coach.* 2004.

Eine effektive Gesprächshaltung besteht darin, zuerst die Position seines Gesprächspartners durch Fragen zu erkunden und sich seiner Haltung anzupassen, um sie besser zu verstehen (Pacing). Als Zweites kommt die Äußerung seiner eigenen Meinung und eigener Gefühle hinzu: ehrlich, authentisch und gefühlvoll (Outing). Durch diese Abfolge wird automatisch das Gespräch bereichert und die Gesprächsführung wird so sukzessive übernommen (Leading). Diese Grundstruktur spiegelt sich auch in der grundsätzlichen Interviewstruktur (siehe Abbildung 5 – Typische Interview-Ablaufstruktur) wider. Die Einstiegs- und Bewerberpräsentationsphase entsprechen der Pacing-Phase. In der Dialog-Phase geht es u.a. um den „Verkauf der Position", d.h. hier spielt das Outing eine große Rolle, die Vorzüge der Position und der Organisation werden präsentiert. In der Abschluss-Phase wird vom Recruiter Führung übernommen (Leading) und das weitere Vorgehen wird initiiert. Das Outing beim proaktiven Metaprogramm wird stärker und das Pacing oft reduziert (siehe Kapitel 3: „Die Metaprogramm-Fragen in der Interviewtechnik"). Analog dazu ist bei der reflektiven Ausprägung des Metaprogramms Handlungsfilter das Outing reduziert.

Rapport im Recruiting

Wie bereits erwähnt, liegen die beiden zentralen Herausforderungen im Auswahlverfahren darin, dass sich
1. Bewerber in Bewerbungssituationen meistens nicht spontan, natürlich und offen äußern, sondern sich verstellen und eintrainiertes Verhalten zeigen (Präsentationsmaske).
2. Bewerber durch den „Prüfungscharakter" eines Bewerbungsgesprächs gehemmt sind, da bei Stress und Angst eine deutliche Funktionsminderung der Spiegelneuronen-Systeme zu beobachten ist.

Um mit diesen beiden Herausforderungen adäquat umzugehen, ist die Qualität des Rapports für die Qualität und Validität eines Recruiting-Interviews sehr wichtig. Besonders in der Einleitungsphase steht der Rapportaufbau zum Kandidaten im Mittelpunkt. Die Aufgabe des Personalisten in der Startphase liegt darin, den Beziehungsaufbau zum Kandidaten zu erleichtern, damit sich der Kandidat entspannt. Auch für den Personalisten ist der Rapport essentiell wichtig, damit er die Persönlichkeit des Kandidaten klar wahrnehmen kann. In jeder Kommunikation erhöhen sich bei Rapportmangel die psychologischen Projektionen bzw. Interpretationen, d.h. die Persönlichkeit und die Absichten des Gesprächspartners werden stärker durch die eigenen Muster gefiltert und damit weniger klar wahrgenommen. Letztendlich ist ein guter Rapport auch für das Vertrauen der Kandidaten wichtig, um ein gutes Gefühl zum neuen Arbeitgeber aufzubauen.

In der zweiten Phase der Bewerberpräsentation kann in manchen Fällen auch ein bewusst herbeigeführter Rapportbruch als Test sinnvoll sein, um die Flexibilität des Kandidaten zu prüfen. So kann z.B. bei Verkaufspositionen die Rapportfähigkeit der Kandidaten getestet werden. Das Ziel dieser zweiten Phase liegt darin, möglichst valide und entscheidungsrelevante Informationen über den Kandidaten zu sammeln. Hier wirken Werte-, Metaprogramm- und Graves-Fragen generell rapportstärkend, wenn sie aus echtem, authentischem Interesse an der Person gestellt werden. Werden die in den folgenden Kapiteln beschriebenen Fragetechniken kalt bzw. analytisch gestellt, d.h. ohne echtes Interesse auszudrücken, haben diese den gegenteiligen Effekt und verschlechtern den Rapport. Daher bildet ein guter Rapport die Grundlage aller weiteren Werte-, Metaprogramm- und Graves-Fragen. Das Ziel liegt immer darin, die Kandidaten besonders gut kennenzulernen und unter deren Präsentationsoberfläche zu schauen.

Wie bereits angesprochen, hat auch die Sitzordnung einen Einfluss auf den Gesprächs-Rapport. Da Rapport und Gesprächstiefe wichtige Ziele für eine qualitativ hochwertige Diagnostik sind, ist die Raumanordnung im Gesprächs-Setting ein wichtiger Faktor im Recruiting. Hier einige Beispiele für ungünstige und günstige Anordnungen im Interviewkontext:

Ungünstig sind z.B.:

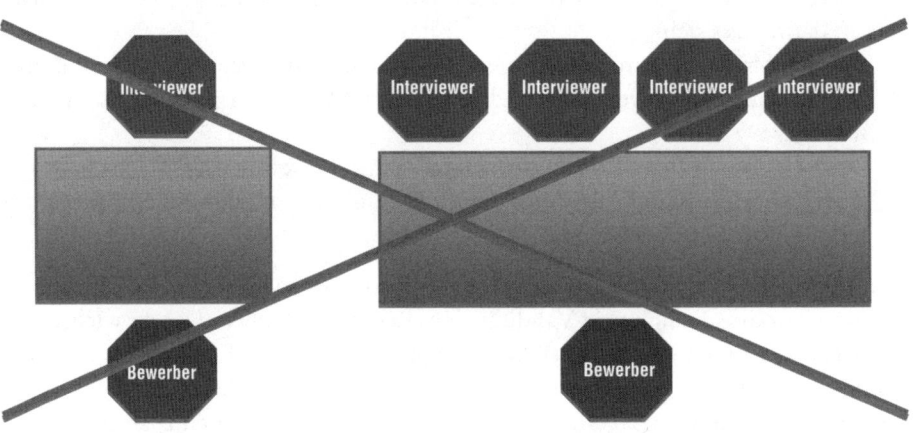

Abbildung 7: Rapport-Minderung durch ein ungünstiges Gesprächs-Setting

Empfehlenswert sind z.B. nachfolgende Settings:

Abbildung 8: Rapport-Unterstützung durch ein günstiges Gesprächs-Setting

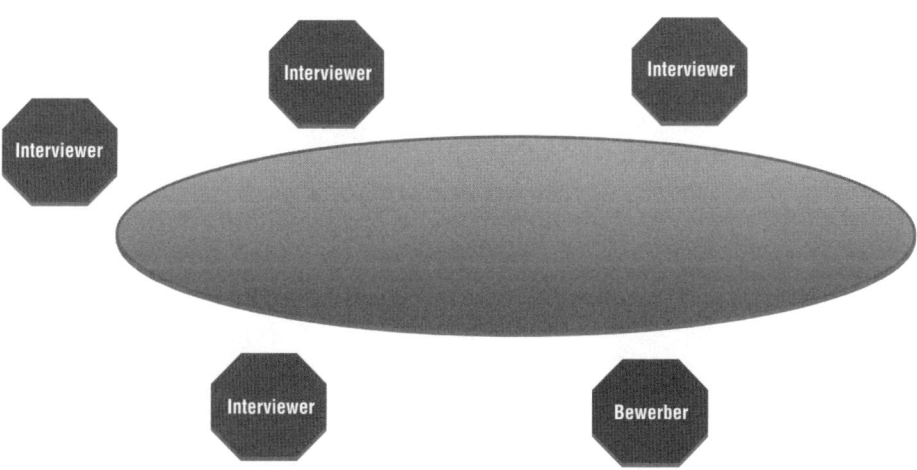

Abbildung 9: Rapport-Unterstützung durch ein günstiges Gesprächs-Setting

3. Grundlagen der Interviewtechnik

Die „Angst-Hemmung" und die „Präsentationsmaske" sind wie mehrfach erwähnt die beiden zentralen Herausforderungen im Auswahlverfahren. Rapport aufzubauen ist essentiell, um den Bewerber zu entspannen bzw. besser zu verstehen und ihn zu hinterfragen. Im Interview benötigt der Recruiter ein Handwerkszeug, um sich nicht durch oberflächliche Antworten blenden zu lassen. Um hinter die Präsentationsmaske zu blicken, bedienen sich Personalisten derzeit meist Assessment-Elementen wie dem Mehr-Augenprinzip, Gruppengesprächen oder Präsentationen. Im Einzelinterview kann die Aussagekraft auch durch eintrainierte Gesprächstechniken entscheidend erhöht werden.

Kombinierte Fragen, Konkretisierung und Critical Incident-Fragen

Kombinierte Fragen und Critical Incident-Fragen sind die Grundfragetechniken, um hinter die Präsentationsmaske des Bewerbers zu blicken, wobei Metaprogramm- und Graves-Fragen eine Sonderform dieser Interviewtechnik mit zusätzlichem diagnostischem Potential sind.

Das Prinzip der kombinierten Fragen ist generell ein vielfach bewährtes Grundprinzip in Recruiting-Fragetechniken: Diese gestalten sich in Form einer offenen Einstiegsfrage plus mehrerer konkretisierender Vertiefungs- bzw. Detailfragen:

⤑ Einstiegsfrage als öffnende W-Frage: Wie, Warum, Wodurch, Worin, Welche, Was, Wofür, ...
⤑ Deren Aussagekraft wird durch Detail- bzw. Vertiefungsfragen erhöht: Was genau? Wie genau? Haben Sie dies bereits erlebt? Nennen Sie mir ein Beispiel! Was bedeutet <Fachbegriff>?
⤑ Konkretisierung: Allgemeine Prinzipien und Meinungen werden konkretisiert und direkt auf die Person des Kandidaten bezogen. Konkrete Erfahrungen werden abgefragt und dadurch emotional aktiviert, so dass die Körpersprache des Bewerbers Informationen über die Authentizität leichter zulässt. Antwortet der Bewerber unpersönlich und versucht er allgemeingültig zu formulieren, so ist diese Dissoziierung bzw. Depersonalierungstendenz des Bewerbers ein Hinweis auf man-

gelnde Kompetenz bzw. schwach ausgeprägtes Selbstvertrauen in Bezug auf das aktuelle Gesprächsthema.

Weiterführende Anmerkung: Um diese Beobachtungskriterien weiter zu verfeinern, ist zu beachten, dass es bei jedem Menschen einen Grundmodus gibt, wie stark er in seinem Denken assoziiert bzw. dissoziiert. Weitere Ausführungen dazu werden in den neuropsychologischen Informationen zum Metaprogramm-Handlungsfilter in ihren Ausprägungen proaktiv und reflektiv beschrieben. Vereinfacht kann man sagen, dass, wenn bei einer Person generell das proaktive Metaprogramm stark ist, eine Depersonalierungstendenz besonders aussagekräftig ist. Analog dazu ist bei einem stark reflektiven Handlungsfilter eine Personalisierung und Konkretisierung besonders aussagekräftig.

→ *Beispiel:*

⋯⁑ Einstiegsfrage: „Wie würden Sie Ihren Führungsstil einschätzen?"

⋯⁑ Mögliche Vertiefungsfrage: „Nennen Sie mir konkrete Beispiele!" → „Welche Ziele wollten Sie in dieser Situation erreichen?"

⋯⁑ Mögliche Vertiefungsfrage: „Welche konkreten Rückmeldungen bezüglich Ihres Führungsstils haben Sie bisher bekommen? Beispiele?"

⋯⁑ Mögliche Vertiefungsfrage: „Beschreiben Sie mir eine Situation, wo Sie mit Ihrem Führungsverhalten nicht zufrieden waren." „Welche Ziele wollten Sie in dieser Situation erreichen? Haben Sie diese erreicht?"

→ *Weitere Beispiele für Einstiegsfragen:*

⋯⁑ „Wie stellen Sie sich Ihren Tätigkeits- bzw. Verantwortungsbereich vor?"

⋯⁑ „Wie reagieren Sie, wenn man Sie auf einen Fehler aufmerksam macht?"

⋯⁑ „Wie würden Sie Ihren Umgang mit Stress-Situationen beschreiben?"

Beobachten Sie die Kongruenz der Kandidaten bei den Vertiefungsfragen: Deckt sich bei den Antworten die Körpersprache bzw. der Stimmklang mit dem Inhalt des Gesagten? Nonverbale Kongruenz, emotionale Körpersprache und verbale Qualität der Antworten auf die Anschlussfragen sind zuverlässige Indikatoren für die Authentizität und „Ehrlichkeit" der Aussagen des Bewerbers. Natürlich bereitet sich jeder Bewerber auf seine Präsentation vor. Er erwartet in der Regel viele der Einstiegsfragen und „verschießt dabei oft sein Pulver". In den Antworten auf die Vertiefungsfragen zeigt sich allerdings, wie echt und authentisch er antwortet, da er sich hier nicht auf alle Details vorbereiten konnte.

Ein mit dieser Fragetechnik verwandtes Konstruktionsprinzip für Fragen ist die sogenannte „Critical Incident-Fragetechnik". Aufbauend auf der Positionsbeschreibung werden kritische Arbeitssituationen definiert, z.B.:

⋯⁑ eine schwierige Kundenreklamation;

⋯⁑ Konfliktsituation mit Vorgesetzen wegen unklarer Vereinbarungen;

⋯⟩ Leistungsabfall von Mitarbeitern, die man zum Gespräch bittet;
⋯⟩ eine emotionale Situation im Mitarbeiter-Gespräch mit der eigenen Führungskraft bzw. mit einem Mitarbeiter.

Dann werden die Kandidaten gefragt:
⋯⟩ „Kennen Sie entsprechende Situationen?"
⋯⟩ Ja → „Wie haben Sie sich da konkret verhalten?"
⋯⟩ Nein → „Wie würden Sie mit so einer Situation umgehen?"

Alleine die anforderungsbezogene Gestaltung des Interviews durch die „Critical Incident-Fragetechnik" und die Anwendung von konkretisierenden Vertiefungsfragen erhöhen die Aussagekraft und Validität des Interviews bereits deutlich.

4. Die Metaprogramm-Fragen in der Interviewtechnik

Die Persönlichkeit im Fokus – Einstieg Wertefragen

Wann ist im Bewerbungsgespräch ein guter Zeitpunkt, um das Gespräch von fachlichen Themen auf die Persönlichkeit des Kandidaten zu richten? Generell bietet sich hier der Zeitpunkt an, wenn der Bewerber nach Präsentation seiner beruflichen Vergangenheit mit seinem Gesprächsfokus die Gegenwart erreicht und damit seine fachliche Präsentation bereits abrundet.

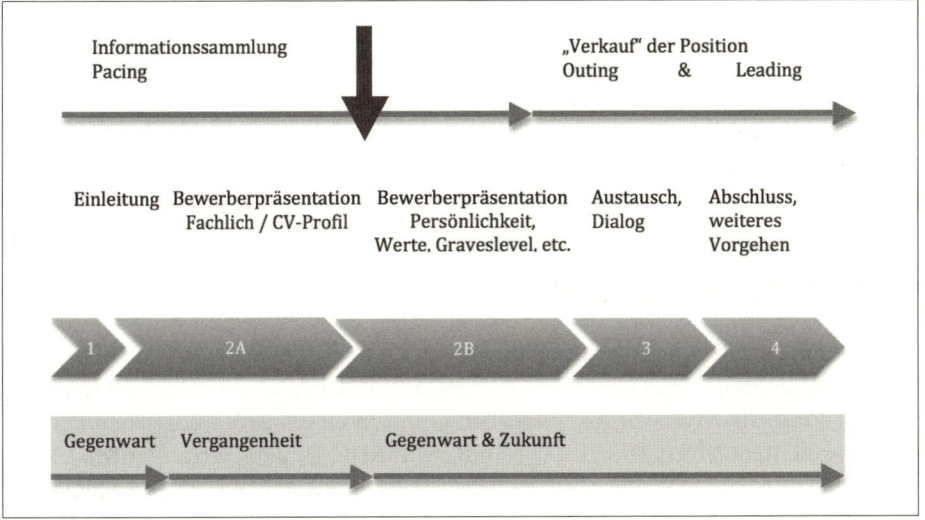

Abbildung 10: Einstiegszeitpunkt für den Persönlichkeits-Fokus

Jeder Bewerber versteht es intuitiv, wenn dann über Fragen mit Einzelassessment-Charakter der Fokus auf seine Persönlichkeit gerichtet wird. Aus Sicht vieler Bewerber gewinnt das Gespräch durch die Phase 2B (Abb. 10) erst richtig an Tiefe und Qualität. Ein Ausbleiben dieser Gesprächsphase mit Persönlichkeitsfokus würde das Unternehmen, die Position und das Auswahlverfahren für viele Kandidaten als unprofessionell entwerten. Der Interviewer drückt mit den Persönlichkeits-Fragen aus, dass er an den

Motiven und Wertevorstellungen des Bewerbers wirklich interessiert ist. Gerade deswegen ist es für den Recruiter wichtig, diese Fragen authentisch zu stellen. Wenn dieses Interesse für den Bewerber spürbar ist, dann wird das Beziehungsangebot in der Regel aufgenommen und verstärkt den Rapport.

Ein idealer Einstieg in den Bereich der Persönlichkeit ist z.B. die Frage nach den Werten im Kontext Arbeit: „Was ist Ihnen in Ihrer Arbeit wichtig?" bzw. im Übergang formuliert, z.B.: „Jetzt würde mich interessieren, was Ihnen eigentlich bei der Arbeit wirklich wichtig ist."

Hier ist es entscheidend, die wirklich relevanten und motivierenden Werte zu sammeln. Dabei spiegelt der Interviewer die bereits vom Bewerber genannten Werte und fragt nach weiteren:
„Ok, Ihnen ist also wichtig:
···⟩ ein gutes Teamklima;
···⟩ ein Chef, der weiß, was er will;
···⟩ mit Menschen arbeiten;
···⟩ ein leistungsorientiertes und attraktives Gehalt.
Was ist Ihnen sonst noch wichtig?"

Je vollständiger ein Bewerber seine relevanten Werte formulieren kann, desto stärker wird der Rapport. Schon für sich alleine genommen bieten diese Wertefragen sehr viele diagnostische Informationen und Anknüpfungspunkte für ein vertieftes Gespräch. Die an die Werte-Einstiegsfrage anschließenden Vertiefungsfragen bilden die in den nächsten Kapiteln behandelten Metaprogramm- und Graves-Fragen.

Was sind Metaprogramme?

Das Modell der Metaprogramme reicht zurück bis in die Forschungen von C.G. Jung zu den psychologischen Typen[14]. Später wurden in den USA die Arbeiten von C.G. Jung von Isabelle Myers-Briggs aufgegriffen und in einem psychologischen Persönlichkeitstest, dem Myers-Briggs-Type-Indicator (MBTI), umgesetzt. Der MBTI war lange Jahre ein beliebtes Werkzeug in Personalabteilungen, wobei nach Angaben der aktuellen Lizenzinhaber bis heute schon mehr als eine Million Profile ausgewertet wurden. Richard und Leslie Cameron-Bandler entwickelten in den 80er Jahren die wichtigsten Metaprogrammfragen für den Einsatz im Coaching. Erstmals publiziert wurden die Metaprogramme von Tad James und Wyatt Woodsmall[15], wobei diese den Bezug der Metaprogramme zum MBTI herstellen. Für den Business-Einsatz aufbereitet wurden die wichtigsten Metaprogrammfragen von Rodger Bailey, der diese

---

14 C.G. Jung: *Psychologische Typen*. 1921.
15 T. James & W. Woodsmall: *Time Line. NLP-Konzepte zur Grundstruktur der Persönlichkeit*. 1988.

zum LAB Profile (Language and Behaviour Profile) integrierte, welches von Shelle Rose Charvet[16] publiziert wurde.

Metaprogramme sind die am meisten unbewussten Filter unserer Wahrnehmung. Sie organisieren die Art und Weise, wie wir denken und uns motivieren. Die Ermittlung der „Metaprogramme" von Personen ermöglicht es festzustellen, durch welche Art der Information jemand motiviert wird, welche Sprachmuster sein Interesse wecken, welche Merkmale der Informationsverarbeitung jemand bevorzugt, um überzeugt und maximal produktiv zu werden. Es gibt Menschen, die in allen Lebenskontexten (Beruf, Partnerschaft, Urlaub, ...) die gleichen Metaprogramm-Ausprägungen haben und Menschen, deren Metaprogramme stark kontextabhängig sind.

Bei Metaprogramm- und den Graves-Fragen kommt es nicht so sehr darauf an, was die Kandidaten antworten, sondern *wie* sie antworten.

Für dieses Kapitel sind folgende Vorinformationen zum Verständnis wichtig:

···⟩ Sehr wichtig: Jedes Metaprogramm wird in Reinform vorgestellt, in der Praxis bilden sie bei jedem Menschen ein Kontinuum bzw. eine Mischung aus den unterschiedlichen Ausprägungsdimensionen des Metaprogramms. Wenn z.B. das Metaprogramm Richtungsfilter in den Ausprägungen Hin-Zu und Weg-Von beschrieben wird, dann bedeutet dies, dass beide Ausprägungen bei allen Menschen in unterschiedlicher Mischung vorkommen.

···⟩ Vorhersagen über Verhalten sind nur in dem Kontext gültig, in dem die Fragen gestellt werden. Sind die Fragen im Kontext Arbeit angesiedelt, dann kann auch nur das typische Verhalten im Kontext Arbeit aufgrund der Metaprogramm-Muster vorhergesagt werden.

···⟩ Metaprogramme sind auch zustands- bzw. stressabhängig. Je nach mentalem Zustand und biochemischem Niveau der Neurotransmitter werden unterschiedliche Metaprogramm-Ausprägungen aktiviert.

···⟩ Es gibt keine guten oder schlechten Metaprogramme. Die Angemessenheit eines Musters hängt vom Kontext und der adäquaten Anwendung der Stärken jedes einzelnen Musters ab.

···⟩ Eine „Erfolgspersönlichkeit" per se gibt es nicht. Erfolgreiche Menschen haben aber ihren ganz persönlichen Stil, kennen ihre Stärken sehr gut und sind ganz sie selbst. Sie versuchen nicht, Rollen zu spielen, in die sie nicht hineinpassen oder Aufgaben zu übernehmen, bei denen sie nicht gut sind.

···⟩ Die Metaprogrammfragen helfen, sich und andere besser zu verstehen. Das Metaprogrammprofil ist keine „Prüfung", sondern es hilft:
  – Tendenzen, Stärken und Potentiale zu erkennen;
  – Arbeitsstile und Teamdynamik zu verstehen;
  – ein Umfeld zu schaffen, das den Erfolg fördert;
  – Konfliktbereiche zu erkennen und zu entschärfen;

---

16 Shelle Rose Charvet: *Wort sei Dank. Von der Anwendung und Wirkung effektiver Sprachmuster.* 1995.

– Motivation zu verstehen und als Führungskraft den Mitarbeiter in seiner Entfaltung zu fördern.

Hinweis: Die in diesem Buch vorgestellten Metaprogramm-Muster wurden nicht von mir entwickelt. Ich fasse lediglich die wichtigsten Metaprogramm-Muster zusammen und erläutere meine Erfahrung in der Anwendung speziell für den Recruitingkontext. Eine vertiefende und umfangreichere Aufstellung und Erläuterung der Metaprogramme findet sich u.a. in folgenden Büchern:

···▶ Tad James & Wyatt Woodsmall: *Time Line. NLP-Konzepte zur Grundstruktur der Persönlichkeit.* 1988.

···▶ Shelle Rose Charvet: *Wort sei Dank. Von der Anwendung und Wirkung effektiver Sprachmuster.* 1995.

···▶ L. Michael Hall & Bob G. Bodenhamer: *Figuring Out People: Reading People Using Meta-Programs.* 1997.

Metaprogramm Richtungsfilter

Motiviert sich eine Person, indem sie auf Ziele zugeht oder indem sie Probleme und Herausforderungen löst?

···> **Hin-Zu** – möchten etwas haben und sind motiviert, etwas zu bekommen oder zu erreichen; können gut mit Projektplänen und Prioritäten umgehen; können eventuell Hindernisse schwer erkennen bzw. mit unerwarteten Problemen nicht so gut umgehen.

···> **Weg-Von** – sind motiviert, Herausforderungen zu bewältigen oder Probleme zu lösen bzw. zu vermeiden; schwierige Situationen haben belebende Wirkung; können gut mit unvorhergesehenen Hindernissen umgehen; lassen sich jedoch durch Probleme leicht von Zeitplan und Zielen ablenken.

Mustererkennung

Der Richtungsfilter ist eng mit den Werten verbunden. Schon in der Beantwortung der Werte-Einstiegsfrage wird der Richtungsfilter deutlich. Hier einige Beispiele, bei denen in den Antworten eine Weg-Von-Orientierung deutlich wird:

„Was ist Ihnen in Ihrer Arbeit wichtig?"
◎ *Ein nicht zu großer Bürokomplex;*
◎ *nicht mehr als zehn Überstunden im Monat;*
◎ *Anfahrt nicht zu kompliziert und zu lang, d.h. keine große Entfernung zum Wohnort;*
◎ *die Mitarbeiter sollen keine Roboter sein;*
◎ *Herausforderungen;*
◎ *Abwechslung;*
◎ *kein Einzelbüro;*
◎ *kein Großraumbüro;*
◎ *kein Mobbing;*
◎ *kein Neid unter Kollegen;*
◎ *keine Eintönigkeit;*
◎ *keine Unter- oder Überforderung;*
◎ *keine zu kleine Firma.*

Ob in der individuellen Motivationsmischung ein Hin-Zu-Filter oder Weg-Von-Filter überwiegt, wird nach der Einstiegsfrage nach den Werten oft erst durch die Beantwortung der Werte-Vertiefungsfrage deutlich: „Was ist Ihnen an <Wert/Kriterium> wichtig?" – also z.B.: „Was ist Ihnen an den Entwicklungsmöglichkeiten eigentlich so wichtig?"

Woran ist in den Antworten auf diese Anschlussfrage der Richtungsfilter zu erkennen?

Weg-Von

···> Der Bewerber spricht über Probleme oder Herausforderungen;

···> beschreibt die zu vermeidenden bzw. unerwünschten Situationen;

···> benutzt in den Antworten die sogenannten Modaloperatoren der Notwendigkeit: müssen, sollen, brauchen ...;

···> eher angespannter Körper, die Kandidaten lächeln weniger;

···> ausgrenzende Gesten; leichtes Kopfschütteln.

→ Beispiele:

◉ *Damit ich in der heutigen Zeit mit dem teuren Euro mein Auskommen finde.*

◉ *Damit ich nicht Stunden damit verbringe, den Arbeitsweg zu bewältigen.*

◉ *Dass ich nicht immer Routine-Jobs machen **muss**.*

◉ *Die Arbeit kann nicht erfüllend sein, wenn ich täglich das Gefühl bekomme, dass ich ausgegrenzt werde oder gar unerwünscht bin.*

◉ *Ohne miteinander zu kommunizieren funktioniert nichts.*

◉ *Ein guter Teil der Lebenszeit wird mit Arbeit verbracht. Negatives Arbeitsklima beeinträchtigt die Lebensqualität massiv und drückt auf die Produktivität.*

◉ *Für mich wäre eine Fließbandarbeit tödlich. Ich **brauche** die Herausforderung.*

◉ *Ich kann mir schwer vorstellen, nur alleine zu Hause zu arbeiten. Zu meiner Arbeit **brauche** ich ein Team – d.h. ich **muss** Mitglied eines Teams sein mit dazugehörigen gut gepflegten Sozialkontakten.*

◉ *Monotone Arbeit macht mich sehr schnell müde und unaufmerksam.*

◉ *Weil sich dadurch Missverständnisse untereinander verhindern lassen.*

◉ *Entmündigte Mitarbeiter sind der Tod einer Firma.*

Hin-Zu

···> Sagt etwas, was er erreichen möchte bzw. haben möchte;

···> spricht über Ziele;

···> spricht mit Zeitfokus Zukunft;

···> Modaloperatoren der Möglichkeit: wollen, hätte gerne xy, würde gerne xz haben ...

Auch hier gibt die Körpersprache oft mehr Informationen als die verbale Antwort:

···> zielorientierte Körpersprache;

···> Gestik zuerst auf Körpermitte, dann nach vorne;

···> generell mehr Gestik als bei Weg-Von;

···> zeigt auf etwas;

···> Nicken;

···> entspannter Körper, angenehme Gefühlszustände, die Kandidaten lächeln oder lachen daher öfter, die Stimme klingt motiviert und modulierter.

→ *Beispiele:*

◎ *Möglichkeit, etwas dazuzulernen, zu experimentieren, zu neuen Lösungsmöglichkeiten zu kommen und Wissen auszutauschen. Das Gefühl zu haben, an der Spitze mitzuarbeiten.*

◎ *Angenehmes Klima bewirkt bessere Arbeitsleistung, mehr Freude bei der Arbeit.*

◎ *Da es mir Freude bereitet, Mitarbeiter zu motivieren, um dann gemeinsam Spitzenleistungen zu erbringen.*

◎ *Ich möchte mich bei meiner Arbeit wohlfühlen.*

◎ *Da es die Produktivität fördert und man glücklicher ist.*

◎ *Da Freude an der Arbeit für mich ein wichtiger Teil der Motivation ist.*

◎ *Zufriedene Mitarbeiter identifizieren sich mit dem Unternehmen und leisten ihren Beitrag.*

◎ *Erfolgserlebnisse motivieren.*

◎ *Ich bin kontaktfreudig und kann sehr gut mit Menschen umgehen. Dabei möchte ich mich auch lebendig fühlen.*

In gewissem Sinne ist die Ausprägung Hin-Zu die „Image-Variante", d.h. Bewerber möchten sich meist als Hin-Zu motiviert zeigen. So können sich unter den positiv formulierten Werten wie: Entwicklungsmöglichkeiten, Freude an der Arbeit, Karrieremöglichkeiten etc. auch Weg-Von-Motivationsmuster verbergen. Wichtig ist es, bei diesem Metaprogramm die Körpersprache und die Stimme des Kandidaten wahrzunehmen. Wie kongruent ist der Bewerber, wenn er mit einer verbalen Hin-Zu-Antwort reagiert? Decken sich bei der Antwort die Körpersprache bzw. der Stimmklang mit dem Inhalt der Botschaft? Oft klingt der Stimmklang bei Kandidaten „oberflächlich" und „unabgeschlossen", so als ob sie noch weitersprechen möchten, es aber nicht machen. Diese Inkongruenz bestätigt sich dann oft, wenn die Kandidaten den Weg-Von-Anteil ihrer Motivation beschreiben. Dann ist ihre Stimme viel fester, die Formulierung klingt tonal abgeschlossen und ihre Körpersprache ist kongruent zum Inhalt. Eine stark ausgeprägte Hin-Zu-Motivation erkennt man an körpersprachlich und stimmlich kongruenten Antworten mit Zielen bzw. erwünschten Resultaten, etwas, was der Kandidat erreichen oder bekommen möchte.

Die alternative Zusatzfrage: „Wie kam es zum Wechsel von Firma X zur Firma Y?" kann bereits in die vergangenheitsorientierte 2A-Gesprächsphase integriert werden und liefert erste Hinweise auf den Richtungsfilter. Beim Hin-Zu-Filter haben die Reize einer neuen Position die Wechselmotivation erzeugt, beim Weg-Von-Filter überwog der Problemdruck der alten Position.

Stellenbeschreibung

Bevor ein Suchprojekt überhaupt beginnt, ist eine ausgiebige Analyse der Stellenbeschreibung angebracht. Um die ideale Ausprägung für eine konkrete Stellenbeschreibung zu definieren, sind für den Richtungsfilter folgende Fragen sinnvoll:

→ *Hin-Zu – „Ist die Tätigkeit auf das Erreichen von Zielen konzentriert?"*

⟶ die meisten Führungspositionen;
⟶ Projektmanagement;
⟶ Positionen mit Ergebnisverantwortung;
⟶ kreative Aufbauarbeit;
⟶ Beratungstätigkeit;
⟶ Tätigkeit mit starkem Zukunftsfokus wie Strategie & Planung;
⟶ die meisten Verkaufspositionen.

→ *Weg-Von – „Besteht die Tätigkeit vornehmlich aus fehlerfreiem Arbeiten, Qualitätssicherung, Problemlösung und/oder Kontrolle?"*

⟶ Alles, was mit Sicherheit und Qualität zu tun hat, z.B. Produktionsleiter;
⟶ Positionen, in denen bestehende Prozesse möglichst genau und fehlerfrei angewandt werden;
⟶ Buchhaltung;
⟶ Vertriebsinnendienst, Backoffice, Auftragsabwicklung;
⟶ Wachdienste, IT-Netzwerk-Support;
⟶ Reinigungskraft;
⟶ Qualitäts- und Risikomanagement;
⟶ Aufgaben wie Korrekturlesen, Testen und Testmanagement;
⟶ die gesamte Versicherungsbranche hat z.B. eine Weg-Von-Affinität;

Viele Positionen, die im Rahmen von „Führen durch Zielen" und „Management by Objectives"-Programmen sehr zielorientiert wirken, haben oft doch einen hohen Weg-Von-Anteil. Bei diesen Positionen besteht die Herausforderung oft darin, eine Zielverfehlung zu vermeiden.

Kontinuum der Ausprägungen

Natürlich ist es die Regel, dass bei Bewerbern in den Antworten auf die Hinterfragung der Werte sowohl Hin-Zu-Antworten als auch Weg-Von-Antworten kommen. Wie eingangs betont, bilden in der Praxis bei jedem Menschen die Metaprogramme ein Kontinuum bzw. eine Mischung aus den unterschiedlichen Ausprägungsdimensionen des Metaprogramms. Es hat sich in der Metaprogramm-Diagnostik als nützlich erwiesen, diese Mischungsverhältnisse in 10-Prozent-Schritten zu beschreiben, was zu

11 unterschiedlichen Mischungs-Ausprägungen führt. Zeigen sich in der Antwort z.B. überwiegend Hin-Zu-Mustererkennungshinweise und ein paar Weg-Von-Hinweise, dann wäre dieses Mischungsverhältnis z.B. 70 Prozent Hin-Zu-Motivation und 30 Prozent Weg-Von-Motivation. Dies bedeutet, dass in der individuellen Motivationskraft 70 Prozent der Motivationsenergie aus Hin-Zu-Motivatoren kommt und 30 Prozent aus Weg-Von-Motivatoren.

→ *Für den Richtungsfilter wäre das Kontinuum:* [17]

100% Hin-Zu 0% Weg-Von	Dieser Mitarbeiter motiviert sich ausschließlich über Ziele und angenehme Gefühle. Er geht auf attraktive Ziele und Zukunftsvorstellungen zu. Probleme und negative Zukunftsvorstellungen lassen ihn gänzlich unberührt. Arbeitsanforderungen, wo Probleme lösen und Fehler suchen und korrigieren Hauptinhalte sind, passen nicht zu Herrn X. Optimal sind Positionen mit Ergebnisverantwortung und klaren Zielvorgaben.
90% Hin-Zu 10% Weg-Von	Dieser Mitarbeiter motiviert sich über Ziele und angenehme Gefühle. Er geht auf attraktive Ziele und Zukunftsvorstellungen zu. Probleme und negative Zukunftsvorstellungen lassen ihn in der Regel unberührt. Arbeitsanforderungen, wo Probleme lösen und Fehler suchen und korrigieren Hauptinhalte sind, passen weniger zu Herrn X. Optimal sind Positionen mit Ergebnisverantwortung und klaren Zielvorgaben.
80% Hin-Zu 20% Weg-Von	Dieser Mitarbeiter motiviert sich über Ziele und angenehme Gefühle. Er geht auf attraktive Ziele und Zukunftsvorstellungen zu. Negative Zukunftsvorstellungen beeinflussen ihn nur wenig. Gleichzeitig hat er ein gewisses Qualitätsbewusstsein. Arbeitsanforderungen, wo Probleme lösen und Fehler suchen und korrigieren jedoch die wichtigsten Hauptinhalte sind, passen weniger zu Herrn X. Optimal sind Positionen mit Ergebnisverantwortung und klaren Zielvorgaben.
70% Hin-Zu 30% Weg-Von	Dieser Mitarbeiter motiviert sich hauptsächlich über Ziele und angenehme Gefühle. Er geht auf attraktive Ziele und Zukunftsvorstellungen zu. Gleichzeitig hat er auch ein Qualitätsbewusstsein und berücksichtigt negative Auswirkungen seines Handelns auf die Zukunft. Diese Kombination gibt ihm die Fähigkeit, zielorientiert und effektiv zu handeln. Ergebnisverantwortung und klare Zielvorgaben motivieren ihn zu Bestleistungen.
60% Hin-Zu 40% Weg-Von	Dieser Mitarbeiter motiviert sich eher über Ziele und angenehme Gefühle. Er geht tendenziell auf attraktive Ziele und Zukunftsvorstellungen zu. Gleichzeitig hat er auch ein solides Qualitätsbewusstsein und berücksichtigt negative Auswirkungen seines Handelns auf die Zukunft. Diese Kombination gibt ihm die Fähigkeit, zielorientiert und effektiv zu handeln. Ergebnisverantwortung und klare Zielvorgaben motivieren ihn zu Bestleistungen.

---

17 Die Texte sind der ecruiting solutions-Basispotentialanalyse entnommen (siehe www.ecruiting.at).

50% Hin-Zu 50% Weg-Von	Dieser Mitarbeiter hat eine ausgewogene Kombination aus Problemlösungsorientierung und Zielorientierung. Dies vermittelt ihm Qualitätsbewusstsein und gleichzeitig auch die Fähigkeit, mit Ergebnisverantwortung zu arbeiten. Durch sein Qualitätsbewusstsein kann er Fehler vermeiden bzw. auch die Fehler anderer finden. Optimal sind Arbeitsanforderungen, wo er sein Qualitätsbewusstsein, seine Problemlösungsfähigkeit und seine Zielorientierung gewinnbringend einsetzen kann.
40% Hin-Zu 60% Weg-Von	Dieser Mitarbeiter ist motiviert, Probleme zu lösen und Herausforderungen zu meistern. Gleichzeitig hat er auch die Fähigkeit, zielorientiert zu arbeiten, so dass er auch Ergebnisverantwortung übernehmen kann. Sein Qualitätsbewusstsein lässt ihn mit Genauigkeit arbeiten. Dadurch kann er effektiv Fehler vermeiden bzw. auch die Fehler anderer finden. Optimal sind Arbeitsanforderungen, wo er sein Qualitätsbewusstsein und seine Problemlösungsfähigkeit gewinnbringend einsetzen kann.
30% Hin-Zu 70% Weg-Von	Dieser Mitarbeiter ist motiviert, Probleme zu lösen und Herausforderungen zu meistern. Gleichzeitig hat er auch die Fähigkeit, zielorientiert zu arbeiten. Sein Qualitätsbewusstsein lässt ihn mit Genauigkeit arbeiten. Dadurch kann er effektiv Fehler vermeiden bzw. auch die Fehler anderer finden. Optimal sind Arbeitsanforderungen, wo er sein Qualitätsbewusstsein und seine Problemlösungsfähigkeit gewinnbringend einsetzen kann.
20% Hin-Zu 80% Weg-Von	Dieser Mitarbeiter ist motiviert, Probleme zu lösen und Herausforderungen zu meistern. Sein Qualitätsbewusstsein lässt ihn mit Genauigkeit arbeiten. Dadurch kann er effektiv Fehler vermeiden bzw. auch die Fehler anderer finden. Positionen, in denen Zielorientierung und Zielvorgaben die wichtigsten Motivatoren sind, passen weniger zu Herrn X. Optimal sind Arbeitsanforderungen, wo er sein Qualitätsbewusstsein und seine Problemlösungsfähigkeit gewinnbringend einsetzen kann.
10% Hin-Zu 90% Weg-Von	Dieser Mitarbeiter ist motiviert, Probleme zu lösen und Herausforderungen in der Gegenwart zu meistern. Zieldenken und Zielvorstellungen stehen für ihn weniger im Vordergrund. Sein ausgeprägtes Qualitätsbewusstsein lässt ihn mit Genauigkeit arbeiten. Dadurch kann er effektiv Fehler vermeiden bzw. auch die Fehler anderer finden. Positionen, in denen Zielorientierung und Zielvorgaben die wichtigsten Motivatoren sind, passen weniger zu Herrn X. Optimal sind Arbeitsanforderungen, wo er sein Qualitätsbewusstsein und seine Problemlösungsfähigkeit gewinnbringend einsetzen kann.
0% Hin-Zu 100% Weg-Von	Dieser Mitarbeiter ist motiviert, Probleme zu lösen und Herausforderungen in der Gegenwart zu meistern. Zieldenken und Zielvorstellungen stehen für ihn nicht im Vordergrund. Sein ausgeprägtes Qualitätsbewusstsein lässt ihn mit Genauigkeit arbeiten. Dadurch kann er effektiv Fehler vermeiden bzw. auch die Fehler anderer finden. Positionen, in denen Zielorientierung und Zielvorgaben die wichtigsten Motivatoren sind, passen nicht zu Herrn X. Optimal sind Arbeitsanforderungen, wo er sein Qualitätsbewusstsein und seine Problemlösungsfähigkeit gewinnbringend einsetzen kann.

Tabelle 1: **Ausprägungen der Motivationsrichtung**

→ *Neuropsychologische Zusatzinformationen*

Was passiert im Gehirn, wenn das Weg-Von- bzw. Hin-Zu-System stark aktiviert wird? Wie bereits im Kapitel über die Neuropsychologie der Werte angedeutet, werden im Gehirn für unterschiedliche Metaprogramm-Ausprägungen unterschiedliche Systeme verwendet. Sicherlich ist hier noch viel zu forschen. Die in den „Neurologischen Zusatzinformationen" vorgestellten Bezüge zwischen den Metaprogrammen und den Neurowissenschaften basieren sowohl auf wissenschaftlich abgesicherter Laborforschung als auch auf begründeten Vermutungen, abgeleitet aus den Erfahrungen einer ganzen Generation von Psychotherapeuten und psychologischen Praktikern. Sehr viel Laborforschung mit kostspieligen Gehirnscannern ist allerdings noch zu absolvieren, um alle in diesem Buch beschriebenen Zusammenhänge streng wissenschaftlich nachzuweisen. Auch wird zukünftige Forschung neue Erkenntnisse liefern, die Teile der in diesem Buch beschriebenen Zusammenhänge neu einordnen werden. Bis dahin könnte man die neuropsychologischen Zusatzinformationen auch als nützliche „neuropsychologische Metaphern" verstehen.

Hin-Zu

Beim Richtungsfilter hat das Hin-Zu-Metaprogramm einen starken Bezug zum Belohnungssystem, dem Nucleus accumbens, und zu Bereichen des linken, präfrontalen Kortex. Der relevante Neurotransmitter ist hier Dopamin. Generell haben alle Neurotransmitter eine Vielzahl von Funktionen und Eigenschaften. Vereinfacht kann man sagen, dass Dopamin aktiviert, neugierig macht und in stärkerer Dosierung eine gewisse Euphorie hervorruft. Neurotransmitter sind vom Gehirn selbst produzierte Drogen. Gerade diese Tatsache erklärt den zerstörenden Effekt von externen Drogen, da diese massiv in die fein ausbalancierten Neurotransmitter-Systeme eingreifen. Jeder, der sich über eine Idee mit glänzenden Augen in eine Begeisterung hineinredet, produziert verstärkt Dopamin in seinen Gehirn-Zellen. Bei starkem Hin-Zu-Richtungsfilter haben die inneren Bilder oft angenehme Farben sowie viel Helligkeit und repräsentieren die begehrten Inhalte bzw. Zielsituationen. Menschen mit starker Hin-Zu-Motivation denken also an das, was sie haben bzw. erreichen möchten und malen sich die Zielerreichung aus. Je größer die inneren Bilder sind, desto stärker entsteht dabei das motivierende Gefühl. Oft sind es innere mentale „Filme", also nicht nur Standbilder des Ziels, mit dem angestrebten Zielerlebnis. Dies entspricht einem von Stephen R. Covey[18] beschriebenen Prinzip erfolgreicher Menschen: „Schon am Anfang das Ende im Sinn haben". Wie bereits erwähnt, scheint das Hin-Zu-System auch speziell mit dem linken, präfrontalen Kortex verbunden zu sein.

Das emotionale, limbische Gehirn unterscheidet nur wenig zwischen äußeren Sinneseindrücken und Vorstellungen. Daher bilden motivierende Zielvorstellungen quasi einen Input und erzeugen die entsprechenden Emotionen, die wieder über den Filter der Werte im orbitofrontalen Kortex den Weg in das Großhirn finden und von dort aus den Kreis zu den Zielbildern, mentalen Zielfilmen bzw. auditiven Zielrepräsentationen schließen. Auf diese Art und Weise werden motivierende Schleifen erzeugt.

---

18 Stephen R. Covey: *Die 7 Wege zur Effektivität. Prinzipien für persönlichen und beruflichen Erfolg.* 1990.

Weg-Von

Innere Bilder scheinen beim Weg-Von-Filter oft weniger eine Rolle zu spielen als der innere, auditive Dialog, d.h. das mentale Selbstgespräch. Beim Richtungsfilter Weg-Von gibt es oft viel inneren auditiven Dialog, wobei die mentale innere Stimme öfters eine unangenehme Tonalität hat. Menschen mit starkem Weg-Von-Muster denken oft intensiv an das, was sie vermeiden möchten. Die inneren Bilder sind tendenziell dunkler – verglichen mit Menschen mit starkem Hin-Zu-Muster. Bei den Farben dominieren eher die Dunkeltöne. Innere Bilder bzw. mentale Problemlösungsvorstellungen in Filmform repräsentieren die Inhalte, die vermieden oder gelöst werden sollen. Beim Weg-Von-System scheint eine Aktivierung des rechten präfrontalen Kortex zu überwiegen, wie es die Forschungsaktivitäten des Neurowissenschaftlers Richard Davidson an der Universität Wisconsin, USA nahelegen: „Approach-related positive affect, particularly those forms of positive affect that involve the implementation of appetitive goals, are preferentially represented in specific left-sided dorsolateral prefrontal territories, whereas withdrawal-related negative affect, particularly those forms of negative affect that involve heightened vigilance toward threat-related cues in the environment, are preferentially represented in specific right-sided lateral prefrontal territories."[19]

---

19 Richard J. Davidson et al.: *Asymmetries in face and brain related to emotion.* 2004.

Metaprogramm Arbeitsmodus

Welcher Arbeitsstil erfüllt die Bedürfnisse der Bewerber? In welcher Arbeitsumgebung ist jemand besonders produktiv?

Hier gibt es die drei Ausprägungen:

⋯⇥ *Selbstständig:* Arbeiten alleine am produktivsten, möchten die Kontrolle über die beruflichen Projekte, sind selbstständig in der Durchführung. Haben tendenziell Schwächen, wenn enge Teamabstimmung erforderlich ist.

⋯⇥ *Beteiligung:* Möchten die Beteiligung und Nähe anderer Menschen und gleichzeitig einen eigenen Verantwortungsbereich mit eigener Kontrolle. Haben tendenziell Schwächen, wenn reine Teamarbeit bzw. vollkommen unabhängiges Arbeiten erforderlich ist.

⋯⇥ *Kooperativ:* Arbeiten am produktivsten im Team mit gemeinsamer Planung, Durchführung und geteilter Verantwortung. Haben tendenziell Schwächen, wenn selbstständiges Arbeiten erforderlich ist.

Mustererkennung

Als weitere Vertiefungsfrage auf die Werte-Einstiegsfragen folgt nun eine Konkretisierungsfrage:

„Erzählen Sie mir von einer konkreten Arbeitssituation, wo der Wert <Wert> voll und ganz erfüllt war." Nach der Antwort kann eine weitere Vertiefungsfrage angeschlossen werden: „Was hat Ihnen daran gefallen?"

Woran sind die unterschiedlichen Ausprägungen in den Antworten auf diese Fragen zu erkennen?

Selbstständig

⋯⇥ antwortet mit „Ich", „Mir", „Meine" und „Selbst";
⋯⇥ in den Beschreibungen und Antworten auf die Frage werden keine anderen Personen erwähnt.

→ Beispiele:

◎ *Aus- und Weiterbildungsmöglichkeit in bankinternen Seminaren. Jedes Jahr konnte ich verschiedene Veranstaltungen zur Entwicklung meiner Fähigkeiten und meiner Persönlichkeit besuchen.*

◎ *Als Sales-Mitarbeiter musste ich einmal jährlich sowohl mein technisches Verständnis der Produkte als auch mein allgemeines Verkaufswissen unter Beweis stellen.*

◎ *Bei meiner letzten Anstellung wurde ich als Buchhalter engagiert. Ich erhielt jedoch nur eine sehr oberflächliche Einschulung, was zur Folge hatte, dass mir die Arbeit sehr schwer fiel. Deshalb spielt für mich eine detaillierte und ausführliche Einschulung eine wichtige Rolle.*

◎ *Ich war bei meinem letzten Arbeitgeber für ein Budget von etwa 6,5 Mio. Euro verantwortlich. Hier konnte ich sehr frei entscheiden, z.B. welchen Hersteller ich auswähle bzw. wann ein bestimmtes Produkt gekauft wird.*

Beteiligung

···> antwortet auch im „Ich"-Stil und setzt sich in Beziehung zu anderen Personen;

···> erwähnt andere Personen (Kollegen, Kunden, Vorgesetzte etc.) bzw. die Situation impliziert die Beteiligung anderer Personen;

···> beschreibt die Beziehung von seinen Verantwortlichkeiten, Aufgaben und Tätigkeiten zu denen von anderen Personen, Teams, Organisationseinheiten.

→ Beispiele:

◎ *Bei der Übernahme des Projekts Callcenter gab es zunächst erhebliche Probleme im Bereich Qualität der telefonischen Nachverfolgung. Es schien, dass diese zunächst nur auf juristischem Wege lösbar wären. Nach intensiven Gesprächen mit dem Entscheidungsträger konnte ich zunächst das Vertrauen für mein Unternehmen zurückgewinnen.*

◎ *Als ich in die Firma gekommen bin, gab es gewaltige Lagerdifferenzen zwischen Soll- und Ist-Beständen. Ich habe mit den zuständigen Mitarbeitern einen Weg erarbeitet, der dieses Problem gelöst hat.*

◎ *Als Kellnerin hatte ich eigentlich stets Abwechslung und selten Routine, da man nie vorhersehen kann, wie Gäste sich verhalten. Ich musste schnell reagieren können und schlagfertig sein.*

◎ *Die Kollegen, mit denen ich bisher gearbeitet habe, waren großteils in meiner Altersklasse und sehr engagiert. So war ein angenehmes, aber auch produktives Arbeiten möglich.*

Kooperativ

···> antwortet mit „Wir", „Uns", „Zusammen", „Gemeinsam", ...;

···> spricht nicht im Ich-Stil;

···> beschreibt kollektive Planungs- bzw. Umsetzungsaktivitäten bzw. kooperative Situationen.

→ **Beispiele:**
◎ *Jede Aufgabe der IT-Entwicklungsabteilung wurde im Team besprochen und ausgearbeitet.*
◎ *Ein guter Witz macht die Arbeit gleich viel leichter. Wir starten meist in der Frühe mit einem gemeinsamen Kaffee in die Arbeit, wobei aber durchaus schon Probleme aus der Arbeitswelt gelöst werden.*
◎ *Ausarbeitung eines technischen Strategie-Konzeptes für die Projektdurchführung. Es wurde uns von der beauftragenden Stelle des Kunden mitgeteilt, dass einzelne Fachbereiche auf Kundenseite Widerstand gegen die geplante Vorgehensweise leisten werden. Aufgrund unseres guten Arbeitsklimas waren wir alle sofort hoch motiviert, trotz der widrigen Umstände, das technische Strategiedokument zum geplanten Abgabetermin in zwei Tagen fertig zu stellen. So arbeiteten wir bis spät in die Nacht.*

Stellenbeschreibung

Bezogen auf den Arbeitsmodus stellt sich die Frage: „Wie hoch ist der Anteil an 1. selbstständiger Arbeit, 2. an Arbeit mit Beteiligung bzw. leitender Tätigkeit oder 3. an Teamarbeit?"
···❯ *Selbstständig:* Wenn wenig Kontakt zu Kollegen bzw. Kunden möglich ist. Für Aufgaben und Positionen mit wenig Abstimmungsnotwendigkeiten.
···❯ *Beteiligung:* Die Mehrzahl aller Positionen in der Wirtschaft, Positionen mit Management- und Führungstätigkeiten, Positionen mit Kundenkontakt.
···❯ *Kooperativ:* Wenn in der Unternehmens- bzw. Teamkultur die kooperative Teamarbeit zum bevorzugten Arbeitsstil gehört.

Metaprogramm Arbeitsorganisation

Wie wird die Arbeit durch den Denkprozess mental organisiert? Wo liegt die Hauptaufmerksamkeit? Welche Aspekte sind im Hintergrund? Konzentriert sich die Person mehr auf andere Menschen, Gedanken und Gefühle oder auf Ideen, Fakten, Systeme, Aufgaben und Objekte?

Hier gibt es vereinfacht zwei Ausprägungen:

⋯⟩ *Objektbezug bzw. Systemorientierung* – Der Hauptfokus liegt auf Produkten, Objekten, Örtlichkeiten und konkreten Fakten. Die Sachlage dominiert. Die Arbeit wird an den Ergebnissen bzw. an konkreten Aufgaben organisiert. Gefühle haben keine direkten Funktionen für die konkrete Arbeit. In der Systemorientierung ist der Blick auf Informationen, Prozesse und Abläufe gerichtet und darauf, wie Systeme funktionieren. Der Fokus ist strategischer und abstrakter als bei der Objekt- und Personenorientierung. Gefühle haben wenige Funktionen am Arbeitsplatz und sind Systemen und Prozessen sekundär zugeordnet. Menschen sind in dieser mentalen Sichtweise eher austauschbar.

⋯⟩ *Personenorientierung* – Mit dieser Ausprägung wird die Arbeit so organisiert, dass andere Gefühle und Gedanken bzw. andere Menschen und deren Themen im Vordergrund stehen. Prozesse, Aufgaben, Objekte und Organisationseinheiten haben sekundäre Funktion (Hintergrund) und sind mental durch konkrete Personen (Vordergrund) organisiert. Menschen sind aus dieser Sichtweise heraus einzigartig, wobei deren Charakter und Persönlichkeit in der beruflichen Zusammenarbeit in starkem Maße berücksichtigt werden.

Mustererkennung

Die Mustererkennungsfragen sind die gleichen wie beim Arbeitsmodus:
⋯⟩ „Erzählen Sie mir von einer konkreten Arbeitssituation, wo der Wert <Wert> voll und ganz erfüllt war."
⋯⟩ „Was hat Ihnen daran gefallen?"

So kann man in den Antworten gleichzeitig die Metaprogramme Arbeitsmodus und -organisation erkennen. Zum Erlernen der Metaprogramm-Fragen empfiehlt es sich, die Muster-Erkennung getrennt zu üben, bis sich eine automatische Erkennungs-Kompetenz aufgebaut hat.

Objektbezug & Systemorientierung

⋯⋗ spricht über Produkte, Objekte, Örtlichkeiten, konkrete Fakten, Informationen, Prozesse, Strategien, Systeme und Abläufe;

⋯⋗ Menschen werden selten erwähnt, wenn, dann in unpersönlicher Form wie z.B. „man" bzw. werden sprachlich zu Teilaspekten von Abläufen und Prozessen;

⋯⋗ es werden wenig Gefühle ausgedrückt und auch keine Gedanken beschrieben;

⋯⋗ die Zusatzfrage: „Was hat Ihnen daran gefallen?" wird nicht emotional beantwortet, d.h. mit wenig nonverbalem Ausdruck von Emotion.

→ Beispiele:

◎ *Mein Praktikum bietet mir beispielsweise ein vielseitiges Aufgabengebiet. Ich bin von der Pflege der Bewerberdatenbank über die Vorauswahl der Bewerber bis zur Führung von Telefoninterviews in den gesamten Rekrutierungsablauf integriert.*

◎ *Das war die Planung und Durchführung der Verlegung des Rechenzentrums an den neuen Firmenstandort. Die Organisation und Abstimmung der beteiligten Firmen und Unterstützung des eigenen Teams für den Wiederaufbau ...*

◎ *Das war z.B. ein Projekt mit der Vorgabe: Veranstaltungsbeginn eines Events zum 1.8.2007. Meine Aufgaben dabei waren: eigenständige Aufbereitung, Kundenbetreuung, Organisation, Handling und Nachbereitung des Projekts. Das Ziel des Projektes umfasste Einhaltung der Budgetvorgabe, Abwicklung des Events zur vollsten Zufriedenheit des Kunden und genaue Nachbereitung.*

◎ *Folgende Situation: Es ging um die Erstellung einer umfassenden Kundendatenbank ohne genaue Anweisungen zu Problemlösung oder Ausführung. Ich hatte freie Hand bei Gestaltung, System und Umsetzung und ...*

◎ *Nach einer gewissen Zeit als Callagent im Bereich Inbound, stellte sich heraus, dass ich ein Verkaufstalent besitze und ich wurde daher auch dem Verkaufsbereich Outbound zugeteilt.*

◎ *Das war zum Beispiel das Projekt bei meinem letzten Arbeitgeber: Reorganisation der IT mit Einsatz einer neuen Firewall, Rückführung des SAP-Servers in die Zentrale nach Prag und die Weiterentwicklung des EDIFAKT-Systems.*

Personenorientierung

⋯⋗ spricht über Menschen, Emotionen, Gefühle und Gedankengänge;

⋯⋗ drückt Gefühle verbal und nonverbal aus;

⋯⋗ nennt andere Personen mit Namen;

⋯⋗ Prozesse, Strategien und Systeme werden zu Sekundäraspekten der handelnden Personen und damit stark subjektiv gefärbt;

⋯⋗ Informationen werden als persönliche Meinungen und Ansichten von handelnden Persönlichkeiten beschrieben und damit stark subjektiv gefärbt.

→ Beispiele:

◎ *Dieser Sommer war nicht immer einfach für mich, mein Vater war eine lange Zeit im Spital und Anfang August starb mein Opa. In der Arbeit waren sie sehr freundlich zu mir, gaben mir frei, wenn ich das benötigte, und waren auch für mich da.*

◎ *Eine Arbeitskollegin von mir, Frau Huber, kam total zerstört ins Büro ... der Grund war privater Natur ... in kürzester Zeit versuchten so gut wie alle Kollegen, Frau Huber abzulenken, sie aufzumuntern, um sie dadurch von ihrem privaten Problem wegzubekommen, damit sie sich wieder wohlfühlt. Ich fühle mich in so einem Team wohl und aufgehoben.*

◎ *Da war jeder anderen gegenüber freundlich, offen, ehrlich und hilfsbereit ...*

Stellenbeschreibung

In der Analyse der Positionsanforderung stellt sich folgende Frage bezüglich der Arbeitsorganisation:

„Ist in der Tätigkeit oder Firmenkultur Personenorientierung ein wichtiger Erfolgsfaktor oder liegt der Fokus eher auf Ergebnissen bzw. dem Geschäftsprozess?"

┈┈> *Personenbezug* – Coach, Trainer, kreative Berufe, Empfangsbereich; Führungskräfte benötigen einen personenorientierten Anteil, wenn sie ihre Mitarbeiter entwickeln möchten bzw. Mentorfunktion übernehmen;

┈┈> *Objektbezug* – die meisten Positionen in der Wirtschaft sind ergebnisorientiert organisiert; einem Verkäufer bringt Objektbezug Abschluss-Stärke:

┈┈> *Systembezug* – Berater, Projektmanager, Führungskräfte.

→ Neuropsychologische Aspekte der Arbeitsorganisation

Die Arbeitsorganisation ist eine kontextspezifische Variante eines allgemeinen Musters, des „inneren Prozesses" in den Ausprägungen „Fühlen" und „Denken".

Objektbezug bzw. Systembezug = „Denken"
Hier liegt der Schwerpunkt des inneren Prozesses auf kognitiven Denkfunktionen. Denken ist wichtiger und überlagert das Fühlen. Dies zeigt sich in einer starken Nutzung von sensorischen Arealen (besonders visuell und auditiv), multisensorischen Bedeutungsarealen inkl. der sprachlich-linguistischen Bereiche und der assoziativen Areale.

Personenbezug = „Fühlen"
Hier besteht der innere Prozess primär im Fühlen. Fühlen ist wichtiger und überlagert das rein kognitive Denken. In der Nutzung des Gehirns werden körpersensorische, motorische und limbische Areale stärker aktiviert.

Metaprogramm Referenzfilter

Beim Referenzfilter geht es um den Rahmen, wie eine Situation, eine Person oder eine Erfahrung beurteilt und eingeschätzt wird. Liegt der Bezugs- bzw. Referenzrahmen so, dass die Beurteilung an inneren Werten und Kriterien ausgerichtet wird? Oder liegt der Referenzrahmen außerhalb der eigenen Person? Damit verbunden ist die Frage: Wo findet jemand seine Motivation – in externen Quellen oder in internen Werten?

···⟩ *Internal* – beurteilen die Qualität ihrer Arbeit selber. Sie benötigen kein Lob und treffen schnell Entscheidungen. Sie sind nicht so offen für Feedback.

···⟩ *External* – machen die Qualität ihrer Arbeit an Feedback von außen fest. Sie benötigen Feedback/Lob, um ihre Motivation aufrechtzuerhalten und sind offen für Feedback.

Mustererkennung

Der Referenzfilter wird durch folgende Frage leicht erkennbar: „Woher wissen Sie, dass Sie gute Arbeit geleistet haben?"

Internal

···⟩ antwortet mit dem Wort „Ich";
···⟩ entscheidet und weiß es selbst: hat eigene Maßstäbe und Kriterien;
···⟩ Körpersprache: zeigt auf sich, sitzt aufrecht.

Allgemeines Verhalten:

···⟩ bezweifelt und kritisiert schnell abweichende Meinungen und die dazugehörigen Personen, ist wenig offen für Feedback;
···⟩ hält oft inne, bevor er auf eine Bewertung von jemand anderem antwortet;
···⟩ benötigt wenig Lob zur Sache, hört aber gerne, dass er recht hat;
···⟩ wenn eine Person mit internalem Muster kritisiert wird oder negatives Feedback erhält, neigt sie dazu, die andere Person zu bewerten = z.B.: „Er sieht das immer einseitig."; sie zweifelt tendenziell an der anderen Person und nicht an sich;
···⟩ sie neigt auch bei formalen Autoritätspersonen (z.B. Chef) dazu, Anweisungen als Information zu interpretieren.

→ Beispiele:

◎ *Ich weiß das selbst, ob ich etwas sehr gut gemacht habe oder nicht. Der Verstand oder das Gefühl oder auch das Gewissen kann das meistens ganz klar erkennen.*

◎ *Ich selbst habe ein gutes Gefühl und bin mit mir zufrieden.*

◎ *Ich erkenne, dass ich eine Arbeit gut erledigt habe, wenn ich selbst das Gefühl habe, alles zur allgemeinen Befriedigung geschafft zu haben.*

◎ *Wenn ich ein zufriedenes, ruhiges Bauchgefühl habe, kombiniert mit der intellektuellen Gewissheit, dass ich alles Menschenmögliche getan habe, um das beste Resultat zu erzielen.*

◎ *Ich bin ein sehr selbstkritischer und penibler Mensch. Darum erkenne ich am Gefühl der Selbstzufriedenheit, wenn ich eine Arbeit gut erledigt habe.*

◎ *Wenn ich davon überzeugt bin, dass meine Arbeit zum wirtschaftlichen Erfolg des Unternehmens beiträgt.*

◎ *Wenn ich mich beruhigt zurücklehnen und zu mir sagen kann: „Das hast du gut gemacht!"*

External

⋯⟩ in der Antwort kommt das Wort „Ich" nicht vor oder steht zumindest nicht so im Zentrum der Antwort wie bei einer internalen Antwort;

⋯⟩ die Antwort ist vereinfacht ausgedrückt „Feedback": lässt andere Menschen oder Informationsquellen für sich entscheiden;

⋯⟩ Körpersprache: beobachtet die Reaktion des Gegenübers, neigt sich beobachtend vor.

Allgemeines Verhalten:

⋯⟩ übernimmt schnell und oft kritiklos die Beurteilung von anderen, von Autoritätspersonen beziehungsweise die öffentliche Meinung;

⋯⟩ vertraut wissenschaftlichen Studien oft kritiklos;

⋯⟩ wenn eine Person mit externalem Muster kritisiert wird oder negatives Feedback erhält, neigt sie dazu, sich selbst anzuzweifeln;

⋯⟩ sie ist offen für konstruktives Feedback;

⋯⟩ sie tendiert bei Autoritätspersonen dazu, Informationen als Anweisungen zu interpretieren;

⋯⟩ sie befragt vor wichtigen Entscheidungen andere Personen, evtl. Freunde und Kollegen, um sich „sicherer" zu fühlen.

→ Beispiele:

◎ *am Feedback von Kollegen und Vorgesetzten, an den Zahlen;*

◎ *am Feedback von zufriedenen Kunden bzw. im Gespräch mit meinem Vorgesetzten, wenn das Projekt nach Beendigung ohne Probleme im täglichen Betrieb funktioniert;*

◎ *am positiven Echo des Kunden und des Vorgesetzten, Umsatzzahlen, DB, Umsatzsteigerung;*

◎ *an der Zufriedenheit von Arbeitgeber und Kunden sowie an der Umsatz/Margen-Entwicklung;*
◎ *Ergebnis passt, Lob von Mitarbeiter bzw. Vorgesetztem oder Kunde ist damit zufrieden;*
◎ *Lob und Respekt für die erbrachte Leistung;*
◎ *wenn die Rückmeldung der betroffenen Personen positiv ist bzw. wenn keine negativen Rückmeldungen kommen.*

Natürlich gibt es auch Antworten, wo beide Muster sichtbar werden, da Menschen ja immer eine Mischung in den Metaprogrammausprägungen haben:
◎ *indem ich eine positive Rückmeldung erhalte, aber meistens bin ich mir meiner Sache sicher;*
◎ *wenn ich für mich selber keine offenen Punkte sehe und die Arbeit als erledigt abhaken kann und keinerlei negatives Feedback von betroffenen Personen/Kunden bekommen habe – manchmal gibt es vielleicht sogar Lob und Anerkennung für die Umsetzung;*
◎ *wenn die Arbeit zu mir passt, ich sie selbst gut finde und ein positives Feedback darauf erhalte.*

In diesen Fällen hilft folgende Vertiefungsfrage, um herauszufinden, ob der internale oder der externale Anteil überwiegt (Antwort auf Einstiegsfrage: „Wenn die Arbeit zu mir passt, ich sie selbst gut finde und ein positives Feedback darauf erhalte."):
⋯⋗ Vertiefungsfrage: „Nehmen wir einmal an, Sie finden Ihre Ergebnisse gut, bekommen aber von anderen kein positives Feedback. Was dann? Wie reagieren Sie?"
  – Internale Antwort: „Die anderen sehen wahrscheinlich nicht das, was ich in meiner Leistung gesehen habe (zuckt mit der Achsel)."
  – Externale Antwort: „Nun, ich würde immer noch denken, dass ich gute Arbeit geleistet habe, aber … es würde etwas fehlen. Ich müsste herausfinden, was ihnen nicht gefallen hat."

Stellenbeschreibung

Der Referenzfilter ist ein sehr bedeutendes Persönlichkeitsmuster und besonders wichtig im Kontext Führung. Bezüglich der Positionsanforderung stellen sich folgende Fragen:

Internal: „Verlangt die Stelle jemanden, der seine eigene Motivation einbringt und die Qualität seiner Arbeit selbst beurteilt?"
⋯⋗ Management & Führung (ideal: vorwiegend internal, etwas external),
⋯⋗ selbstständige Tätigkeiten,
⋯⋗ Recruiting,
⋯⋗ Controlling,
⋯⋗ Qualitätsmanagement.

External: „Ist Kundenorientierung wichtiger als Führungsstärke bzw. verlangt die Stelle nach jemandem, der sich an äußeren Anforderungen orientiert?"

··⫶ Verkauf,

··⫶ Kundendienst,

··⫶ Rezeption,

··⫶ Backoffice,

··⫶ die meisten Positionen ohne Führungsverantwortung.

Kontinuum der Ausprägungen

→ *Für den Referenzfilter wäre das Kontinuum:*

100% Internal 0% External	In seinen Entscheidungen ist dieser Mitarbeiter extrem unabhängig. Er kann leicht und schnell Entscheidungen treffen, was seine Führungs-, Durchsetzungs- und Umsetzungskraft stärkt. Er benutzt nur eigene Kriterien und Maßstäbe, um die Qualität seiner Arbeit zu beurteilen. Dadurch ist dieser Mitarbeiter oft nicht offen für Feedback und für die Meinung von Kollegen, Vorgesetzten oder Kunden. Oft fasst er Vorgaben nur als Information auf und entscheidet selbst, was er mit dieser Information macht. Andererseits braucht er kein Lob, um motiviert zu arbeiten. Seine Stärke liegt in der Klarheit, mit der er eigene Standpunkte durchsetzen kann. Optimal sind für ihn Arbeitsanforderungen, wo er selbstständig arbeiten kann.
90% Internal 10% External	In seinen Entscheidungen ist dieser Mitarbeiter sehr unabhängig. Er kann leicht und schnell Entscheidungen treffen, was seine Führungs-, Durchsetzungs- und Umsetzungskraft stärkt. Er benutzt eigene Kriterien und Maßstäbe, um die Qualität seiner Arbeit zu beurteilen. Dadurch ist dieser Mitarbeiter nur teilweise offen für Feedback und für die Meinung von anderen. Oft fasst er Vorgaben nur als Information auf und entscheidet selbst, was er mit dieser Information macht. Andererseits braucht er kein Lob, um motiviert zu arbeiten. Seine Stärke liegt in der Klarheit, mit der er eigene Standpunkte durchsetzen kann. Optimal sind für ihn Arbeitsanforderungen, wo er selbstständig arbeiten kann.
80% Internal 20% External	In seinen Entscheidungen ist dieser Mitarbeiter unabhängig. Er kann leicht und schnell Entscheidungen treffen, was seine Führungs-, Durchsetzungs- und Umsetzungskraft stärkt. Er benutzt hauptsächlich eigene Kriterien und Maßstäbe, um die Qualität seiner Arbeit zu beurteilen. Dadurch ist dieser Mitarbeiter nur teilweise offen für Feedback und für die Meinung von anderen. Zuweilen fasst er Vorgaben nur als Information auf und entscheidet dann selbst, was er mit dieser Information macht. Andererseits braucht er in der Regel kein Lob, um motiviert zu arbeiten. Seine Stärke liegt in der Klarheit, mit der er eigene Standpunkte durchsetzen kann. Optimal sind für ihn Arbeitsanforderungen, wo er selbstständig arbeiten kann.

70% Internal 30% External	In seinen Entscheidungen ist dieser Mitarbeiter größtenteils unabhängig. Er kann leicht und schnell Entscheidungen treffen, was seine Führungs-, Durchsetzungs- und Umsetzungskraft stärkt. Er benutzt hauptsächlich eigene Kriterien und Maßstäbe, um die Qualität seiner Arbeit zu beurteilen. Gleichzeitig ist er auch – je nach Situation manchmal mehr und manchmal weniger – offen für die Meinung von anderen (Kollegen, Führungskräften, Kunden ...). Zuweilen fasst er Vorgaben nur als Information auf und entscheidet dann selbst, was er mit dieser Information macht. Andererseits braucht er in der Regel kein Lob, um motiviert zu arbeiten. Seine Stärke liegt in der Klarheit, mit der er eigene Standpunkte durchsetzen kann. Optimal sind für ihn Arbeitsanforderungen, wo er selbstständig arbeiten kann.
60% Internal 40% External	In seinen Entscheidungen ist dieser Mitarbeiter größtenteils unabhängig. Er kann leicht und schnell Entscheidungen treffen, was seine Führungs-, Durchsetzungs- und Umsetzungskraft stärkt. Er benutzt hauptsächlich eigene Kriterien und Maßstäbe, um die Qualität seiner Arbeit zu beurteilen. Gleichzeitig ist er auch offen für die Meinung und das Feedback von anderen (Kollegen, Führungskräften, Kunden ...). Seine Stärke liegt in der Klarheit, mit der er eigene Standpunkte durchsetzen kann in Kombination mit seiner Offenheit für andere Sichtweisen. Optimal sind für ihn Arbeitsanforderungen, wo er selbstständig arbeiten und diese Stärken einsetzen kann.
50% Internal 50% External	In seinen Entscheidungen berücksichtigt dieser Mitarbeiter gleichermaßen seine eigenen Kriterien und Maßstäbe wie auch die Meinung und das Feedback von anderen. Er kann relativ schnell Entscheidungen treffen. Dadurch vertritt er eigene Standpunkte mit einer gewissen Klarheit und ist gleichzeitig offen für die Sichtweise und Meinungen von anderen (Kollegen, Führungskräften, Kunden ...). Lob und positives Feedback stärken seine Motivation. Optimal sind für ihn Arbeitsanforderungen, wo er selbstständig arbeiten und diese Stärken einsetzen kann.
40% Internal 60% External	In seinen Entscheidungen berücksichtigt dieser Mitarbeiter hauptsächlich die Meinung und das Feedback von anderen (Kollegen, Führungskräften, Kunden ...). Gleichzeitig hat er auch seine eigenen Kriterien und Maßstäbe für seine Entscheidungen. Dadurch ist er diplomatisch und kundenorientiert in der Kommunikation und kann gleichzeitig eigene Standpunkte vermitteln. Lob und positives Feedback stärken seine Motivation. Optimal sind Arbeitsanforderungen, wo er sich an äußeren Anforderungen orientieren kann und gleichzeitig eine gewisse Selbstständigkeit hat.
30% Internal 70% External	In seinen Entscheidungen berücksichtigt dieser Mitarbeiter hauptsächlich die Meinung und das Feedback von anderen (Kollegen, Führungskräften, Kunden ...). Gleichzeitig fließen auch eigene Kriterien und Maßstäbe für seine Entscheidungen mit ein. Dadurch ist er diplomatisch und kundenorientiert in der Kommunikation und kann in den meisten Situationen auch eigene Standpunkte vermitteln. Lob und positives Feedback stärken seine Motivation. Optimal sind Arbeitsanforderungen, wo er sich an äußeren Ansprüchen orientieren und er seine kundenorientierte Kommunikation als Stärke einsetzen kann.

20% Internal 80% External	In seinen Entscheidungen berücksichtigt dieser Mitarbeiter hauptsächlich die Meinung und das Feedback von anderen (Kollegen, Führungskräften, Kunden ...). In den meisten Situationen hat er auch gleichzeitig eigene Kriterien und Maßstäbe, die seine Entscheidungen leicht mitbeeinflussen. Dadurch ist er diplomatisch und kundenorientiert in der Kommunikation. Lob und positives Feedback stärken seine Motivation. Zuweilen besteht bei ihm die Tendenz, reine Informationen manchmal als Vorgaben zu interpretieren. Entscheidungen schnell und unabhängig zu treffen, ist nicht seine Stärke. Er fragt tendenziell bei wichtigen Entscheidungen andere Personen um Rat, nach dem Motto: Wie würdet ihr entscheiden? Optimal sind Arbeitsanforderungen, wo er sich an äußeren Ansprüchen orientieren und er seine kundenorientierte Kommunikation als Stärke einsetzen kann.
10% Internal 90% External	In seinen Entscheidungen berücksichtigt dieser Mitarbeiter hauptsächlich die Meinung und das Feedback von anderen (Kollegen, Führungskräften, Kunden ...). Er benötigt – zumindest zeitweilig – positives Feedback bzw. Lob, um seine Motivation aufrecht zu erhalten. Zuweilen hat er Schwierigkeiten, eigene Standpunkte klar zu vermitteln. Auch besteht bei ihm die Tendenz, reine Informationen manchmal als Vorgaben zu interpretieren. Entscheidungen schnell und unabhängig zu treffen, ist nicht seine Stärke. Er fragt tendenziell bei wichtigen Entscheidungen andere Personen um Rat, nach dem Motto: Wie würdet ihr entscheiden? Optimal sind Arbeitsanforderungen, wo er sich an äußeren Ansprüchen orientieren kann.
0% Internal 100% External	In seinen Entscheidungen berücksichtigt dieser Mitarbeiter ausschließlich die Meinung und das Feedback von anderen (Kollegen, Führungskräften, Kunden ...). Dadurch ist er sehr kundenorientiert in der Kommunikation. Er benötigt positives Feedback bzw. Lob, um seine Motivation aufrechtzuerhalten. Zuweilen hat er Schwierigkeiten, eigene Standpunkte klar zu vermitteln. Auch besteht bei ihm die Tendenz, reine Informationen als Vorgaben zu interpretieren. Entscheidungen schnell und unabhängig zu treffen, ist nicht seine Stärke. Er fragt tendenziell bei wichtigen Entscheidungen andere Personen um Rat, nach dem Motto: Wie würdet ihr entscheiden? Optimal sind Arbeitsanforderungen, wo er sich an äußeren Ansprüchen orientieren kann.

Tabelle 2: **Ausprägungen des Referenzfilters**

→ Neuropsychologische Aspekte des Referenzfilters

Psychologische Praktiker[20] liefern an dieser Stelle wieder Informationen darüber, was im Gehirn passiert, wenn jemand ein externales oder internales Muster, z.B. im Kontext Arbeit hat. Empirische Untersuchungen können diese mentalen Details derzeit noch nicht bestätigen:

Internal

→ innere, mentale Bilder sind oft gerahmt, kontrastreich und inhaltsspezifisch. Bilder der eigenen Meinung sind größer, näher oder heller als die mentalen Bilder, die die Meinung anderer repräsentieren;

→ innerer Dialog in der eigenen Stimme.

External

→ entfernte, kleine, mentale Bilder zur eigenen Meinung und nahe, große, helle Bilder zur Meinung anderer. Oft ist mental „kein Platz" für die Repräsentationen der eigenen Meinung;

→ die Wahrnehmung geht öfters nach innen, zum inneren Dialog;

→ viel innerer Dialog, oft mit der Stimme von Autoritätspersonen.

---

20 Connirae & Steve Andreas: *Gewußt wie – Arbeit mit Submodalitäten.* 1990, Kapitel 7: „Interne und externe Referenz".

Metaprogramm Motivationsgrund

Wie ist die bevorzugte Vorgehensweise in der Arbeit? Durch welche Aufgaben wird die Person motiviert?

⋯⟩ *Optional* – lieben es, Systeme und Prozeduren zu entwickeln und zu verbessern sowie neue Wege zu gehen; möchten Aufbauarbeit leisten – am besten, bevor diese in das Tagesgeschäft übergeht; Wahlmöglichkeiten motivieren; „Warum"-Einstellung: „Warum ist das wichtig? Warum machen wir das?"

⋯⟩ *Prozedural* – halten sich gerne an erprobte Methoden bzw. Strategien; sind stark im Tagesgeschäft bzw. in der „wirklichen Arbeit"; „Wie"-Einstellung: „Wie funktioniert das? Wie kann ich das anwenden?"

Mustererkennung

Ebenso wie die Zusatzfrage zum Richtungsfilter: „Wie kam es zum Wechsel von Firma X zur Firma Y?" können auch die Fragen zum Motivationsgrund bereits in die 2A-Gesprächsphase integriert werden, während die vergangenen beruflichen Erfahrungen reflektiert werden:

⋯⟩ „Warum haben Sie sich für den <Arbeitgeber XY> entschieden?" (aus CV)

⋯⟩ „Warum haben Sie sich für Ihren aktuellen Arbeitgeber entschieden?"

Optional

⋯⟩ Antwort mit einer Liste von Kriterien: „Weil 1. ... , weil 2. ..., weil 3. ...";

⋯⟩ antwortet auf das „Warum" in der Frage: „Weil ...";

⋯⟩ beschreibt Gelegenheiten, Möglichkeiten;

⋯⟩ Möglichkeiten sind oft wichtiger als Tatsachen.

→ *Beispiele*

◎ *1. Gehalt, 2. Interesse an neuer Branche;*

◎ *a) Startup Unternehmen, b) junges Team, c) Arbeitsklima, d) 30% Reisetätigkeit;*

◎ *1. entsprach genau dem Tätigkeitsbereich, in dem ich arbeiten wollte/wieder möchte, 2. zentrale Lage, 3. angenehme Arbeitszeiten;*

◎ *gute Möglichkeiten zu lernen, renommiertes Unternehmen, gute Kontakte zu führenden Angestellten an den jeweiligen Standorten des Konzerns;*

◎ *gutes Arbeitsklima, nette Kollegen, interessante Tätigkeit;*

◎ *interessantes Angebot, erfolgreiches Unternehmen, gutes Arbeitsklima, persönlicher Bezug zu handelnden Personen.*

Prozedural
∙∙∙∙∙∙∙∙∙∙∙∙∙∙∙∙

⋯⟩ Antwort mit einer Geschichte: „Nun, das war so, ...";
⋯⟩ antworten auf „wie" statt auf „warum": „Wie ist es dazu gekommen ...?";
⋯⟩ beschreiben evtl. auch, dass sie nicht selbst gewählt haben: „Es ist passiert!";
⋯⟩ sind eher auf konkrete Tätigkeiten und Tatsachen orientiert als auf abstrakte Möglichkeiten.

→ Beispiele

◎ *Ich war mit der Schule fertig und habe einen Job gesucht. Diese Spedition war die erste, die mir einen Arbeitsplatz angeboten hatte.*
◎ *Damals bin ich in meiner Laufbahn als Sales Director an Grenzen gestoßen und habe mir gedacht, warum nicht einmal die Branche wechseln. Ein Freund von mir erzählte mir dann, ...*
◎ *Nach meinem Umzug nach Harburg habe ich in der Umgebung und in Hamburg nach einem neuen Job als Büroangestellte oder ähnlichem gesucht. Dieser Job hat sich als erstes ergeben.*
◎ *... war reiner Zufall.*
◎ *Zu diesem Zeitpunkt suchte ich nach einem kurzfristigen Nebenjob, um meine Finanzen aufzubessern. Durch eine Jobvermittlungsagentur wurde ich an Firma XY für einen einmaligen Einsatz vermittelt, worauf diese mir anbot, mich längerfristig beschäftigen zu wollen.*
◎ *Ich habe mir die Stelle nicht wirklich ausgesucht. Ich lernte die Chefin durch meine Freundin kennen, die dort arbeitete. Sie suchten einen Techniker und ich hatte gerade ein Projekt beendet.*
◎ *Da ich ein gutes Bauchgefühl hatte und beim Einstellungsgespräch alles bestens verlaufen ist. Und der Schnuppertag war nett und offen.*

Natürlich hat die Mustererkennungs-Frage weniger diagnostischen Wert, wenn man sie direkt nach einem ausführlichen Gespräch über Werte stellt. Wenn man sich fünf Minuten über die Frage unterhält, was in der Arbeit wirklich wichtig ist und dann fragt, warum man sich für Arbeitgeber XY entschieden hat, wird die Antwort „optionaler" ausfallen. Ganz einfach, weil das Gehirn durch Wertegespräche in einen „optionalen Modus" schaltet.

Eine weitere Möglichkeit, schon vorab, d.h. vor den Wertefragen, gleichzeitig Informationen über Motivationsgrund und Richtungsfilter zu erhalten, besteht während der Präsentation der früheren beruflichen Erfahrungen. Hier lauten alternative Explorationsfragen:

Einstiegsfrage: „Warum kam es zum Wechsel von Firma X zur Firma Y?" – siehe CV

Vertiefungsfrage: „Wie kommt es, dass Sie Ihr jetziges Unternehmen verlassen möchten?" Diese Vertiefungsfrage hat auch Graves 2-Diagnostik in sich.[21]

⋯⋗ *Hin-Zu:* „Das neue Angebot war/ist so attraktiv, ich konnte nicht widerstehen. Ich will endlich XY machen (oder bekommen)".

⋯⋗ *Weg-Von:* „Es war tendenziell nicht mehr in der Firma auszuhalten, ich wollte weg. Ich will XY nicht mehr akzeptieren. Die Probleme wurden zu massiv und dann wurde ich gekündigt."

⋯⋗ *Optional:* Es wird auf „Warum" geantwortet: „Weil 1., weil 2., weil 3."

⋯⋗ *Prozedural:* Es wird mit einer Geschichte geantwortet: „Das war so, ...", d.h. es wird erzählt, wie es dazu gekommen ist.

Stellenbeschreibung

Ebenso wie Referenzfilter und Richtungsfilter ist der Motivationsgrund ein sehr zentrales Metaprogramm im Kontext Arbeit. Folgende Fragen helfen in der Positionsanalyse:

Optional: „Sollen Systeme, Geschäftsprozesse und Prozeduren entwickelt, neu entworfen und aufgebaut werden?"

⋯⋗ interne und externe Beratungstätigkeit;
⋯⋗ Softwarearchitekt, Software-Entwicklung als Prozess-Aufbau;
⋯⋗ Marketing;
⋯⋗ Anwälte;
⋯⋗ jede Entwicklungstätigkeit, z.B. Produktentwicklung, Personalentwicklung, Organisationsentwicklung etc.;
⋯⋗ Aufbau von Neugeschäft;
⋯⋗ Projektleitung in innovativen Projekten.

Prozedural: „Sollen hauptsächlich bestehende Geschäftsprozesse angewendet werden, d.h. das Tagesgeschäft effektiv abgewickelt werden?"

⋯⋗ Verkauf;
⋯⋗ alles, was mit Sicherheit zu tun hat, z.B. Bewachung, Pilot, Herzchirurg etc.;
⋯⋗ Produktion, Sachbearbeitung, Verwaltung, Backoffice;
⋯⋗ Ergebnisse verwirklichen;
⋯⋗ Qualitätsmanagement, Controlling, Buchhaltung;
⋯⋗ technische Positionen.

---

21 Siehe Interviewfragen in Kapitel 6: „ Graves 2 – Die Unternehmensfamilie".

Kontinuum der Ausprägungen

Der Motivationsgrund ist sicherlich das wichtigste Metaprogramm, was sogenannte Berater-Funktionen von Linien-Funktionen unterscheidet.

→ *Hier das Kontinuum:*

100% Optional 0% Prozedural	Dieser Mitarbeiter ist nur dann motiviert, wenn er die Möglichkeit hat, etwas auf neue Weise zu tun. Optionen und Wahlmöglichkeiten sind für ihn sehr wichtig. Unbegrenzte Möglichkeiten und neue Möglichkeiten üben eine sehr hohe Anziehungskraft auf ihn aus. Er ist ein reiner Berater oder Aufbauer, d.h. er ist stärker motiviert, neue Prozesse und Bereiche aufzubauen, aber die Umsetzung und das Tagesgeschäft liegen nicht in seinem Interessenfokus. Er hat Schwierigkeiten, sich über längere Zeit an vordefinierte Strukturen zu halten. Denn er untersucht sofort alle Optionen, um diese Strukturen zu erweitern oder umzudeuten. Besteht die Arbeit mehrheitlich aus klar definierten, sich wiederholenden Arbeitsabläufen, ist dieser Mitarbeiter nicht langfristig motiviert. Optimal sind Anforderungen in der Arbeit, wo er kreative Aufbauarbeit leistet und neue Prozesse und Systeme etabliert.
90% Optional 10% Prozedural	Dieser Mitarbeiter ist motiviert, wenn er die Möglichkeit hat, etwas auf neue Weise zu tun. Optionen und Wahlmöglichkeiten sind für ihn wichtig. Er ist ein Berater oder Aufbauer, d.h. er ist stärker motiviert, neue Prozesse und Bereiche aufzubauen, aber die Umsetzung und das Tagesgeschäft liegen eher nicht in seinem Interessenfokus. Er hat Schwierigkeiten, sich über längere Zeit an vordefinierte Strukturen zu halten. Denn er untersucht sofort alle Optionen, um diese Strukturen zu erweitern oder umzudeuten. Besteht die Arbeit mehrheitlich aus klar definierten, sich wiederholenden Arbeitsabläufen, ist dieser Mitarbeiter nicht langfristig motiviert. Optimal sind Anforderungen in der Arbeit, wo er kreative Aufbauarbeit leistet und neue Prozesse und Systeme etabliert.
80% Optional 20% Prozedural	Dieser Mitarbeiter ist motiviert, wenn er die Möglichkeit hat, etwas auf neue Weise zu tun. Optionen und Wahlmöglichkeiten sind für ihn wichtig. Er ist eher ein Berater oder Aufbauer, d.h. er ist stärker motiviert, neue Prozesse und Bereiche aufzubauen. Das Tagesgeschäft liegt nicht so stark in seinem Interessenfokus. Neue Möglichkeiten üben eine hohe Anziehungskraft auf ihn aus. Er hat die Tendenz, alle vorgeschriebenen Regeln und starren Strukturen zu hinterfragen bzw. zu erweitern oder umzudeuten. Besteht die Arbeit ausschließlich aus klar definierten, sich wiederholenden Arbeitsabläufen, ist dieser Mitarbeiter nicht langfristig motiviert. Optimal sind Anforderungen in der Arbeit, wo er kreative Aufbauarbeit leistet und neue Prozesse und Systeme etabliert.
70% Optional 30% Prozedural	Dieser Mitarbeiter ist motiviert, wenn er die Möglichkeit hat, etwas auf neue Weise zu tun. Optionen und Wahlmöglichkeiten sind für ihn wichtig. Er ist eher ein Berater oder Aufbauer, d.h. er ist stärker motiviert, neue Prozesse und Bereiche aufzubauen. Gleichzeitig hat er auch die Fähigkeit, das Tagesgeschäft abzuwickeln bzw. sich an wiederholende Arbeitsabläufe zu halten. Optimal sind Anforderungen in der Arbeit, wo er hauptsächlich kreative Aufbauarbeit leistet, neue Prozesse und Systeme etabliert und gleichzeitig Verantwortung für die tägliche Arbeit übernehmen kann.

60% Optional 40% Prozedural	Dieser Mitarbeiter ist besonders dann motiviert, wenn er die Möglichkeit hat, etwas auf neue Weise zu tun. Optionen und Wahlmöglichkeiten sind für ihn wichtig. Er ist eher ein Berater oder Aufbauer, d.h. er ist stärker motiviert, neue Prozesse und Bereiche aufzubauen. Gleichzeitig hat er auch die Fähigkeit, das Tagesgeschäft abzuwickeln bzw. sich an wiederholende Arbeitsabläufe zu halten. Optimal sind Anforderungen in der Arbeit, wo er kreative Aufbauarbeit leisten und gleichzeitig Verantwortung für die tägliche Arbeit übernehmen kann.
50% Optional 50% Prozedural	Dieser Mitarbeiter ist gleichermaßen motiviert, etwas auf neue Weise zu tun, wie auch sich an erprobte Abläufe und Prozeduren zu halten. Optionen und Wahlmöglichkeiten sind für ihn wichtig. Gleichzeitig hat er auch die Fähigkeit, sich an klar definierte, sich wiederholende Arbeitsabläufe zu halten. Optimal sind Anforderungen in der Arbeit, wo er kreative Aufbauarbeit leisten und gleichzeitig Verantwortung für die tägliche Arbeit übernehmen kann.
40% Optional 60% Prozedural	Dieser Mitarbeiter ist motiviert, wenn er klar strukturierte Rahmenbedingungen hat, es einen Fokus auf das Tagesgeschäft gibt und er sich auch an erprobte Abläufe und Prozeduren halten kann. Gleichzeitig motiviert es ihn auch, etwas auf neue Art und Weise zu tun bzw. etwas Aufbauarbeit zu leisten. Er ist tendenziell eher ein linienorientierter Umsetzer als ein Aufbauer. Optimal sind Anforderungen in der Arbeit, wo er Verantwortung für die tägliche Arbeit übernehmen und ab und zu Neuland betreten kann.
30% Optional 70% Prozedural	Dieser Mitarbeiter ist in seiner Arbeit motiviert, wenn er klar strukturierte Rahmenbedingungen hat, es einen Fokus auf das Tagesgeschäft gibt und er sich an erprobte Abläufe und Prozeduren halten kann. Gleichzeitig motiviert es ihn auch, gelegentlich etwas Aufbauarbeit zu leisten. Er ist eher ein linienorientierter Umsetzer als ein Aufbauer. Optimal sind Aufgaben, wo er hauptsächlich praktische Verantwortung für die tägliche Arbeit übernimmt und ab und zu Neuland betreten kann.
20% Optional 80% Prozedural	Dieser Mitarbeiter ist in seiner Arbeit motiviert, wenn er klar strukturierte Rahmenbedingungen hat, es einen Fokus auf das Tagesgeschäft gibt und er sich an erprobte Abläufe und Prozeduren halten kann. Gelegentlich motiviert es ihn auch, etwas auf neue Art und Weise zu tun und Aufbauarbeit zu leisten. Er ist eher ein linienorientierter Umsetzer als ein Aufbauer. Optimal sind Aufgaben, wo er hauptsächlich praktische Verantwortung für die tägliche Arbeit übernimmt und ab und zu Neuland betreten kann.
10% Optional 90% Prozedural	Dieser Mitarbeiter ist in seiner Arbeit motiviert, wenn er klar strukturierte Rahmenbedingungen hat, es einen klaren Fokus auf das Tagesgeschäft gibt und er sich an erprobte Abläufe und Prozeduren halten kann. Aufbauarbeit zu leisten, ist nicht sein direkter Interessenfokus. Besteht die Arbeit mehrheitlich aus Aufbauarbeit von neuen Bereichen, ist dieser Mitarbeiter nicht dauerhaft motiviert. Ihn interessiert die konkrete Abwicklung, d.h. er ist ein linienorientierter Umsetzer. Optimal sind für ihn klar definierte Aufgaben, die ihm eindeutig aufzeigen, wie er die tägliche Arbeit durchführen soll.

0% Optional 100% Prozedural	Dieser Mitarbeiter ist in seiner Arbeit nur motiviert, wenn er klar strukturierte Rahmenbedingungen hat, es einen klaren Fokus auf das Tagesgeschäft gibt und er sich an erprobte Abläufe und Prozeduren halten kann. Besteht die Arbeit mehrheitlich aus Aufbauarbeit von neuen Bereichen, ist dieser Mitarbeiter nicht dauerhaft motiviert. Ihn interessiert nur die konkrete Abwicklung, d.h. er ist ein linienorientierter Umsetzer. Optimal sind für ihn klar definierte Aufgaben, die ihm eindeutig aufzeigen, wie er die tägliche Arbeit durchführen soll.

Tabelle 3: Ausprägungen des Motivationsgrundes

→ *Neuropsychologische Aspekte des Motivationsgrundes*

Optional

→ Viele innere Bilder mit den unterschiedlichen Optionen und Möglichkeiten. Diese innere Repräsentation der Unterschiedlichkeit und Möglichkeitsvielfalt wirkt emotional aktivierend und motivierend.

→ Entspannte Körperhaltung, hohes Selbstvertrauen, es gibt immer eine andere Lösung; Sprechgeschwindigkeit etwas reduziert.

→ Mehr „Nachdenklichkeit", da der mentale Fokus eher auf Möglichkeiten als auf den realen Gegebenheiten liegt. Die Frage „Warum" und Werte sind generell wichtig.

→ Mentale Zeitorganisation: Sehen meistens die Vergangenheit hinter sich und die Zukunft vor sich (Zeitlinien-Struktur: *In-Time*). Bei stark optionaler Ausprägung ist die mentale Ausrichtung fast gänzlich auf die Zukunft ausgerichtet und es gibt keine oder nur eine sehr schwache Repräsentation der Gegenwart und Vergangenheit.

Prozedural

→ Die Frage „Wie" und funktionierende Methoden sind wichtig. Es gibt oft innere mentale Listen, z.B. in Form eines inneren Sets von kleinen, nahen Bildern, die von rechts nach links oder von oben nach unten organisiert sind.

→ Viel und schneller innerer Dialog, der die Schritte beschreibt.

→ Deutliche Gestik, die innere, mentale Organisation ausdrückt.

→ Die Aufmerksamkeit ist eher nach außen gerichtet, es wird genau und aufmerksam zugehört.

→ Mentale Zeitorganisation: Sehen meistens die Vergangenheit und die Zukunft organisiert vor sich (Zeitlinien-Struktur: *Through-Time*). Bei fehlender Optional-Minimalausprägung gibt es keine oder nur eine sehr schwache Repräsentation der Zukunft.

Zeitlinien sind die Art und Weise, wie unser Gehirn Zeit organisiert und Erinnerungen und Vorstellungen in der Zeit kodiert.[22] Bei fast allen Menschen benutzt das Gehirn eine räumliche Kodierung, um Zeit zu organisieren. So können z.B. Erinnerungen in der Vergangenheit durch räumliche Nähe kodiert sein. Je weiter weg die Erinnerung liegt, desto entfernter sind die mentalen Bilder in der Vorstellung. Vergangenheit und Zukunft unterscheiden sich oft in der Richtung. Viele Menschen sehen z.B. die Zukunft vor sich.

---

22 Z.B. Connirae & Steve Andreas: *Gewußt wie – Arbeit mit Submodalitäten.* 1990, Kapitel 1: „Zeitlinien" oder: Tad James & Wyatt Woodsmall: *Time Line. NLP-Konzepte zur Grundstruktur der Persönlichkeit.* 1988.

Wahrscheinlich spielt hierbei der Hippocampus eine wesentliche Rolle, eine Struktur tief im Inneren des Gehirns an der Innenseite der Schläfenlappen gelegen. Der Hippocampus kodiert Orte in sogenannten Ortszellen, d.h. wenn wir eine neue Stadt kennenlernen, werden jede Menge neuer Ortszellen im Hippocampus gebildet und verknüpft. Er ist also in der räumlichen Orientierung extrem wichtig. Gleichzeitig speichert er einzelne Erlebnisse ab und bildet somit das episodische Gedächtnis. Im Tiefschlaf „lädt" der Hippocampus diese episodischen Gedächtnisinhalte in den großen Hauptspeicher Großhirnrinde hoch. Vor diesem „Upload" werden allerdings im Traumschlaf die Gedächtnisinhalte gründlich umorganisiert, neu gruppiert und mit anderen Erlebnissen assoziiert.[23] Diese Kombination aus Raumwahrnehmung und episodischem Gedächtnis macht deutlich, dass mentale Zeitlinien sicherlich die subjekte Erfahrungsdimension von Hippocampus-Aktivitäten sind.

---

23 Nach Manfred Spitzer: *Lernen*. 2002 - Kapitel 7 „Schlaf und Traum".

Metaprogramm Handlungsfilter

Der Handlungsfilter, auch Motivationsniveau genannt, bestimmt eine grundlegende emotionale Einstellung in Bezug auf die Umwelt. Ergreift eine Person die Initiative oder wartet sie darauf, dass andere die Initiative ergreifen? Wie hoch ist das energetische Grundniveau einer Person? Wie schnell handelt eine Person?

Proaktiv

···⟩ sind Macherpersönlichkeiten, treiben unternehmerisch an;
···⟩ ergreifen in Beziehungen die Initiative;
···⟩ handeln mit wenig oder ohne Überlegung spontan;
···⟩ besonders in Kombination mit internalem Referenzfilter werden Entscheidungen schnell und „aus dem Bauch" heraus getroffen, d.h. eher eine emotional-limbische Entscheidungsfindung mit wenig mentaler „Großhirn-Reflexion";
···⟩ sagen öfters unüberlegte Worte, die ihnen dann später leidtun – frei nach dem Motto: „Wie kann ich wissen, was ich denke, wenn ich nicht höre, was ich sage?";
···⟩ verstehen sich als Ursache und nicht als Wirkung; haben weniger „Versorgungserwartungen", sondern erschaffen sich das Erwünschte;
···⟩ Telefon wird gegenüber eMail und Schriftverkehr bevorzugt.

Reflektiv

···⟩ denken und analysieren gründlich;
···⟩ beobachten erst einmal die Situation und handeln dann;
···⟩ lassen den Dingen ihren Lauf – diese sollen sich „selbst organisieren";
···⟩ sie warten tendenziell auf die Meinung der anderen; wenn sie sich sprachlich äußern, ist alles bereits gründlich durchdacht;
···⟩ eMail wird gegenüber Telefon bevorzugt;
···⟩ reagieren eher, als dass sie agieren, d.h. sie verstehen sich als Wirkung und nicht als Ursache;
···⟩ gehen mit Erwartungen auf die Umwelt zu, als ob diese etwas zu geben hätte, z.B.: „Ein Job soll mir die Möglichkeit geben, kreativ mit Menschen zu arbeiten – auch wünsche ich mir ein gutes Betriebsklima und eine angemessene Bezahlung."

Mustererkennung

Durch folgende Fragen wird der Handlungsfilter schnell sichtbar:
Einstiegsfrage: „Beschreiben Sie mir Ihre typische Arbeitsweise."
Vertiefungsfrage: „Was erwarten Sie von Ihrem Arbeitgeber?"

Proaktiv

···> kurze Sätze mit klarer, eindeutiger Satzstruktur;
···> die Person spricht über ihr Handeln als „Ursache", d.h. sie gestaltet die Welt;
···> dynamische Körpersprache, zeigt sich als Macherpersönlichkeit;
···> Erwartungen betreffen im wesentlichen Handlungs- und Gestaltungsfreiraum, weniger „Versorgungserwartungen",

→ Beispiel

◎ *Ich bin im Verkauf aktiv. Bei Neukunden ergreife ich die Initiative. Ich gehe sie aktiv an. Ich liebe es, Menschen zu überzeugen.*
◎ *Ich liebe es, Menschen anzusprechen. Der Outbound ist meins. Jeder Mensch ist anders und das spornt mich an, mein Bestes zu geben.*

Reflektiv

···> lange und verschachtelte Sätze;
···> grammatikalische Passivformen, z.B. „... wurde ich eingesetzt";
···> Konditionalsätze: würde, könnte, sollte ...;
···> die Person spricht als „Wirkung", d.h. als würden die Welt oder die Umstände sie dominieren bzw. ihr etwas zu geben haben, d.h. höhere „Versorgungserwartungen";
···> ruhige Körpersprache, wirkt nachdenklich.

→ Beispiel

◎ *Nur, wenn ich Zeit habe, alles genau zu durchdenken und zu planen. Wenn einfach kein zu großer Druck da ist von Seiten des Bauherrn. Es würde mir die Kreativität hemmen, wenn ich immer, so schnell als möglich, die Weisungen des Bauherrn zu befolgen hätte, ohne selbst eigene Ideen einbringen zu können.*
◎ *Am Morgen schaue ich, was ich alles zu tun habe und sortiere alle Aufgaben auf meinem Schreibtisch. Nach und nach arbeite ich dann die eMails und die Akten ab und übernehme ab 10 Uhr auch den Telefondienst bis zur Mittagspause. Nachmittags werde ich dann oft auch für Sonderaufgaben eingesetzt.*

Stellenbeschreibung

Proaktiv: „In welchem Ausmaß wird der Betreffende die Initiative übernehmen?"
···> Verkauf;
···> Outbound-Calling;
···> Projektleiter;
···> PR- und Pressearbeit;

···⟩ Marketing;
···⟩ Aufgaben, die selbstständig ausgeführt werden;
···⟩ unternehmerische Verantwortung.

Reflektiv: „In welchem Ausmaß setzt die Stelle Analyse und Reagieren auf andere voraus?"
···⟩ Kundendienst;
···⟩ Reklamationsbearbeitung und Inbound-Calling;
···⟩ Vertriebsinnendienst;
···⟩ Empfang;
···⟩ Verwaltung, Produktion;
···⟩ Buchhaltung und Controlling;
···⟩ für Aufgaben, bei denen auf Anfragen reagiert werden soll;
···⟩ Positionen in der Forschung und Analyse.

Kontinuum der Ausprägungen

Der Handlungsfilter in seiner Ausprägung „proaktiv" ist sicherlich das wichtigste Metaprogramm für den Verkauf.

→ *Hier das Kontinuum:*

100% Proaktiv 0% Reflektiv	Dieser Mitarbeiter hat eine Macher-Persönlichkeit. Er handelt oft schnell und impulsiv. Er ergreift in Beziehungen und bei Kunden die Initiative und sieht sich als Motor für den Erfolg. Er übernimmt aktiv Verantwortung und treibt den Arbeitsprozess effektiv an. Da er spontan und unüberlegt handelt, muss er manchmal die Auswirkungen seines Handelns nachträglich korrigieren. In Arbeitssituationen, wo analytische Fähigkeiten sehr wichtig sind, ist er nicht langfristig motiviert. Seine Stärke ist seine Umsetzungskraft.
90% Proaktiv 10% Reflektiv	Dieser Mitarbeiter hat eine Macher-Persönlichkeit. Er handelt oft schnell und impulsiv. Er ergreift in Beziehungen und bei Kunden die Initiative und sieht sich als Motor für den Erfolg. Er übernimmt aktiv Verantwortung und treibt den Arbeitsprozess effektiv an. Für die Arbeit im Team kann er ein wertvoller Impulsgeber und Initiator sein, besonders wenn andere Faktoren auf soziale Intelligenz und Teamfähigkeit hinweisen. Da er öfters spontan und unüberlegt handelt, muss er manchmal die Auswirkungen seines Handelns nachträglich korrigieren. Seine Stärke ist seine Umsetzungskraft.
80% Proaktiv 20% Reflektiv	Dieser Mitarbeiter hat eine Macher-Persönlichkeit. Er handelt schnell und impulsiv. Gleichzeitig hat er auch die Fähigkeit innezuhalten und nachzudenken. Er ergreift in Beziehungen und bei Kunden die Initiative und sieht sich als Motor für den Erfolg. Er übernimmt aktiv Verantwortung und treibt den Arbeitsprozess effektiv an. Für die Arbeit im Team kann er ein wertvoller Impulsgeber und Initiator sein, besonders wenn andere Faktoren auf soziale Intelligenz und Teamfähigkeit hinweisen. Seine Stärke ist seine Umsetzungskraft.

70% Proaktiv 30% Reflektiv	Dieser Mitarbeiter hat eine Macher-Persönlichkeit. Er handelt schnell und impulsiv. Gleichzeitig hat er auch die Fähigkeit innezuhalten und nachzudenken. Er ergreift in Beziehungen und bei Kunden die Initiative und sieht sich als Ursache für den Erfolg. Er übernimmt aktiv Verantwortung und treibt den Arbeitsprozess effektiv an. Für die Arbeit im Team kann er ein wertvoller Impulsgeber und Initiator sein, besonders wenn andere Faktoren auf soziale Intelligenz und Teamfähigkeit hinweisen. Seine Stärke ist seine Umsetzungskraft.
60% Proaktiv 40% Reflektiv	Dieser Mitarbeiter hat eher eine Macher-Persönlichkeit. Er handelt tendenziell schnell und impulsiv. Gleichzeitig hat er auch die Fähigkeit innezuhalten und nachzudenken. Er ergreift in Beziehungen und bei Kunden eher die Initiative, sieht sich tendenziell als Motor für den Erfolg und übernimmt Verantwortung. Für die Arbeit im Team kann er ein wertvoller Impulsgeber und Initiator sein, besonders wenn andere Faktoren auf soziale Intelligenz und Teamfähigkeit hinweisen. Seine Stärke ist seine Umsetzungskraft in Kombination mit seinen analytischen Fähigkeiten.
50% Proaktiv 50% Reflektiv	Dieser Mitarbeiter hat eine ausgewogene Kombination einer Denker- und Macher-Persönlichkeit. Je nach Situation überdenkt er seine Reaktion oder handelt spontan. Auch in Beziehungen und Gruppen ergreift er je nach Lage die Initiative oder wartet beobachtend ab. Seine Stärken sind seine analytischen Fähigkeiten in Kombination mit seiner Umsetzungskraft.
40% Proaktiv 60% Reflektiv	Dieser Mitarbeiter hat eher eine Denker-Persönlichkeit. Meist überdenkt er die Situation, bevor er handelt. Je nach Situation hat er auch die Fähigkeit, spontan zu handeln. Er wartet in Beziehungen und Gruppen tendenziell eher auf die Initiative der anderen, bevor er sich selbst einbringt. Seine Stärken sind seine analytischen Fähigkeiten in Kombination mit seiner Umsetzungskraft.
30% Proaktiv 70% Reflektiv	Dieser Mitarbeiter hat eine Denker-Persönlichkeit. Er beobachtet die meisten Situationen und überdenkt die Lage, bevor er handelt. In manchen Situationen hat er auch die Fähigkeit, spontan zu handeln. Er wartet in Beziehungen und Gruppen eher auf die Initiative der anderen, bevor er sich selbst einbringt. Optimal sind Arbeitsanforderungen, wo er auf Situationen reagiert und er seine analytischen Fähigkeiten und Beobachtungsgabe einsetzt.
20% Proaktiv 80% Reflektiv	Dieser Mitarbeiter hat eine Denker-Persönlichkeit. Er beobachtet und überdenkt die Lage, bevor er handelt. Er wartet in Beziehungen und Gruppen meist auf die Initiative der anderen, bevor er sich selbst einbringt. In Arbeitssituationen, wo Initiative und spontanes Handeln die wichtigsten Erfolgsfaktoren sind, ist er nicht langfristig motiviert. Optimal sind Arbeitsanforderungen, wo er auf Situationen reagiert und er seine analytischen Fähigkeiten und Beobachtungsgabe einsetzt.
10% Proaktiv 90% Reflektiv	Dieser Mitarbeiter hat eine Denker-Persönlichkeit. Er beobachtet und überdenkt die Lage, bevor er handelt. Er wartet in Beziehungen und Gruppen auf die Initiative der anderen, bevor er sich selbst einbringt. In Arbeitssituationen, wo Initiative und spontanes Handeln wichtige Erfolgsfaktoren sind, ist er nicht langfristig motiviert. Optimal sind Arbeitsanforderungen, wo er auf Situationen reagiert und er seine analytischen Fähigkeiten und Beobachtungsgabe einsetzt.

0% Proaktiv 100% Reflektiv	Dieser Mitarbeiter hat eine reine Denker-Persönlichkeit. Er beobachtet und überdenkt die Lage gründlich, bevor er handelt. Er wartet in Beziehungen und Gruppen auf die Initiative der anderen, bevor er sich selbst einbringt. Dadurch fehlt ihm öfter eine gewisse Umsetzungskraft. Optimal sind Arbeitsanforderungen, wo er auf äußere Situationen reagiert und er seine analytischen Fähigkeiten und Beobachtungsgabe einsetzt.

Tabelle 4: **Ausprägungen des Handlungsfilters**

→ *Neuropsychologische Aspekte des Handlungsfilters*

Proaktiv
→ Innere Bilder sind oft groß, z.B. 3D-Panoramabilder.
→ Innere Bilder sind assoziiert, d.h. bei Vorstellungen oder Erinnerungen aus der Originalsicht-Perspektive, was den Gefühlszustand bereichert.

Reflektiv
→ Viel innerer Dialog.
→ Eher kleine mentale, innere Bilder ohne konkreten Inhalt, oft verschwommen oder sich hin und her bewegend – evtl. die Person umkreisend.
→ Die inneren Bilder, Vorstellungen und Repräsentationen sind eher dissoziiert, d.h. nicht aus der Originalsicht-Perspektive. Eine Szene wird so erinnert oder sich vorgestellt, dass die Person sich im mentalen Bild selbst sieht, also z.B. von der Seite oder von oben etc.

Es darf vermutet werden, dass auch bei diesem Metaprogramm, wie schon bei der Motivationsrichtung, die Verschaltung zwischen präfrontalem Kortex und limbischem System eine wesentliche Rolle spielt. Vereinfacht könnte man sagen: „Je proaktiver, desto limbischer", d.h. desto weniger präfrontale Hemmung, Steuerung und Modulation des limbischen Systems durch Werte-Modulation (orbitofrontalen Kortex) und Strategiebildung in Form von Ziel- und Problemrepräsentation (dorsolateraler präfrontaler Kortex, vereinfacht der Bereich hinter der Stirn). Die Unterscheidung zwischen assoziierten und dissoziierten Bildern bzw. mentalen Vorstellungen ist hier ein wichtiger Faktor. Machen wir ein kleines mentales Experiment: *„Stellen Sie sich vor, Sie sehen in weiter Ferne eine Achterbahn-Fahrt. Aus der Entfernung können Sie gerade noch erkennen, dass es dabei rauf und runter geht und stellen Sie sich vor, dass Sie sich selber aus der Ferne beobachten, wie Sie in dem Achterbahnwagen sitzen und die Fahrt mitmachen. ... Dann wechseln Sie mental die Perspektive und betrachten Sie jetzt die Achterbahn-Fahrt so, als ob Sie diese aus Ihren eigenen Augen heraus sehen und erleben würden. Sie steigen quasi mental ein und erleben in einem plastischen, bewegten, dreidimensionalen mentalen Film die Achterbahn-Fahrt hautnah aus dieser realistischen, assoziierten Perspektive. Jetzt hören Sie auch das Geschrei der anderen um sich herum und spüren das Auf und Ab in ihrer Magengegend."* Bei assoziierten, mentalen Vorstellungen ist die emotionale Aktivierung im limbischen System in den Kreisläufen zwischen präfrontalem Kortex → sensorischen Arealen (z.B. visuell, auditiv) → Limbischem System → präfrontalem Kortex usw. viel stärker und direkter als bei dissoziierten, mentalen Vorstellungen. Daher führt der assoziierte Denkstil zu dem impulsiven, proaktiven Verhalten.

Metaprogramm Informationsgröße

Der Informationsgrößen-Filter ist das grundlegende Metaprogramm für die innere Informationsverarbeitung. Arbeitet eine Person lieber im Überblick oder lieber mit konkreten Details?

Detail

···› sind sehr gut in Detailarbeit;
···› kommen am besten mit kleinen Informationseinheiten zurecht;
···› handeln sequentiell, Schritt für Schritt;
···› lieben konkrete Details und Tätigkeiten, mögen keine abstrakten Aufgaben und strategischen Fragestellungen;
···› gehen induktiv – Bottom-up – vor, kommen von konkreten Teilergebnissen zum übergeordneten Bild;
···› können als Führungskraft oft weniger gut delegieren und möchten die Details der Umsetzung steuern.

Überblick

···› lieben den Überblick und die konzeptuelle Arbeit;
···› befassen sich gerne mit Strategie und übergeordneten Fragestellungen;
···› präsentieren oft nicht in linearer Reihenfolge;
···› gehen deduktiv – Top-down – vor, kommen vom Überblick zu den konkreten Details;
···› können als Führungskraft oft gut delegieren, interessieren sich nicht für die Details der Durchführung.

Mustererkennung

Mit der gleichen Frage, mit der auch der Handlungsfilter erkennbar wurde, kann der Informationsgrößen-Filter erkundet werden: „Beschreiben Sie mir Ihre typische Arbeitsweise."

Detail

···› antworten lange und ausführlich;
···› nennen Details, wie Namen und Einzelheiten;
···› sprechen in Sequenzen, Schritt für Schritt.

Global

···⟩ antworten kurz angebunden;
···⟩ einfache Sätze, wenig Details;
···⟩ bieten Überblick, Konzept, Zusammenfassung;
···⟩ beschreiben das „Big Picture", aber keine Sequenzen, d.h. präsentieren in nichtlinearer Reihenfolge.

Stellenbeschreibung

„Ist spezifische, detailorientierte Arbeit ein großer oder kleiner Teil der Gesamtverantwortung? Oder arbeitet die Person eher mit der Gesamtsicht?"

Detail

···⟩ Buchhaltung, Lohnverrechnung;
···⟩ Chemiker;
···⟩ Qualitätskontrolle;
···⟩ Backoffice;
···⟩ Reinigungskraft;
···⟩ Event-Management.

Global

···⟩ Führung, Management, Projektleitung, Gebietsleitung;
···⟩ finanzielle Entscheidungsfindung;
···⟩ Politiker;
···⟩ Strategieberatung, strategische Aufgaben, wie z.B. strategisches Marketing, Pressearbeit etc.;
···⟩ langfristige Entwicklungstätigkeiten;
···⟩ Personalentwicklung;
···⟩ Vorstands-Assistenz (benötigt Global- und Detail-Anteile).

Kontinuum der Ausprägungen

Die Informationsgröße in ihrer Ausprägung „global" ist gemeinsam mit einem internalen Referenzfilter und dem Matching-Wahrnehmungsfilter eines der wichtigsten Metaprogramme für Führungspositionen.

→ *Hier das Kontinuum:*

100% Global 0% Detail	Dieser Mitarbeiter ist ein visionärer Denker mit Blick auf die globalen Aspekte des Lebens und des Universums. Er bevorzugt die Vogelperspektive. Details interessieren ihn nicht, daher übersieht er öfters wichtige Einzelheiten. Optimal sind Arbeitsanforderungen, wo er sein Überblicksdenken gewinnbringend einsetzen kann.
90% Global 10% Detail	Dieser Mitarbeiter ist ein Überblicks-Denker mit Blick auf die globalen Aspekte des Lebens. Er bevorzugt den Blick von oben und kann daher rasch zu einem Gesamtbild der aktuellen Anforderungen kommen. Details interessieren ihn weniger, daher übersieht er zuweilen wichtige Einzelheiten. Optimal sind Arbeitsanforderungen, wo er sein Überblicksdenken gewinnbringend einsetzen kann.
80% Global 20% Detail	Dieser Mitarbeiter ist ein Überblicks-Denker mit Blick auf die globalen Aspekte. Er bevorzugt den Blick von oben und kann daher rasch zu einem Gesamtbild der aktuellen Anforderungen kommen. Details interessieren ihn weniger, er kann aber Details in das Ganze integrieren. Von Zeit zu Zeit übersieht er wichtige Einzelheiten. Optimal sind Arbeitsanforderungen, wo er sein Überblicksdenken gewinnbringend einsetzen kann. Er arbeitet sich von der Gesamtsicht in die Detailebene herunter (deduktives Top-down).
70% Global 30% Detail	Dieser Mitarbeiter ist ein Überblicks-Denker mit Blick auf die globalen Aspekte. Er bevorzugt den Blick von oben und kann daher rasch zu einem Gesamtbild der aktuellen Anforderungen kommen. Details interessieren ihn etwas weniger, er kann aber Details gut in das Ganze integrieren. Optimal sind Arbeitsanforderungen, wo er sein Überblicksdenken gewinnbringend einsetzen kann. Er arbeitet sich von der Gesamtsicht in die Detailebene herunter (deduktives Top-down).
60% Global 40% Detail	Dieser Mitarbeiter ist eher ein Überblicks-Denker. Er bevorzugt den Blick von oben und kann daher rasch zu einem Gesamtbild der aktuellen Anforderungen kommen. Gleichzeitig hat er einen Blick für Details und kann Einzelheiten gut in das Ganze integrieren. Optimal sind Arbeitsanforderungen, wo er sein Überblicksdenken gewinnbringend einsetzen kann. Er arbeitet sich effektiv von der Gesamtsicht in die Detailebene herunter (deduktives Top-down).
50% Global 50% Detail	Dieser Mitarbeiter kann gleichermaßen mit Details und der Überblicksebene gut umgehen. Er kommt rasch zu einem Gesamtbild der aktuellen Anforderungen. Gleichzeitig hat er einen guten Blick für Details und kann Einzelheiten sinnvoll in das Ganze integrieren. Optimal sind Arbeitsanforderungen, wo er sowohl sein Überblicksdenken als auch seine Fähigkeit zur Detailarbeit einbringen kann.
40% Global 60% Detail	Dieser Mitarbeiter ist eher ein Detaildenker mit einem guten Blick für das Ganze. Er erarbeitet sich Aufgaben schrittweise und kann durch sein Überblicksverständnis auch größere Aufgabenpakete effektiv bewältigen. Optimal sind Arbeitsanforderungen, wo er über Detailarbeit Ordnung und Systematik erschafft (induktives Buttom Up).

30% Global 70% Detail	Dieser Mitarbeiter ist eher ein Detaildenker mit Blick für das Ganze. Er erarbeitet sich Aufgaben schrittweise und kann auch größere Aufgabenpakete effektiv bewältigen. Optimal sind Arbeitsanforderungen, wo er über Detailarbeit Ordnung und Systematik erschafft (induktives Buttom Up).
20% Global 80% Detail	Dieser Mitarbeiter ist ein Detaildenker. Er erarbeitet sich Aufgaben schrittweise und kommt durch Beschäftigung mit Details zu einem Überblick. Optimal sind Arbeitsanforderungen, wo er über Detailarbeit Ordnung und Systematik erschafft (induktives Buttom Up).
10% Global 90% Detail	Dieser Mitarbeiter ist ein Detaildenker. Er erarbeitet sich Aufgaben schrittweise und kommt erst durch Beschäftigung mit Details zu einem Überblick. Durch seine Liebe zum Detail verliert er manchmal den Blick auf das Ganze. Optimal sind Arbeitsanforderungen, wo er über Detailarbeit Ordnung und Systematik erschafft (induktives Buttom Up).
0% Global 100% Detail	Dieser Mitarbeiter ist ein reiner Detaildenker. Er erarbeitet sich Aufgaben schrittweise. Einen Überblick einzunehmen fällt ihm eher schwer. Durch seine Liebe zum Detail verliert er öfters den Blick auf das Ganze. Optimal sind Arbeitsanforderungen, wo er intensive Detailarbeit leistet und der Blick auf das Ganze kein Erfolgsfaktor ist.

Tabelle 5: **Ausprägungen der Informationsgröße**

Bei der Interpretation der Tabelle 5 ist auch die Verteilung der Metaprogramme zu beachten. So liegt der Mittelwert – je nach Analyseinstrument – eindeutig im Bereich „Global"[24].

➜ *Neuropsychologische Aspekte der Informationsgröße*

Überblick
- ➜ Die inneren Bilder, mentalen Vorstellungen und Repräsentationen sind meist sehr groß („Think Big") und eher weiter entfernt, oft in 3D.
- ➜ Daher schauen diese Menschen beim Nachdenken tendenziell nach oben, da es unten „keinen Platz" für ihr großes Denken gibt.
- ➜ Eher weniger interner Dialog – Stimme eher langsamer und fließender.
- ➜ Die Aufmerksamkeit ist eher nach innen gerichtet.

Detail
- ➜ Werden schnell angeregt und gestikulieren viel beim Reden.
- ➜ Viele nahe Bilder und mentale Vorstellungen. Oft gerahmt mit viel Kontrast. Daher sind viele deutliche Augenbewegungsmuster beim Nachdenken sichtbar.

---

24 Siehe Anhang: „Verteilung von Metaprogrammen und Graves-Werten" - 74.6% Global und 25.4% Detail. Rodger Bailey gibt nach Shelle Rose Charvet ca. 60% Global an (siehe Shelle Rose Charvet: *Wort sei Dank*. 1995, S. 131).

Metaprogramm Vergleichsfilter

Hier geht es darum, wie die Informationen im Wahrnehmungsprozess gefiltert werden. Achtet jemand eher darauf, was gleich oder ähnlich ist, oder werden zuerst die Unterschiede wahrgenommen?

Matching

···⟩ sortieren nach Gleichheit bzw. Ähnlichkeit;

···⟩ erkennen bei neuen Dingen als erstes Ähnlichkeiten zu bereits bekannten Dingen;

···⟩ haben ihre Aufmerksamkeit darauf gerichtet, was stimmig ist, wo ihre Werte und Kriterien erfüllt werden;

···⟩ können sich leicht an ihren Gesprächspartner anpassen und kommen durch die wahrgenommenen Ähnlichkeiten in Gleichklang;

···⟩ im Extremfall fällt es ihnen schwer, kritisch zu denken bzw. Kritik zu äußern, besonders, wenn die Motivationsrichtung stark Hin-Zu und der Referenzfilter stark External ausgeprägt ist.

Mismatching

···⟩ sortieren nach Unterschieden; haben ihre Aufmerksamkeit darauf gerichtet, was nicht stimmig ist, wo ihre Werte und Kriterien nicht erfüllt werden;

···⟩ erkennen bei neuen Dingen als erstes Unterschiede zu bereits bekannten Dingen;

···⟩ neigen tendenziell zu „Ja, aber ...“-Argumenten;

···⟩ haben einen kritischen Blick, der Abweichungen erkennt.

···⟩ Die Mismatching-Kompontente des Metaprogramms Wahrnehmungsfilter ist besonders in Kombination mit der Motivationsrichtung Hin-Zu wertvoll.[25] Menschen mit dieser Metaprogramm-Kombination sehen die Probleme und Unstimmigkeiten der Gegenwart und leiten daraus Entwicklungsziele für die Zukunft ab. Die Kombination Mismatching/Weg-Von ergibt die stärkste Kritikfähigkeit. Eventuell bestehen dann Schwierigkeiten, sich an das Weltbild anderer anzuschließen. Mit dieser Metaprogramm-Kombination ist es besonders wichtig, seine Kritikfähigkeit konstruktiv zu nutzen.

---

25 Roman Braun: *Manual zum Trinergy-Masterpractitioner.* 2004

Mustererkennung

Der Vergleichsfilter ist oft sehr leicht auch ohne direkte Fragen erkennbar, indem man darauf achtet, ob der Bewerber auf Standpunkte und Informationen eingeht, indem er ähnliches thematisiert oder erfragt, oder ob er sich auf die Unterschiede konzentriert. Eine direkte Frage zum Vergleichsfilter wäre z.B.: „Wie ist die Beziehung zwischen Wert X und Wert Y?"

Matching

···} nehmen eher Gleichheit und Ähnlichkeiten wahr;
···} Werte zielen in die gleiche Richtung;
···} verwenden Komparative (besser, intensiver, …).

Mismatching

···} konzentrieren sich eher auf die Unterschiede;
···} die Werte haben nichts miteinander zu tun bzw. kann man nicht vergleichen;
···} die Bewerber verstehen evtl. das Wort „Beziehung" in der Frage nicht.

Stellenbeschreibung

Matching: „Wie wichtig ist Rapportfähigkeit bzw. die Fähigkeit, sich an das Weltbild anderer anzuschließen?"
···} alle Positionen mit hoher Kundenorientierung;
···} wichtig für alle Verkaufspositionen, da der Rapport-Aufbau unterstützt wird;
···} wichtig für Management-Funktionen in Bezug auf Kommunikation und Organisationsfähigkeit;
···} Teambuilding-Aspekt der Führungsarbeit.

Mismatching: „Wie wichtig ist es, Unterschiede wahrzunehmen? Wie wichtig ist die Kritikfähigkeit?"
···} Buchhaltung, Korrekturlesen, Software-Testen, Testmanagement;
···} Rechtsanwälte, juristische Positionen, Recruiting;
···} alles, was mit Qualität, Sicherheit und Controlling zu tun hat;
···} ist für die Position die Kritikfähigkeit wichtig, so kann eine fehlende Mismatching-Komponente auch durch eine starke Weg-Von-Motivationsrichtung ausgeglichen werden bzw. umgekehrt.
···} Für Verkäufer mit einem starken Mismatching-Filter ist es besonders wichtig, die Kritikfähigkeit in den Dienst des Kunden zu stellen. Sie sollten in der Beziehungsanbahnung unnötige kritische Bemerkungen vermeiden und darauf achten, eine tragfähige Beziehung zum Kunden aufzubauen.

Kontinuum der Ausprägungen

100% Matching 0% Mismatching	In Beziehung zu Kollegen hat dieser Mitarbeiter ausschließlich einen Blick für das Gemeinsame. Es fällt ihm sehr leicht, sich an das Weltbild eines anderen anzuschließen. Wenn dieser Mitarbeiter in seinen Entscheidungen hauptsächlich die Meinung und das Feedback von anderen berücksichtigt (siehe Bezugsrahmen: *external*), dann bedeutet das, dass er öfters Schwierigkeiten hat, eigene klare Standpunkte zu beziehen bzw. es fällt ihm schwer, kritisch zu denken und Kritik zu äußern, da er Übereinstimmung sucht. Wenn dieser Mitarbeiter in seinen Entscheidungen eher unabhängig ist (siehe Bezugsrahmen: *internal*), wird dieser Aspekt kompensiert. Seine Aufmerksamkeit ist auf das gerichtet, was stimmig ist, d.h. wo seine Kriterien/Werte erfüllt werden. Seine Stärke liegt sicherlich in seiner Fähigkeit, sich auf Kollegen, Vorgesetzte und Kunden einzustellen.
90% Matching 10% Mismatching	In Beziehung zu Kollegen hat dieser Mitarbeiter einen Blick für das Gemeinsame. Es fällt ihm leicht, sich an das Weltbild eines anderen anzuschließen. Wenn dieser Mitarbeiter in seinen Entscheidungen hauptsächlich die Meinung und das Feedback von anderen berücksichtigt (siehe Bezugsrahmen: *external*), dann bedeutet das, dass er manchmal Schwierigkeiten hat, eigene klare Standpunkte zu beziehen bzw. es fällt ihm tendenziell schwer, kritisch zu denken und Kritik zu äußern, da er Übereinstimmung sucht. Wenn dieser Mitarbeiter in seinen Entscheidungen eher unabhängig ist (siehe Bezugsrahmen: *internal*), wird dieser Aspekt kompensiert. Seine Aufmerksamkeit ist auf das gerichtet, was stimmig ist, d.h. wo seine Kriterien/Werte erfüllt werden. Seine Stärke liegt in seiner Fähigkeit, sich auf Kollegen, Vorgesetzte und Kunden einzustellen.
80% Matching 20% Mismatching	In Beziehung zu Kollegen hat dieser Mitarbeiter einen Blick für das Gemeinsame. Es fällt ihm leicht, sich an das Weltbild eines anderen anzuschließen. Wenn dieser Mitarbeiter in seinen Entscheidungen hauptsächlich die Meinung und das Feedback von anderen berücksichtigt (siehe Bezugsrahmen: *external*), dann kann das bedeuten, dass er manchmal Schwierigkeiten hat, eigene klare Standpunkte zu beziehen bzw. es fällt ihm tendenziell schwer, Kritik zu äußern, da er Übereinstimmung sucht. Wenn dieser Mitarbeiter in seinen Entscheidungen eher unabhängig ist (siehe Bezugsrahmen: *internal*), wird dieser Aspekt kompensiert. Seine Aufmerksamkeit ist auf das gerichtet, was stimmig ist, d.h. wo seine Kriterien/Werte erfüllt werden. Seine Stärke liegt in seiner Fähigkeit, sich auf Kollegen, Vorgesetzte und Kunden einzustellen.
70% Matching 30% Mismatching	In Beziehung zu Kollegen hat dieser Mitarbeiter hauptsächlich einen Blick für das Gemeinsame. Es fällt ihm verhältnismäßig leicht, sich an das Weltbild eines anderen anzuschließen. Seine Aufmerksamkeit ist hauptsächlich auf das gerichtet, was stimmig ist, d.h. wo seine Kriterien/Werte erfüllt werden. Gleichzeitig prüft er nebenbei auch, was nicht stimmig ist. Seine Stärke liegt in seiner Fähigkeit, sich auf Kollegen, Vorgesetzte und Kunden einzustellen.

60% Matching 40% Mismatching	In Beziehung zu Kollegen hat dieser Mitarbeiter eher einen Blick für das Gemeinsame, wobei er auch auf die Unterschiede achtet. Seine Aufmerksamkeit ist hauptsächlich auf das gerichtet, was stimmig ist, d.h. wo seine Kriterien/Werte erfüllt werden. Gleichzeitig prüft er auch, was nicht stimmig ist. Optimal sind Arbeitsanforderungen, bei welchen er seine Fähigkeit, sich auf andere einzustellen, gewinnbringend einbringen kann und auch kritische Aufmerksamkeit nötig ist.
50% Matching 50% Mismatching	In Beziehung zu Kollegen hat dieser Mitarbeiter einen ausgewogenen Blick für das Gemeinsame und für die Unterschiede. Seine Aufmerksamkeit ist gleichzeitig auf das gerichtet, was stimmig ist und was nicht stimmig ist, d.h., wo seine Kriterien/Werte nicht erfüllt sind bzw. erfüllt werden. So kann er sich auf andere einstellen. Gleichzeitig ist es für ihn wichtig, seine Kritikfähigkeit konstruktiv, ziel- und kundenorientiert zu nutzen. Optimal sind Arbeitsanforderungen, wo auch kritische Aufmerksamkeit notwendig ist.
40% Matching 60% Mismatching	In Beziehung zu Kollegen hat dieser Mitarbeiter eher einen Blick für die Unterschiede, wobei er auch auf die Gemeinsamkeiten achtet. Seine Aufmerksamkeit ist hauptsächlich auf das gerichtet, was nicht stimmig ist, d.h. wo seine Kriterien/Werte nicht erfüllt werden. Nebenbei prüft er auch, was stimmig ist. Für ihn ist es wichtig, seine Kritikfähigkeit konstruktiv, ziel- und kundenorientiert zu nutzen. Wenn dieser Mitarbeiter sich eher über Ziele und angenehme Gefühle motiviert (siehe Motivationsrichtung: *Hin-Zu*), dann kann er ein wertvoller Impulsgeber sein, da er die Unstimmigkeiten der Gegenwart sieht und diese durch kreative Zielsetzung in der Zukunft ausgleicht. Generell sind für ihn Arbeitsanforderungen optimal, wo er seine Fähigkeit zur kritischen Aufmerksamkeit einbringen kann.
30% Matching 70% Mismatching	In Beziehung zu Kollegen hat dieser Mitarbeiter eher einen Blick für die Unterschiede. Seine Aufmerksamkeit ist hauptsächlich auf das gerichtet, was nicht stimmig ist, d.h. wo seine Kriterien/Werte nicht erfüllt werden. Nebenbei prüft er, was stimmig ist. Für ihn ist es besonders wichtig, seine Kritikfähigkeit konstruktiv, ziel- und kundenorientiert zu nutzen. Wenn dieser Mitarbeiter sich eher über Ziele und angenehme Gefühle motiviert (siehe Motivationsrichtung: *Hin-Zu*), dann kann er ein wertvoller Impulsgeber sein, da er die Unstimmigkeiten der Gegenwart sieht und diese durch kreative Zielsetzung in der Zukunft ausgleicht. Generell sind für ihn Arbeitsanforderungen optimal, wo er seine Fähigkeit zur kritischen Aufmerksamkeit einbringen kann.
20% Matching 80% Mismatching	In Beziehung zu Kollegen hat dieser Mitarbeiter eher einen Blick für die Unterschiede. Seine Aufmerksamkeit ist hauptsächlich auf das gerichtet, was nicht stimmig ist, d.h., wo seine Kriterien/Werte nicht erfüllt werden. Es ist ihm relativ unwichtig, sich an das Weltbild anderer anzuschließen. Für ihn ist es sehr wichtig, seine Kritikfähigkeit konstruktiv, ziel- und kundenorientiert zu nutzen. Wenn dieser Mitarbeiter sich eher über Ziele und angenehme Gefühle motiviert (siehe Motivationsrichtung: *Hin-Zu*), dann kann er ein wertvoller Impulsgeber sein, da er die Unstimmigkeiten der Gegenwart sieht und diese durch kreative Zielsetzung in der Zukunft ausgleicht. Generell sind für ihn Arbeitsanforderungen optimal, wo er seine Fähigkeit zur kritischen Aufmerksamkeit einbringen kann.

10% Matching 90% Mismatching	In Beziehung zu Kollegen hat dieser Mitarbeiter einen Blick für die Unterschiede. Er prüft, inwiefern die eigenen Kriterien und Werte nicht erfüllt sind. Seine Aufmerksamkeit ist auf das gerichtet, was nicht stimmig ist. Es ist ihm relativ unwichtig, sich an das Weltbild anderer anzuschließen. Für ihn ist es sehr wichtig, seine Kritikfähigkeit konstruktiv, ziel- und kundenorientiert zu nutzen. Wenn dieser Mitarbeiter sich eher über Ziele und angenehme Gefühle motiviert (siehe Motivationsrichtung: *Hin-Zu*), dann kann er ein wertvoller Impulsgeber sein, da er die Unstimmigkeiten der Gegenwart sieht und diese durch kreative Zielsetzung in der Zukunft ausgleicht. Generell sind für ihn Arbeitsanforderungen optimal, wo er seine Fähigkeit zur kritischen Aufmerksamkeit einbringen kann.
0% Matching 100% Mismatching	In Beziehung zu Kollegen hat dieser Mitarbeiter ausschließlich einen Blick für die Unterschiede. Er prüft, inwiefern die eigenen Kriterien und Werte nicht erfüllt sind. Seine Aufmerksamkeit ist auf das gerichtet, was nicht stimmig ist. Es ist ihm unwichtig und fällt ihm teilweise sogar schwer, sich an das Weltbild anderer anzuschließen. Für ihn ist es extrem wichtig, seine Kritikfähigkeit konstruktiv, ziel- und kundenorientiert zu nutzen. Wenn dieser Mitarbeiter sich eher über Ziele und angenehme Gefühle motiviert (siehe Motivationsrichtung: *Hin-Zu*), dann kann er ein wertvoller Impulsgeber sein, da er die Unstimmigkeiten der Gegenwart sieht und diese durch kreative Zielsetzung in der Zukunft ausgleicht. Generell sind für ihn Arbeitsanforderungen optimal, wo er seine Fähigkeit zur kritischen Aufmerksamkeit einbringen kann.

Tabelle 6: **Ausprägungen des Vergleichsfilters**

Überblick über die Anwendung des Metaprogramm-Modells

Für die pragmatische Anwendung der Metaprogrammfragen ist es wichtig zu beachten, dass nicht alle Fragen für alle Positionen wichtig und relevant sind. In der Regel gibt es pro Position drei bis vier wichtige Metaprogramme, die anderen Ausprägungen sind eher „nice to have".

Die Fragen zur Mustererkennung im Überblick

Während der Bewerberpräsentation über frühere Berufserfahrungen:

···⟩ *Motivationsgrund optional/prozedural:*
„Warum haben Sie sich für <Arbeitgeber XY> entschieden?"
„Wie kam es zum Wechsel von Firma X zur Firma Y?"

···⟩ *Richtungsfilter Hin-Zu/Weg-Von:*
„Wie kam es zum Wechsel von Firma X zur Firma Y?"

Während der Bewerberpräsentation, wenn die Vergangenheit abgeschlossen ist und der zeitliche Fokus sich wieder auf die Gegenwart und Zukunft richtet:

···⟩ *Einstiegsfrage für die Werte:*
„Was ist Ihnen in Ihrer Arbeit wichtig?" → Werte X,Y,Z

···⟩ *Richtungsfilter Hin-Zu/Weg-Von:*
„Warum/Wofür ist Ihnen Wert X, Y, Z wichtig?" bzw.
„Was ist Ihnen an Wert X, Y, Z wichtig?"

···⟩ *Arbeitsmodus und Arbeitsorganisation:*
„Erzählen Sie mir von einer konkreten Arbeitssituation, wo der Wert X, Y, Z voll und ganz erfüllt war." → „Was hat Ihnen daran gefallen?"

···⟩ *Referenzfilter Internal/External:*
„Woher wissen Sie, dass Sie gute Arbeit geleistet haben?"

···⟩ *Handlungsfilter und Informationsgröße:*
„Beschreiben Sie mir Ihre typische Arbeitsweise."

···⟩ *Vergleichsfilter:*
„Wie ist die Beziehung zwischen Wert X und Wert Y?"

Die Fragen zur Stellenbeschreibung im Überblick

Richtungsfilter

⋯⋗ *Hin-Zu:* „Ist die Tätigkeit auf das Erreichen von Zielen konzentriert?"

⋯⋗ *Weg-Von:* „Besteht die Tätigkeit vornehmlich aus fehlerfreiem Arbeiten, Problemlösung und/oder Kontrolle?"

Arbeitsmodus

⋯⋗ „Wie hoch ist der Anteil an 1. selbstständiger Arbeit, 2. an Arbeit mit Beteiligung bzw. leitender Tätigkeit oder 3. an Teamarbeit?"

Arbeitsorganisation

⋯⋗ „Ist in der Tätigkeit oder Firmenkultur eine Personenorientierung ein wichtiger Erfolgsfaktor oder liegt der Fokus eher auf Ergebnissen bzw. dem Geschäftsprozess?"

Referenzfilter

⋯⋗ *Internal:* „Verlangt die Stelle jemanden, der seine eigene Motivation einbringt und die Qualität seiner Arbeit selbst beurteilt?"

⋯⋗ *External:* „Verlangt die Stelle nach jemandem, der sich an äußeren Anforderungen orientiert?"

Motivationsgrund

⋯⋗ *Optional:* „Sollen Systeme, Geschäftsprozesse und Prozeduren entwickelt, neu entworfen und aufgebaut werden?"

⋯⋗ *Prozedural:* „Sollen hauptsächlich bestehende Geschäftsprozesse angewendet werden, d.h. das Tagesgeschäft effektiv abgewickelt werden?"

Handlungsfilter

⋯⋗ *Proaktiv:* „In welchem Ausmaß wird der Betreffende die Initiative übernehmen?"

⋯⋗ *Reflektiv:* „In welchem Ausmaß setzt die Stelle Analyse und Reagieren auf andere voraus?"

Informationsgröße

⤳ „Ist spezifische, detailorientierte Arbeit ein großer oder kleiner Teil der Gesamtverantwortung? Oder arbeitet die Person eher mit der Gesamtsicht?"

Vergleichsfilter

⤳ *Mismatching:* „Wie wichtig ist es, Unterschiede wahrzunehmen? Wie wichtig ist
die Kritikfähigkeit?"

⤳ *Matching:* „Wie wichtig ist Rapportfähigkeit bzw. die Fähigkeit, sich an das Weltbild anderer anzuschließen?"

Metaprogramm Job-Templates

Was ist Führungsstärke? Wo ist der Unterschied zwischen einer Beraterpersönlichkeit und einer „Linienpersönlichkeit"? Was in der Umgangssprache vage und diffus umschrieben werden kann, wird in der Sprache der Metaprogramme und Graveslevel in Form von Job-Templates klar beschreibbar. Intuitives Wissen kann sprachlich formuliert, explizit lehrbar und überprüfbar gemacht werden.

Hier einige Beispiele für allgemeine Templates, wobei für jede spezifische Position das Template anzupassen ist:

Verkauf:

Proaktiv; Prozedural; External; Matching; Hin-Zu; Objektbezug bringt Abschlussstärke

Führungskraft:

Ausgeglichen Proaktiv und Reflektiv; eher Internal; Global; Matching; Beteiligung; Hin-Zu; Optional bei Aufbauarbeiten

Qualitätskontrolle:

Weg-Von und/oder Mismatching; Prozedural; Detail; eher Internal

Beraterpersönlichkeit:

Proaktiv, Hin-Zu evtl. in Kombination mit Mismatching; Optional; External; in der Strategieberatung eher Global; in der Umsetzungsberatung auch Detail und Prozedural

Hier einige Beispiele für konkrete Positionsprofile, die sich an den spezifischen Anforderungen der jeweiligen Position ausrichten. Diese Beispiele stammen aus Gravesmodell-Seminaren und beschreiben konkrete Stellenbeschreibungen und sind daher nicht allgemeingültig formuliert. Sie enthalten auch Spezifika der jeweiligen Position. Unterstrichen sind die besonders wichtigen Metaprogramm-Ausprägungen:

Forschungsmitarbeiter:

···} Reflektiv 80% / Proaktiv 20%
···} Hin-Zu 50% / Weg-Von 50%
···} External 60% / Internal 40%

⋯⟩ Prozedural 40% / <u>Optional 60%</u>
⋯⟩ Global 30% / <u>Detail 70%</u>

Personalmanager Zeitarbeit:

⋯⟩ <u>Proaktiv 60%</u> / Reflektiv 40%
⋯⟩ <u>Hin-Zu 60%</u> / Weg-Von 40%
⋯⟩ <u>External 60%</u> / Internal 40%
⋯⟩ <u>Prozedural 60%</u> / Optional 40%
⋯⟩ Global 60% / Detail 40%
⋯⟩ Selbstständig 60% / Beteiligung 40%

Führungskraft im Vertriebsaufbau:

⋯⟩ <u>Proaktiv 70%</u> / Reflektiv 30%
⋯⟩ <u>Hin-Zu 70%</u> / Weg-Von 30%
⋯⟩ External 50% / <u>Internal 50%</u>
⋯⟩ Prozedural 50% / <u>Optional 50%</u>
⋯⟩ Global 60% / Detail 40%

Backoffice-MA:

⋯⟩ <u>Reflektiv 70%</u> / Proaktiv 30%
⋯⟩ Weg-Von 70% / Hin-Zu 30%
⋯⟩ <u>External 80%</u> / Internal 20%
⋯⟩ <u>Prozedural 80%</u> / Optional 20%
⋯⟩ Detail 60% / Global 40%

MA Lohnverrechnung:

⋯⟩ Reflektiv 80% / Proaktiv 20%
⋯⟩ <u>Weg-Von 80%</u> / Hin-Zu 20%
⋯⟩ External 60% / Internal 40%
⋯⟩ <u>Prozedural 90%</u> / Optional 10%
⋯⟩ <u>Detail 70%</u> / Global 30%
⋯⟩ Objektbezug > 50%

CAD Konstrukteur:

⋯⟩ Proaktiv 50% / Reflektiv 50%
⋯⟩ <u>Weg-Von 70%</u> / Hin-Zu 30%

⋯⫼ External 70% / Internal 30%
⋯⫼ Prozedural 50% / Optional 50%
⋯⫼ Detail 50% / Global 50%

Research Spezialist (Personalberatung):

⋯⫼ Proaktiv 80% / Reflektiv 20%
⋯⫼ Hin-Zu 80% / Weg-Von 20%
⋯⫼ Prozedural 80% / Optional 20%
⋯⫼ External 70% / Internal 30%

Personalentwickler:

⋯⫼ Proaktiv 50 % / Reflektiv 50%
⋯⫼ Weg-Von 50% / Hin-Zu 50%
⋯⫼ External 70% / Internal 30%
⋯⫼ Optional 60% / Prozedural 40%
⋯⫼ Detail 50% / Global 50%

Straßenwerber für Nonprofit-Unternehmen:

⋯⫼ Proaktiv 80% / Reflektiv 20%
⋯⫼ Hin-Zu 80% / Weg-Von 20%
⋯⫼ Prozedural 80% / Optional 20%

Organisationsprogrammierer/Softwareentwickler:

⋯⫼ Reflektiv 70% / Proaktiv 30%
⋯⫼ External 70% / Internal 30%
⋯⫼ Optional 60% / Prozedural 40%
⋯⫼ Detail 50% / Global 50%

Staplerfahrer:

⋯⫼ Weg-Von 70% / Hin-Zu 30%
⋯⫼ Proaktiv 60% / Reflektiv 40%
⋯⫼ External 70% / Internal 30%
⋯⫼ Prozedural 70% / Optional 30%

Rezeption/Empfang:

⋯⟩ Hin-Zu 70% / Weg-Von 30%
⋯⟩ Reflektiv 70% / Proaktiv 30%
⋯⟩ External 90% / Internal 10%
⋯⟩ Prozedural 80% / Optional 20%
⋯⟩ Personenbezug > 60%

Unternehmensberater für Aufbau Risikomanagement/Security:

⋯⟩ Hin-Zu 30% / Weg-Von 70%
⋯⟩ Reflektiv 40% / Proaktiv 60%
⋯⟩ External 50% / Internal 50%
⋯⟩ Prozedural 40% / Optional 60%
⋯⟩ Detail 50% / Global 50%

Ein wichtiger Aspekt in der Positionsanalyse ist die systemische Balance. Zu besetzen sei z.B. eine Assistenz einer Marketing-Direktorin. Hier die beiden optimalen Basis-Templates bezogen auf die konkreten Tätigkeiten im Bereich Marketing:

Marketing Backoffice – Template:

⋯⟩ Reflektiv 70% / Proaktiv 30%
⋯⟩ Weg-Von 70% / Hin-Zu 30%
⋯⟩ External 80% / Internal 20%
⋯⟩ Prozedural 80% / Optional 20%
⋯⟩ Detail 60% / Global 40%

Marketing Direktor – Template:

⋯⟩ Proaktiv 70% / Reflektiv 30%
⋯⟩ Hin-Zu 70% / Weg-Von 30%
⋯⟩ External 50% / Internal 50%
⋯⟩ Optional 60% / Prozedural 40%
⋯⟩ Global 70% / Detail 30%

Die bereits etablierte Marketing-Direktorin hätte folgendes Metaprogramm-Profil:

Marketing Direktorin – Metaprogrammprofil im Kontext Arbeit:

⋯⟩ Reflektiv 80% / Proaktiv 20%
⋯⟩ Hin-Zu 80% / Weg-Von 20%

⋯⫶ External 50% / Internal 50%
⋯⫶ Optional 90% / Prozedural 10%
⋯⫶ Global 70% / Detail 30%

In diesem Fall benötigt die Marketing-Direktorin aus Gründen der systemischen Balance eine Assistenz, die im Kontext Arbeit verstärkt proaktiv und prozedural ist. Ideal wäre in diesem speziellen Fall folgendes Profil:

Marketing Back-Office – Suchprofil:

⋯⫶ Proaktiv 70% / Reflektiv 30%
  Ausgleich der reflektiven Grundhaltung; bringt Umsetzungsdynamik
⋯⫶ Weg-Von 70% / Hin-Zu 30%
  Ausgleich der Zielorientierung; bringt Fehlervermeidung und Qualitätskontrolle
⋯⫶ External 80% / Internal 20%
⋯⫶ Prozedural 90% / Optional 10%
  bringt Umsetzungsorientierung; kann abarbeiten
⋯⫶ Detail 60% / Global 40%
  Ausgleich zur Global-Orientierung

Aus systemischen Gründen ist diese Back-Office-Position nicht mit einer Reaktiv/Reflektiv-Ausprägung zu besetzen, sondern mit einer Proaktiv-Ausprägung. Systemische Aspekte sind sehr wichtig, um eine Teambalance herzustellen. Besonders in der Beziehung zwischen Führungskraft und Assistenz sollte die Assistenz die Führungskraft ausgleichen, speziell in den Bereichen, in denen die Führungskraft starke Ausprägungen hat (>70%). Hier ein weiteres Beispiel von systemischer Ergänzung in den Metaprogrammen:

Führungskraft:

⋯⫶ Proaktiv 80% / Reflektiv 20%
⋯⫶ Weg-Von 80% / Hin-Zu 20%
⋯⫶ External 50% / Internal 50%
⋯⫶ Optional 90% / Prozedural 10%
⋯⫶ Detail 60% / Global 40%

Für diese Führungskraft ist es etwas schwieriger, eine geeignete Assistenz zu finden, da das Profil der Führungskraft eher ungewöhnlich für eine Führungskraft ist. Das obige Profil beschreibt einen aktionsorientierten Krisenmanager, der neue Strukturen aufbaut und dabei sehr detailorientiert vorgeht. Die systemische Ergänzung zu dieser Führungskraft wäre folgendes Assistenz-Profil:

Assistenz:

···⟩ Reflektiv 70% / Proaktiv 30%
   Ausgleich der proaktiven Grundhaltung; verlangsamt die Prozesse und regt die
   Führungskraft zur Analyse und zum Nachdenken an
···⟩ Hin-Zu 70% / Weg-Von 30%
   Global 70% / Detail 30%
   Prozedural 70% / Optional 30%

Ausgleich der detailorientierten Krisen- und Problemlösungsorientierung; bringt zielorientiertes Überblicks-Denken ein und könnte so z.B. für die Führungskraft sehr gut
das Projektmanagement-Office leiten und für eine klare Projektumsetzung sorgen.

5. Das Gravesmodell – Eine Einführung

Das Gravesmodell ist benannt nach Clare W. Graves[26] (1914-1986), ehemals Professor für Psychologie am Union College, Schenectady, N.Y., USA. Clare Graves war ein Kollege des berühmten Motivationsforschers Abraham Maslow und er entwickelte seine Theorie in direktem Bezug zu Maslows Arbeiten in den 50er Jahren des letzten Jahrhunderts. Clare Graves hatte direkten persönlichen Kontakt zu Abraham Maslow, der in den Diskussionen mit Clare Graves das Gravesmodell als Weiterentwicklung seiner Bedürfnispyramide reflektierte. Erst 1996 haben zwei Schüler von Clare Graves, Don Edward Beck und Christopher C. Cowan, das Gravesmodell in modernisierter Form publiziert.[27] Don Edward Beck war ein Hauptberater von Nelson Mandela und begleitete die Transformation in Südafrika mit Hilfe des Gravesmodells. Leider publizierte Clare Graves selbst kein Buch, aber ab 1959 zahlreiche Fachveröffentlichungen (z.B. Graves 1967, 1965). In den 70er, 80er und 90er Jahren wurden die Forschungsdaten von Clare Graves durch zahlreiche wissenschaftliche Arbeiten weiter abgesichert (z.B. Ann Evans 1979; William R. Lee 1999; Wee Leung Lee 1983).

Clare Graves nannte sein Modell „das sich entfaltende, zyklische, doppelspiralförmige Modell der menschlichen biopsychologischen Reifeentwicklung" (The Emergent, Cyclical, Double-Helix Model of Adult Biopsychological Systems Development). Selbstironisch bemerkte er in Vorträgen, dass dies keine besonders praktische Formulierung sei. Auf den Punkt gebracht geht es im Gravesmodell um Folgendes:

···❯ Graves entwarf ein Entwicklungsmodell für die Entfaltung der Persönlichkeit und für die Evolution von Kulturen und Organisationen;

···❯ er erweiterte die Theorien von Abraham Maslow (Motivationspyramide) und Carl Rogers (Selbstaktualisierungstendenz);

···❯ zentraler Ausgangspunkt seiner Betrachtung war die Motivation, die von Werten repräsentiert wird und die Evolution dieser inneren Wertesysteme.

---

26 www.clarewgraves.com
27 Don Edward Beck & Christopher C. Cowan: *Spiral Dynamics – Leadership, Werte und Wandel.* 1996.

Die kulturelle Entwicklung der Werte

Wie im Kapitel „Die Neuropsychologie der Werte" schon erwähnt, geht es hier nicht um philosophische Wertediskussionen, sondern um handfeste, neuropsychologische Systeme. Durch den Prozess der Sozialisierung und durch familiäre Beziehungen (Bauer 2005) wirken kollektive Wertesysteme einer Gesellschaft auch auf Organisationen und Einzelpersonen. Menschen erlernen Bewertungen in der familiären und sozialen Gemeinschaft. Die individuelle Werteentwicklung interagiert stark mit den systemischen und familiären Wertesystemen. Die Evolution arbeitet nach einem bewährten Grundprinzip: Funktionierende Systeme werden übernommen und ausgebaut. Dieses Grundprinzip ist z.B. im strukturellen Aufbau des Gehirns sichtbar. Das menschliche Stammhirn in seiner jetzigen Struktur gab es schon viele hundert Millionen Jahre früher bei einfachen Reptilien, lange bevor es die ersten Menschen gab. Als Nächstes entwickelte sich bei den frühen Säugetieren das heutige Zwischenhirn mit den Bereichen, die heute funktionell zum limbischen System zusammengefasst werden. Erst dann entwickelte sich das Großhirn. Alte Systeme blieben aktiv und neue Systeme wurden den alten Systemen „übergestülpt". Dieses evolutionäre Grundprinzip postulierte Clare Graves auch für die Werteentwicklung. Wertesysteme haben sich in der Menschheitsgeschichte evolutionär so weiterentwickelt, dass moderne Wertesysteme immer auch die älteren Wertesysteme mit einschließen. So sind im heutigen Menschen verschiedene Wertesysteme aktiv, die aus unterschiedlichen Entwicklungsphasen der Menschheit stammen:

··→ In frühen Kulturen (z.B. Steinzeit) war die Motivation von unmittelbaren Überlebens-Werten wie Nahrung, Unterkunft, Wärme etc. geprägt.

··→ In späteren Zeiten war die Sicherheit eines Stammes ein zentraler Motivator.

··→ In weiterer Folge entwickelten sich komplexere Gesellschaften mit ihren Regeln und Gesetzen. Nun bestimmten andere Werte die Motivation.

Clare Graves beschreibt die Phasen dieser evolutionären Werte-Entwicklung in einem Wertemetamodell:

··→ Graves beschreibt acht Werteklassen. Das System ist nach oben offen, d.h. Graves lässt die Möglichkeit zu, dass es noch höhere Werteklassen gibt. Gleichzeitig drückt er dadurch aus, dass die menschliche Evolution kein fixes Ziel hat, sondern ein offener Prozess ist.

··→ Jede Werteklasse fasst verschiedene Werte zusammen. Da Werte neurobiologisch etwas sehr Fundamentales sind, besteht eine Werteklasse zusätzlich aus einer bestimmten Weltsicht mit bestimmten Glaubensvorstellungen und einer für diese Werteklasse typischen Selbstwahrnehmung. Jede Graves-Ebene hat dadurch ihre eigene Bewusstseinsstufe.

···ᣣ Clare Graves beschreibt Wertesysteme als die Art und Weise, wie Menschen die Welt erleben und sich motivieren. Es geht um das „Wie" und nicht um das „Was", d.h. die Werteebenen beziehen sich auf die Struktur des Denkens und nicht auf die spezifischen Inhalte des Denkens. Beispiel: Fundamentales Christentum und fundamentaler Islam denken unterschiedlich vom Inhalt, aber gleich in der Struktur (Werte-Metaprogramm), d.h. sie sind beide ein Ausdruck derselben Graves-Werteentwicklungsstufe.

···ᣣ Clare Graves hat die Stufen ursprünglich nicht mit Nummern, sondern mit neutralen Buchstabencodes bezeichnet. Die Benutzung von Nummern erfolgt hier unter dem ausdrücklichen Hinweis, dass die Nummerierung keine Wertung im Sinne von „Graves7 ist höherwertiger und besser als Graves5" ist. Die Nummerierung dient lediglich der Ordnung einer Entwicklungsreihenfolge. Jede Graves-Ebene hat ihre eigenen Stärken und Schwächen.

···ᣣ Der Übergang von einer Werte-Ebene zur anderen Werte-Ebene wird oft durch sich veränderte Lebensbedingungen initiiert, wo Probleme sich nicht mehr in alten Strukturen lösen lassen und Erfahrungen eine neue Entfaltungsebene suchen.

Wichtig ist, vorab zu verstehen, dass die Werteklassen ein sich evolutionär entwickelndes System bilden, wobei die ungeraden Graves-Ebenen 1, 3, 5, 7 die individuumsorientierten Werte beinhalten und die geraden Graves-Ebenen 2, 4, 6, 8 die gruppenorientierten Graves-Ebenen beschreiben. Clare Graves postuliert, dass die Werteentwicklung einer Kultur, einer Organisation und eines Menschen den Wechselweg zwischen individuumsorientierten und gruppenorientierten Werteebenen nimmt.

Vor der konkreten Anwendung des Gravesmodells im Recruiting folgt an dieser Stelle ein allgemeiner Überblick über alle von Clare Graves beschriebenen Werte-Entwicklungsstufen.

Graves 1: „Überleben" – individuumsorientiert

Das erste Wertesystem stammt aus der Zeit der Steinzeitmenschen, der Zeit der Jäger und Sammler. Analog zur Motivations-Pyramidenbasis bei Abraham Maslow haben elementare Überlebenswerte Vorrang:

– *z.B. Nahrung, Wasser, Wärme, Sex und Unterkunft.*

Das Leben ist hier reine Anpassung an die Natur. Das eigene Selbst wird nur schwach wahrgenommen, die ganze Aufmerksamkeit liegt nach außen auf der sinnlichen Wahrnehmung. Der Zeitfokus ist die reine Gegenwart. Da das Gehirn durch die niedrige Selbstwahrnehmung wesentlich mehr „Rechnerkapazität" für die Sinneswahrnehmung hat, sind die Sinne (Sehen, Hören, Fühlen, Riechen, Schmecken) sehr viel schärfer als im modernen „Denk-Menschen". Auch die Raumwahrnehmung, Intuition und Orientierung sind überdurchschnittlich, verglichen mit dem modernen Menschen. Die Graves1-Menschen bilden lose Überlebenskampf-Gruppen, ohne große soziale Strukturen. Die Gruppenbindungen sind hier eher locker. Das Verhalten basiert auf einfachen Reiz-Reaktions-Schemas. Es gibt in der modernen Welt keine Kulturen mehr, die in Graves1 ihre Hauptzentrierung haben. Wenn Graves1-Werte dominant werden (z.B. bei Massenpanik und bei extremer Altersverwirrtheit), sprechen wir aus psychologischer Sicht von Regression. Aber auch in Extremsituationen und in Lebenskrisen können Graves1-Werte zu Hauptmotivatoren werden. Positiv integriert im heutigen Menschen bewirken Graves1-Werte, dass der Körper und seine Bedürfnisse bewusst wahrgenommen werden und jedem die eigene Gesundheit wichtig ist: Bewegung, Kontakt zur Natur etc.[28].

---

28 Nandana & Karl Nielsen: *Das Gravesmodell und seine Anwendung im Coaching.* 2006.

Graves 2: „Sicherheit und Zugehörigkeit" – gruppenorientiert

Die Entwicklung führt die menschliche Rasse weiter in die Erfahrung des Stammes-Lebens. Der Mensch ordnet sich dem Stamm und dem Häuptling unter und bekommt Sicherheit. Auch die Ältesten, die weisen Frauen, Schamanen & Medizinmänner werden geehrt. Nun kann er z.B. ruhig schlafen und andere wachen nachts am Feuerplatz. In anderen Nächten wacht er für die Gemeinschaft des Stammes. Er setzt sich voll und ganz für den Stamm ein und identifiziert sich mit ihm. Dies gibt ihm erstmalig eine sozial-basierte Identität. Auf dieser kulturellen Entwicklungsstufe tritt zum ersten Mal komplexe Sprache und Kunst auf. Die erste Musik auf Knochenflöten vor mehr als 35.000 Jahren und die Höhlenmalerei aus gleicher Zeit waren bereits ein Ausdruck der Graves2-Entwicklungsstufe.

Sicherheit und Identifikation sind die wichtigsten Graves2-Werte. Zum ersten Mal erweitert sich für die Menschen die individuelle Zeitachse um die Vergangenheit. Auf der Graves1-Ebene lebte der Mensch in der Gegenwart. Im Graves2-Weltmodell hat der Stamm eine Vergangenheit. Die Ahnen gehören zur Identität eines Stammes und indem diese geehrt werden, wird die Identifikation und Einheit des Stammes gestärkt. Am Körper werden äußerlich sichtbare Zeichen getragen, die Zugehörigkeit zum Stamm signalisieren. Eigentum wird als gemeinschaftliches Stammesgut gesehen.

Verglichen mit der Graves1-Phase ist der Graves2-Mensch neuropsychologisch weit fortgeschritten. Denken, Analysieren, einfaches Planen, Abwägen und Entscheiden sind komplexe mentale Prozesse, die mit Intuition und Gefühl verbunden werden. Das Spiegelneuronen-Lernen am Modell wird immer effektiver, je weiter sich die Menschen entwickeln. Gleichzeitig haben die Graves2-zentrierten Menschen eine starke emotionale Bindung an Orte, Menschen und Dinge mit magisch ausgeprägtem Ursache-Wirkungs-Denken.

Die individuelle Entwicklung eines jeden Menschen durchläuft auf mysteriöse Weise die stammesgeschichtliche Entwicklung der ganzen Menschheit. So hat der menschliche Embryo z.B. in seinen ersten Wochen im Mutterleib „Kiemen" und eine fischähnliche Physiologie und spiegelt damit den Evolutionsweg allen tierisch/menschlichen Lebens wider. Nach Clare Graves durchläuft und wiederholt ein Mensch auch im psychologischen Sinne die Werteentwicklung der ganzen Menschheit. So entspricht die Graves1-Phase der Zeit des Babys bis zum ersten Geburtstag und die Graves2-Phase spiegelt besonders die Kleinkind-Phase vom 1. bis zum ca. 3. Lebensjahr wider.

Das evolutionäre Grundprinzip: „Funktionierende Systeme werden übernommen und ausgebaut" bewirkt nach Graves, dass auch beim heutigen Menschen die Graves2-Werte weiterhin aktiv sind, auch wenn diese durch modernere Wertesysteme überlagert und balanciert werden. In modernen Organisationen bildet das Graves2-Wertesystem die Motivationsebene der Identifikation und Zugehörigkeit. Größe und

Bekanntheit einer Organisation bzw. ihr Image in der Öffentlichkeit sind für die Karriereplanung oft ein wichtiges Auswahlkriterium – z.B. „Ich bin ein IBMler". Nach den Ergebnissen einer jährlich durchgeführten Studie im *Wall Street Journal* ist „Größe und Art der Organisation" (Graves2 und Graves3) bei Managern das wichtigste Auswahlkriterium.

Folgende Graves2-Werte sind relevant:
Sicherheit, Zugehörigkeit, fester Arbeitsplatz, Schutz, Absicherung, Bindung, sich „zu Hause" fühlen, Treue zur Organisation, Teil der Gruppe sein, dazugehören, Geborgenheit, das Prinzip der Ältesten/Seniorität, Vergangenheitsorientierung, Rituale bewahren, stolz auf die Organisation sein, Nationalismus, örtliche Gebundenheit, Treue zu den Wurzeln.

In Organisationen mit starker Graves2-Ebene laufen alle Entscheidungen und Informationen über den „Häuptling". Innovationen haben es schwer, „da die Ahnen geehrt werden".

Schätzungsweise 10% der erwachsenen, westeuropäischen Bevölkerung sind hauptsächlich in Graves2-Werten zentriert. In einigen Regionen auf der Erde sind Graves2-Werte noch stark ausgeprägt. In der individualistischen westlichen Kultur ist die Graves2-Ebene eher geschwächt. Menschen mit einer starken Graves2-Zentrierung leben eine starke Identifikation mit der Gruppe/dem Clan, der Religionszugehörigkeit, dem Kulturraum oder der Volksgemeinschaft. Als Einzelpersonen haben sie in der Pubertät oft keine Loslösung von den „Familienhäuptlingen" durchlebt.

Sind die Graves2-Anteile konstruktiv in eine reife Persönlichkeit integriert, ist der Mensch loyal und vertrauenswürdig. Er ist stolz auf seine Firma und hat einen ausgeprägten Sinn für Familie und Zusammenhalt.

Graves 3: „Macht und Kraft" – individuumsorientiert

In der Sicherheit des Stammes und mit zunehmender mentaler Entwicklung übernehmen an einem bestimmten Punkt die Ego-Kräfte im Menschen dessen weitere Entwicklung. Hier formt der Mensch erstmals ein individuelles Selbst, d.h. die Graves3-Ebene ist die Geburtsstunde des individualisierten Selbst. Zum ersten Mal entwickelt sich ein starkes „Ich". Das Selbst befreit sich aus der Identifikation mit dem Stamm und drückt sich impulsiv, egozentrisch und unabhängig aus.

Dies ist die Werteebene der Helden, Ritter und Cowboys. Wichtige Werte sind: *Stärke, Ehre, Mut, Macht, Führungsanspruch, Respekt bekommen, cool sein, unnachgiebig sein, Freude, Spaß, Genuss, Risiko, Dramatik, Spontaneität, kreative Kraft, Durchsetzungsvermögen, Sieg, Sieger, Gewinner, Schande & Verliererimage vermeiden, Eigenständigkeit, Unabhängigkeit, Abenteuer, den „Kick" suchen.*

Die Schattenseiten dieser Werteebene sind: *andere ausnützen; sich rücksichtslos nehmen, was man will; „teile und herrsche"; Einschüchterung von anderen.*

Wenn Menschen in Graves3 zentriert sind, denken sie: „Die Welt ist rau und hart. Nur der Stärkste überlebt." Durch diese Weltsicht verhalten sie sich oft hart, aggressiv und gewissenlos. Heutige Beispiele sind z.B. Street Gangs und diktatorische Gesellschaften. Rap Music oder Hard Rock sind Kunstformen mit starkem Graves3-Ausdruck, wobei der künstlerische Ausdruck die Kraft der Graves3-Ebene oft sehr produktiv kanalisieren kann. Menschen mit starken, aber durch höhere Werte balancierten Graves3-Anteilen sind sehr kreativ und proaktiv und ergreifen schnell die Initiative. Verkäufer, besonders die „Hunter", benötigen einen starken Graves3-Anteil, um sich im Markt zu behaupten. Auch Führungskräfte benötigen eine Umsetzungskraft, um als Vorbilder akzeptiert zu werden.

Für Menschen, die hauptsächlich in Graves3 zentriert sind, ist Ansehen und Status sehr wichtig. Sie wollen als stark und mächtig gesehen werden. Gesichtsverlust und Schande vermeiden sie vehement. Sie nehmen vieles persönlich, sind schnell beleidigt und sind besonders anfällig für „Dramadynamik". Wenn gerade kein Machtkampf oder keine Konfrontation aktuell ist, möchten Sie Spaß haben und das Leben genießen. Oft suchen sie auch in Extremsportarten „den Kick".

In der individuellen Entwicklung eines Menschen zeigt sich eine erste Graves3-Phase in der Ausbildung des individuellen Willens zu Beginn der sogenannten Trotzphase, die meist im zweiten Lebensjahr beginnt und ca. bis zum vierten Lebensjahr anhält, wobei der Zeitraum jedoch stark schwanken kann. Der erwachende Selbstbehauptungswille vertieft sich dann in der Pubertät, die die eigentliche Graves3-Hauptphase bildet. Eine Hauptfunktion der Graves3-Pubertät liegt auch in der emotionalen Loslösung vom Graves2-„Stamm" der Ursprungsfamilie und in der Stärkung des „Ich".

Das Sexualhormon Testosteron, welches besonders bei Jungen in der Pubertät aktiviert wird, scheint besonders mit der Graves3-Ebene verbunden zu sein. Manche Menschen und auch Kulturen kommen allerdings nie richtig aus der Pubertät heraus und sind in ihrer Persönlichkeit rebellisch Graves3-zentriert.

Schätzungsweise 15% der erwachsenen, westeuropäischen Bevölkerung sind hauptsächlich in Graves3-Werten zentriert. In anderen Kulturen ist diese Werteebene teilweise noch sehr dominant. Organisationen mit Graves3-Zentrierung sind Imperien, die machtorientiert geleitet werden. Hier bestimmt Stärke das Beziehungsgefüge. Gesetze und Regeln werden nicht wirklich anerkannt. Es gilt das Faustrecht, das Recht des Stärkeren.

Sind die Graves3-Anteile konstruktiv in eine reife Persönlichkeit integriert, lebt der Mensch innovativ, kreativ, proaktiv, kraftvoll und lebendig. Der Fokus liegt auf einer Gegenwartsorientierung und es geht um sinnlich-konkrete Dinge (dem Sensing bzw. Wahrnehmer-Stil nach Jung, 1921) und nicht um Ideen und Konzepte.

Graves 4: „Recht und Ordnung" – gruppenorientiert

Wie bekommt man Kontrolle über einen Haufen Raufbolde und Cowboys? Hier entwickeln sich in der Evolution der Menschheit nun erstmals allgemeingültige Regeln und Gesetze. Der Einzelne glaubt an Gerechtigkeit und an die von der Gesellschaft akzeptierten Autoritäten, so dass Recht und Ordnung hergestellt und die Cowboys gezähmt werden. Das Faustrecht wird durch ein allgemeingültiges Regel- und Gesetzeswerk ersetzt.

Wichtige Werte dieser Ebene sind:
Recht & Ordnung, Struktur, Loyalität, Handschlag-Qualität, Ehrlichkeit, Wahrheit, Echtheit, Authentizität, Gerechtigkeit, Genauigkeit, Gründlichkeit, Prinzipientreue, Moral, Tugenden, Höflichkeit, Disziplin, Gehorsam, Zuverlässigkeit, Stabilität, Klarheit, Gewissheit, Perfektionismus, Pflichterfüllung.

Hier gibt es zum ersten Mal den Staat, der für die Familien und den Einzelnen Struktur, Ordnung und Rechtssicherheit herstellt. Die Gesellschaftsordnung in der Graves4-Kultur ist stark hierarchisch organisiert. Der Mensch ordnet sich der Autorität des Staates unter. Seinen Selbstwert definiert er darüber, wie er bzw. seine soziale Klasse/Kaste von den Autoritäten der Gesellschaft beurteilt wird. Seine Pflichterfüllung verspricht ihm späteren Gewinn.

In der Geschichte zeigt sich der Übergang zur Graves4-Kultur in der Einführung von Schrift. Schrift fixierte religiös-spirituelles Wissen und allgemeingültige Gesetze. Die Einführung der „10 Gebote" von Moses bildet z.B. einen Entwicklungsschritt in eine Graves4-Kultur. Bei den Sumerern gab es bereits 3000 v.Chr. eine Schrift und alle derzeit bekannten frühen Hochkulturen wie Sumer, Indus-Kultur, Ägypten etc. hatten die Graves4-Ebene erreicht.

Die Religiosität der Graves2-Ebene ist schamanisch, magisch und polytheistisch. Auf der Graves3-Ebene wendet sich der Mensch von den Göttern ab und vertraut auf seine eigene Kraft. Auf der Graves4-Ebene wird die Impulsivität und Gewissenlosigkeit der Graves3-Ebene durch einen festen Glauben an Prinzipien und einen höheren Willen/Sinn ersetzt. Hier bilden sich dann später die großen monotheistischen Religionen aus.

Auch in heutiger Zeit bildet Graves4 die Ordnungskraft auf national-staatlicher Ebene. Auf der Unternehmensebene bilden Graves4-Werte die Grundlage für Organisation und Ordnung. Klar definierte Prozesse, eine funktionierende Buchhaltung, ein effektives Controlling, eine gute Qualitätssicherung sind die positiven Seiten gesunder Graves4-Integration. Der Arbeitsstil ist prozedural, detailorientiert und problemvermeidend. Prozessabweichungen und Regelverletzung werden im Qualitätsmanagement aktiv vermieden.

Nachteile einer Graves4-Übergewichtung bzw. einer fehlenden Balancierung mit höheren Werteebenen für Organisationen sind: *überhandnehmende Bürokratie und Berichtswesen, ausgeprägte Hierarchien und lange Entscheidungswege.* Entscheidungen werden in der Zuständigkeit der richtigen hierarchischen Ebene getroffen. Personen mit der geeigneten Kompetenz werden in die Entscheidungen oft nicht mit einbezogen.

Beispiele für „4er-Gesellschaften" sind: puritanisches Amerika, preußische Disziplin, konfuzianisches China, religiöser Fundamentalismus (z.B. Christentum und Islam). Die Schattenseiten des unbalancierten Graves4-Weltbilds: *Die Welt wird in Gut und Böse aufgeteilt. Die eigene Weltsicht wird als absolute Wahrheit gesehen. Das Prinzip Schuld wird etabliert.* Schuldsuche ist eine Hauptbeschäftigung bei Problemen. Denn Menschen „lernen ja durch Bestrafung". Erst durch Graves5-Werte wird der Blick in die Zukunft auf Ziele und Lösungen gerichtet.

Menschen mit einer Graves4-Zentrierung glauben an ihre Werte und finden so Sinn und Struktur in ihrem Leben. Wenn sie höhere Graves-Ebenen noch nicht entfaltet haben, verbreiten sie oft missionarisch diese „tieferen Wahrheiten". Sie leben dann in einer Lebensphilosophie, die als „naiver Realismus" bezeichnet wird: sie erkennen nicht, dass „ihre" Wahrheit eine subjektive Weltsicht ist. Daher sind sie in Konflikten oft sehr intolerant. Auf gesellschaftlicher Ebene drohen hier „Glaubenskriege". Bricht der Krieg real aus, kommt es zu einer kollektiven Regression auf die Graves3-Ebene.

Sind die Graves4-Anteile konstruktiv in eine reife Persönlichkeit integriert, hat die Person Stabilität und Verantwortungsbewusstsein. Sie ist pflichtbewusst, setzt sich für Recht, Ordnung und das Allgemeinwohl ein, ist gut organisiert und systematisch in ihrem Vorgehen. Sie ist loyal zu ihren Autoritäten und hat Handschlag-Qualität in ihren Vereinbarungen.

Fast jedes größere, wirtschaftliche Unternehmen hat sein Wertezentrum in der Graves5-Ebene (siehe nächster Abschnitt) und benötigt als Grundlage eine starke Graves4-Ebene. So ist es für das Recruiting wichtig, eine stark ausgeprägte Graves4-Ebene bzw. Schwächen in derselbigen in der Persönlichkeit der Bewerber zu erkennen.

Schätzungsweise 30% der erwachsenen westeuropäischen Bevölkerung sind heutzutage hauptsächlich in Graves4-Werten zentriert. Noch in der Mitte des 20. Jahrhunderts waren die Graves4-Werte die zentralen Werte der westeuropäischen Gesellschaften. Hunderttausende von Beratungsunternehmen haben seit Mitte des letzten Jahrhunderts daran gearbeitet, dass sich Millionen von Unternehmen und Organisationen von einer Graves4-Zentrierung in höhere Graves-Ebenen weiterentwickeln.

Graves 5: „Gewinn und Leistung" – individuumsorientiert

Eine gesunde Graves4-Ebene sammelt, organisiert und integriert die Kraft der Graves3-Ebene und bildet so den Katalysator für die Entfaltung der Graves5-Ebene. Der Einzelne erkennt den Sinn von Recht und Ordnung an und beginnt nun gleichzeitig, nach persönlichem Erfolg zu streben. Er sieht die Welt voller Möglichkeiten und Chancen. Regeln und Gesetze werden „zielorientiert interpretiert", eventuell teilweise gebogen, zumindest aber nicht mehr so wichtig genommen. Trotzdem werden Gesetze und Regeln grundsätzlich akzeptiert, denn in der Evolution der Werte werden immer alle früheren Werteebenen integriert. Deswegen ist es wichtig, z.B. in Change-Prozessen, die Werteentwicklung nicht zu forcieren, denn wenn die unteren Werteebenen nicht voll gelebt und integriert werden, fehlt es später an Halt und „Fundament".

Wichtige Werte der Graves5-Ebene sind:
Erfolg, Wohlstand, unternehmerisches Denken, Leistung & Einsatz, Herausforderung, Karriere, Gewinn, Ziel- und Ergebnisorientierung, Produktivität, Wertschöpfung, „der Beste sein", Marktplatz der Möglichkeiten, Wachstum, Expansion, finanzielle Freiheit, ausgezeichnete Leistungen, Wettbewerb belebt, Pragmatismus, Belohnung, „größer & besser", Fortschritt, Wissenschaft, „Alles ist möglich!".

Die zentrale Eigenschaft der Graves5-Ebene ist ein ausgesprochener Optimismus für die persönliche Zukunft mit ihren Möglichkeiten und Optionen. Diese Zukunft verheißt Wohlstand, ein schönes Leben mit Genuss und gesellschaftlicher Anerkennung. Menschen mit einer Graves5-Zentrierung möchten sich mit anderen messen und zeigen, dass sie mehr als andere können. Sie möchten gesellschaftlich weiterkommen, sind karriereorientiert und streben Erfolg und Wohlstand an. Mit den Werten der Ziel- und Ergebnisorientierung liegt der zeitliche Fokus neben der Gegenwart zum ersten Mal auch auf der kurzfristigen Zukunft.

Organisationen mit Graves5-Zentrierung haben eine flache Hierarchie und pragmatische Entscheidungswege. Strategie und Marktnähe dominieren das Handeln. Leistung, Zielerreichung und Initiative sind gehaltsbestimmend. In den 60er und 70er Jahren haben in westeuropäischen Firmen Unternehmer mit Graves5-Zentrierung hauptsächlich Arbeiter und Angestellte mit Graves4-Zentrierung geführt. Heute finden sich in den leistungsorientierten Wettbewerbsgesellschaften auf allen Hierarchieebenen Menschen mit dominanter 5er-Zentrierung.

Geschichtlich beginnt in Europa ein leichter Graves5-Einfluss bereits im Zeitalter der Aufklärung (ca. 17. Jahrhundert) die Menschen mit den Mitteln der Vernunft von althergebrachten, starren und überholten Graves4-Ideologien und -Autoritäten zu befreien und Akzeptanz für wissenschaftliches, unabhängiges Denken zu schaffen. Die politische Graves5-Philosophie des Liberalismus, die für den freien Wettbewerb in der Wirtschaft steht und sich gegen staatliche Regulationen richtet, gewinnt in dieser Zeit an Bedeutung, wobei England und die neue Welt die kulturelle Vorreiterrolle einnehmen. Das Recht auf Privateigentum gewährleistet die Freiheit des Einzelnen. Gemeinsam mit den sozialistischen Graves6-Werten führte der Wertewandel seit der Zeit der Aufklärung zu einer neuen Gesellschaftsordnung. Im „Wirtschaftswunder" nach dem Zweiten Weltkrieg wandelte sich die moderne westliche Gesellschaft endgültig in eine Graves5-zentrierte Leistungsgesellschaft mit sozialer Graves6-Balance – die soziale Marktwirtschaft – um.

In der Menschheitsgeschichte gab es viele evolutionäre und gegen-evolutionäre Entwicklungen. Hochstehende alte Kulturen, wie das alte China und das alte Indien, haben schon mehrere evolutionäre und gegen-evolutionäre Entwicklungsspiralen erlebt. Die „Globalisierung" ist derzeit eine mächtige, kollektive Bewegung von Graves4 nach Graves5: China, Indien, Teile Südamerikas und Osteuropas wandeln sich derzeit von 4er- in 5er- Gesellschaften. Aus dieser Sicht betrachtet, ist die Globalisierung grundsätzlich eine natürliche und positive Weiterentwicklung in der sozialen Evolution. Aus der Sicht des Gravesmodells kann man den Satz „Wohlstand schafft Frieden" unterstreichen, denn die Weiterentwicklung zum Graves5-Wohlstand verhindert eine Regression auf die kriegerische Graves3-Ebene, welche für eine Graves4-Gesellschaft noch leicht möglich ist. Fanatismus ist leider ein Graves4-Phänomen.

Die Schattenseiten der Globalisierung und der 5er Werteebene sind *extreme Profitgier* und die *Bereitschaft, alles zu tun, wenn der Preis stimmt.* In der westlichen Kultur wirkt die Globalisierung so stark, dass Sozialabbau (Graves6-Reduzierung) die Folge ist, da die Graves5-Ebene überbetont wird. Die soziale Marktwirtschaft (Graves5/6-Balance) regrediert zur reinen, neoliberalen Marktwirtschaft mit einzelnen sozialen Elementen (Graves5-Fokus). Kurzfristiger Profit wird mitgenommen, auch wenn langfristig viel zerstört wird. Wirtschaftswachstum ist nur mit immer mehr Energie möglich. 1% Prozent Wirtschaftswachstum benötigt 3% mehr Energie (Öl, Gas etc.), d.h. auf der Graves5-Werteebene werden der kollektive Ressourcenverbrauch und die Auswirkungen auf das Weltklima nicht berücksichtigt. Erst durch höhere Werteebenen werden langfristiges, systemisches Denken (Graves7) und Nachhaltigkeit (Graves8) integriert.

Der Fokus bei Graves5 liegt auf Stirnhirn-Zieldenken (Hin-Zu-Motivation), dem Denken in Möglichkeiten/Optionen und auch hier geht es um sinnlich wahrnehmbare Dinge und nicht um Ideen und Konzepte. Der Zeitrahmen liegt auf der Gegenwart und auf einer kurzfristigen Zukunft.

Positiv integriert ist in die 5er Werteebene ein Kern von Optimismus, Leistungsbereitschaft und Zielorientierung, so dass sich gesellschaftlicher Wohlstand manifestiert. Schätzungsweise 30% der erwachsenen westeuropäischen Bevölkerung sind hauptsächlich in Graves5-Werten zentriert.

Graves 6: „Team und Gemeinschaft" – gruppenorientiert

Ebenso wie die Weiterentwicklung von Graves3 nach Graves4 den Einzelnen wieder in die Gruppe integriert, bewirkt aus gesellschaftlicher Sicht die Entwicklung der Graves6-Werteebene eine Rückbesinnung auf menschliche Werte und eine Gegenreaktion auf die Leistungs- und Profitorientierung der Graves5-Werteebene. Die Aufmerksamkeit des Einzelnen richtet sich nun auf die Erforschung des Innenlebens. Psychologie, Introspektion und Selbsterforschung der inneren Gefühlswelten ersetzen den Ziel- und Ergebnisfokus der Graves5-Ebene. Diese verstärkte idealistische Innenschau fördert gleichzeitig den Austausch von Gedanken und Gefühlen. Die Gemeinschaft mit Gleichgesinnten verheißt einen Weg zur inneren Erfüllung.

Wichtige Werte der Graves6-Ebene sind:
Teamgeist, Zulassen und Ausdruck von Gefühlen, Beziehungen, Wertschätzung, Gruppenharmonie, Gruppen-Wir-Gefühl, Kollegialität, Harmonie, Zusammenarbeit, Menschlichkeit, einfühlsam sein, Gleichheit, Kooperation, soziale Verantwortung, Verständnis für andere, Friede & Liebe, Konsens-Zustimmung aller einholen, Gemeinschaft, Networking.

Aus gesellschaftlicher Sicht ist im Konzept der sozialen Marktwirtschaft das „soziale" die 6er-Balance zur 5er-Marktwirtschaft: gleiches Recht auf Ausbildung, Gesundheitswesen, Altersvorsorge und soziale Absicherung. Im Übergang vom Sozialismus zur Sozialdemokratie vor ca. 100 Jahren gewannen in entsprechenden Kreisen die Graves6-Werte weiter an gesellschaftlicher Bedeutung, auch wenn große Teile der sozialistischen Klassen-Theorie weiterhin in Graves4-Konstrukte gekleidet waren. Der real existierende Kommunismus war eine kleine Graves4-Struktur. Gesellschaftliche Ausprägungen von Graves6-Werten sind z.B.: *Friedensbewegungen, „Flower-Power", Menschenrechtsorganisationen, Human Potential-Bewegung etc.*

Menschen mit Graves6-Zentrierung haben Harmonie, Friede und Liebe als wichtigste Werte. Begegnungen, Personen und Beziehungen sind wichtiger als die Sache. Gefühle auszudrücken und authentisch zu sein, drückt diese Menschlichkeit aus. Die Schattenseiten der Graves6-Ebene können z.B. sein, dass Personen außerhalb der eigenen Gruppe *polarisiert werden und Graves6-zentrierte Menschen unrealistisch, idealistisch und übermäßig gefühlsorientiert* werden und „den Bodenkontakt" im Leben verlieren können. Teams können im Unternehmen zum Selbstzweck werden, ohne direkten Bezug zur Wertschöpfung. Hier sind andere Wertesysteme wichtig, um die Graves6-Werte zu balancieren.

Ist die Graves6-Werteebene konstruktiv in eine Persönlichkeit integriert, dann ist die Person warmherzig, sehr sozial und beziehungsfähig und hat eine hohe soziale Intelligenz. Sie kann gut in Gruppen und in Kundensituationen agieren. In Organisationen stellt die Graves6-Werteebene die Teamebene dar. Ohne funktionierende Teams können heute die wenigsten Unternehmen am Markt bestehen. Natürlich müssen sich die Teams aus der Graves5-Sicht „rechnen". Schätzungsweise 15% der erwachsenen westeuropäischen Bevölkerung sind hauptsächlich in Graves6-Werten zentriert.

Im Wechsel zwischen den individuumsorientierten Werteebenen 1, 3 ,5, 7 (links in Abbildung 5) und den gruppenzentrierten Werteebenen 2, 4, 6, 8 (rechts in Abbildung 5) scheint sich auch das alt-taoistische Yin-Yang-Prinzip bzw. das Modell der männlichen und weiblichen Archetypen (nach C.G. Jung) zu spiegeln. In den individuumsorientierten, ungeraden Ebenen tritt das handlungsorientierte Yang-Prinzip in Aktion, in den gruppenorientierten, geraden Ebenen zeigt sich das aufnehmende Yin-Prinzip. Yin und Yang bedürfen einander, d.h. jede Yin-Ebene bildet den Katalysator für die nächste Yang-Ebene und jede Yang-Ebene den Katalysator für die nächste Yin-Ebene. Im Fließen zwischen den Ebenen (dem Tao) entsteht die Evolution. Natürlich gibt es in Frauen und Männern gleichermaßen weibliche und männliche Anteile und je nach Persönlichkeitsentwicklung sind die einzelnen Werteebenen gut oder weniger gut integriert. Dies gilt in Organisationen ebenso für die Team- und Organisationsentwicklung. Ein weiterer Bezug zeigt sich auch zu den Hirnhemisphären. Die individuumsorientierten Yang-Werteebenen drücken sich über linkshemisphärische, neuronale Prozesse aus und die gruppenzentrierten Yin-Werteebenen über rechtshemisphärische, neurologische Muster. Wie bereits gesagt, sind fast immer beide Hirnhälften gemeinsam aktiv, auch wenn eine Gehirnhälfte je nach Aufgabe „die Führung" übernimmt. Die aktivere Hirnhälfte spiegelt demnach, je nach aktueller Situation, die motivations-relevante Graves-Ebene wider.

Graves 7: „Freiheit und Lernen" – individuumsorientiert

Nach Clare Graves beginnt mit der siebten Ebene eine neue Oktave des nach oben offenen Wertemetamodells. Die Graves7-Werteebene ist die Ebene des Systemdenkens. Die eigene Persönlichkeitsentwicklung tritt nun erstmals selbstbezüglich in den Fokus der Motivation. In der Parallele zur Motivationspyramide nach Abraham Maslow ist die Evolution nun auf der Selbstverwirklichungsebene angelangt. Auf der Graves7-Ebene wird konstruktivistisch erkannt, dass jeder Mensch sich seine Realitätssicht selbst konstruiert. Hat ein Mensch die Graves7-Ebene noch nicht entfaltet, ist er in Werten der Ebenen Graves1 bis Graves6 zentriert und denkt sich: „Meine Werte sind die wahren Werte". Graves6-zentrierte Menschen halten Graves5-zentrierte Menschen für „gefühllose, profitorientierte Kapitalisten". Graves5-zentrierte Menschen halten Graves6-zentrierte für „Träumer" und sie belächeln die Graves4-zentrierten „Beamten". Graves3-zentrierte verachten die Graves6-zentrierten „Weicheier". Erst auf der Graves7-Ebene wird erkannt, dass jede Graves-Ebene ihre Stärken und ihre Schwächen hat. Aus systemischer Sicht werden die Vorteile aller Ebenen Graves1 bis Graves6 genutzt: Wenn es Sinn macht, wird die Kraft der Graves3-Ebene aktiviert. In chaotischen Gruppenprozessen wird die ordnende Graves4-Kraft genutzt, um Spielregeln zu vereinbaren usw.

Um sich persönlich weiterzuentwickeln, strebt der Mensch in der Graves7-Weltsicht einerseits die Freiheit aus dem Gruppenzwang der Graves6-Ebene an, andererseits kann er sich in den unterschiedlichsten Gruppen zu Hause fühlen. Er möchte sich selbst verwirklichen, aber nicht auf Kosten der anderen. Das Denken wird langfristig und strategisch. Gleichzeitig ist das Denken abstrakter und wird mehr von Ideen und Konzepten geprägt (dem Intuitions-Stil nach Jung, 1921).

Wichtige Werte sind:
Systemdenken, Freiheit, Lernen, Wissen erweitern, Wissensmanagement, Persönlichkeitsentwicklung, Neugier, Talententfaltung, Individualität, Individualisierung, Selbstverwirklichung, geistige Unabhängigkeit, Vision, Überblicksdenken = das „Big Picture", Einzigartigkeit, Synergie, Inspiration, Virtualisierung, Zusammenhänge erkennen, Kompetenz, Funktionalität, Nützlichkeit, langfristige Strategien, Flexibilität, Raum für Vielfalt und individuelle „Wahrheiten".

Sind Menschen stark auf der Graves7-Ebene zentriert und haben die anderen Ebenen nur schwach integriert, dann wirken sie wie abgehobene und realitätsferne Philosophen. Sind die Graves7-Werte andererseits gut in eine breite Persönlichkeit integriert, bekommt der Mensch Weitblick und die Fähigkeit, dynamisch mit großen Change-Prozessen umzugehen. Die Integration der Graves7-Ebene macht aus einer Organisation eine lernende Organisation, da „Lernen", „Wissen erweitern" und „Weiterentwicklung" zentrale Graves7-Werte sind. Für das Management und für interne/externe Berater ist die Graves7-Motivationsebene essentiell. Durch die Graves7-Ebene wird eine lernende Organisation und eine lebendige Personal- und Organisationsentwicklung verwirklicht.

Das Internet und die Branche der Informations- und Datenverarbeitung, kurz IT-Branche genannt, hat in sich einen starken Bezug zur Graves7-Ebene. Gesellschaftlich relevant wurde das Internet während der 90er-Jahre. Das Erscheinen des Internets auf der gesellschaftlichen Bühne kann als ein Erstarken der globalen Graves7-Ebene verstanden werden. Auch die Verbreitung des Buchdrucks ab dem 15. Jahrhundert stärkte die damals kaum vorhandene, globale Graves7-Ebene und kann sicherlich als eine der technischen Grundlagen für das Zeitalter der Aufklärung im 17. und 18. Jahrhundert gesehen werden. Denn eine Aktivierung der 2. Werte-Oktave in ihrer ersten Ausprägung der Graves7-Ebene stimuliert zur ganzheitlichen Abrundung der 1. Oktave und damit der Ebenen Graves5 und Graves6, die damals im Zeitalter der Aufklärung den größten Nachholbedarf hatten. Eventuell bietet das Internet eine technische Basis für ähnlich bedeutsame, gesellschaftliche Veränderungen für die Zukunft.

Für das Management sind Graves 4, 5, 6 und 7 die zentralen Werteebenen. In zunehmendem Maße wird auch das Nachhaltigkeitsmanagement (Graves8) relevant. Know-how auf allen Ebenen wird im Management zunehmend ein Erfolgsfaktor. Im Verkauf sind die Ebenen Graves3 und Graves5 besonders wichtig und in der Produktion und in der Verwaltung ist die ordnende Graves4-Ebene zentral. Dies ergibt natürlich wichtige Implikationen für das Recruiting.

Graves 8: „Nachhaltigkeit und globale Einheit" – gruppenorientiert

Die Entwicklung von Graves7 nach Graves8 folgt wieder dem Wechsel von Selbstzentrierung in die Gruppenzentrierung, wobei Menschen mit Graves8-Zentrierung die Erde als einen ganzheitlichen Organismus sehen. Das altruistische Zugehörigkeitsgefühl der Ebenen Graves2, Graves4 und Graves6 wird hier auf die ganze Menschheit, auf alle Naturreiche und auf den ganzen Planeten ausgeweitet.

Die zentralen Werte der Graves8-Ebene sind:
ganzheitliches und globales Zugehörigkeitsgefühl zum Planeten Erde, Nachhaltigkeit, Ganzheitlichkeit, Biosphäre, Synthese, Integration, zum Wohle allen Lebens, Transzendenz, Biodiversität, Ökosystem, Nachwelt und zukünftige Generationen, globale Verbesserung, langfristige Konsequenzen, Weltfrieden, holistische Sicht, emotional/spirituelle Balance, Demut, global denken und lokal handeln.

Menschen mit starken Graves8-Motivatoren denken ganzheitlich und berücksichtigen bei ihren Entscheidungen globale Konsequenzen. Sie möchten mit ihrer Arbeit der Menschheit und dem Planeten nützen und haben die Folgen des systemischen Handelns für die Umwelt im Auge. Die Verbundenheit eines Menschen oder einer Gruppe von Menschen mit der Umwelt und den kommenden Generationen ist für sie in Bezug auf ihre Arbeit das wichtigste Thema. Menschen mit starken Graves8-Werten haben auch das langfristige, systemische Denken und die Weiterentwicklungsmotive der Graves7-Ebene integriert. In den 70er- und 80er-Jahren waren die Graves8-Werte als real wirksame Motivatoren noch sehr selten. Heute treten Nachhaltigkeit und Klimaschutz machtvoll auf die kollektive Bühne. Doch ist ihre Motivationskraft kollektiv gesehen im Vergleich zu allen anderen Motivatoren noch gering. Nachhaltigkeit und Nachhaltigkeitsmanagement sind die Graves8-Werte, die es bisher am weitesten geschafft haben, sich gesellschaftlich zu integrieren. Nicht zuletzt der mittlerweile für alle spürbare Klimawandel und die Unsicherheit in der zukünftigen Energieversorgung bringen systemisches Denken und Nachhaltigkeit in den Blickpunkt der Welt. Interessant ist hier die Sicht von Clare Graves, der Aspekte der Überlebensmotivation von Graves1 auch im Beginn der höheren Oktave bei Graves7 sieht, wo sie im Unterschied zu Graves1 allerdings global und kollektiv wirksam wird. Es geht bei Graves7 also auch um das kollektive Überleben der menschlichen Rasse und bei Graves8 um die nachhaltige Einbindung der menschlichen Rasse in den „globalen Stamm", d.h. in das globale Ökosystem des Planeten.

Hier ein Überblick über das gesamte Gravesmodell:

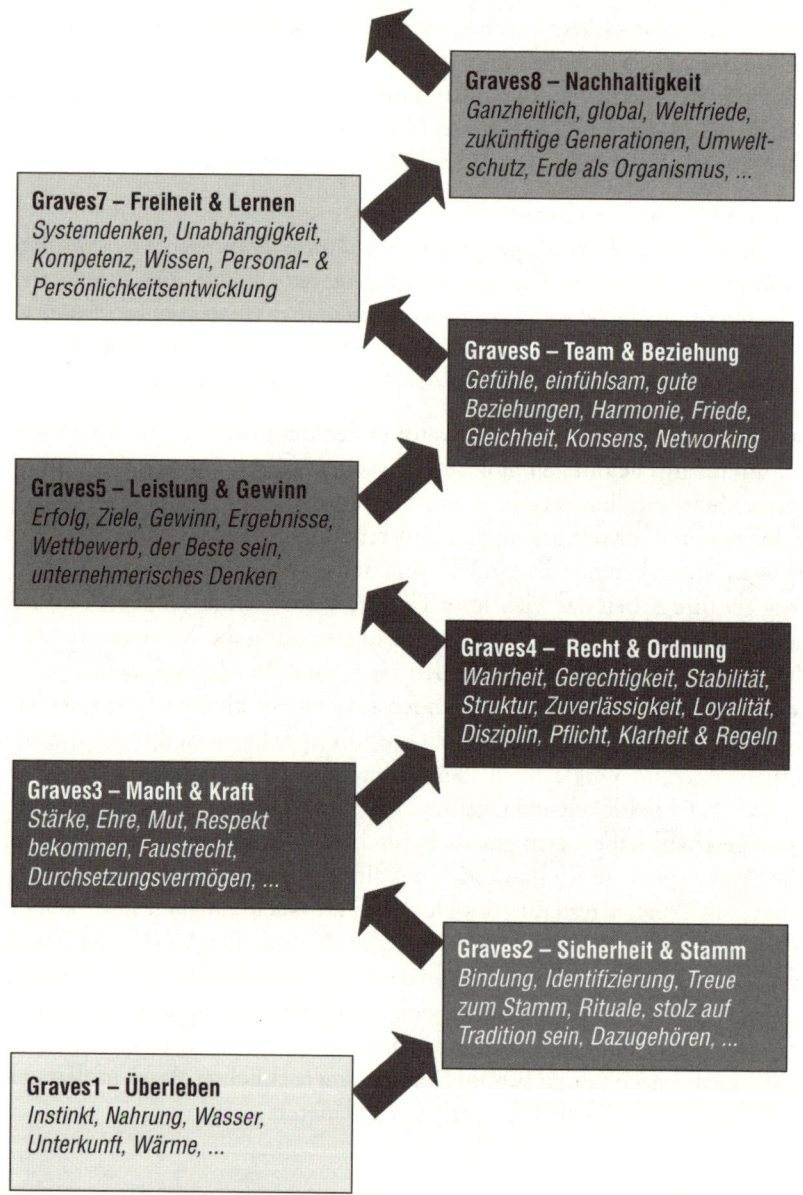

Graves8 – Nachhaltigkeit
Ganzheitlich, global, Weltfriede, zukünftige Generationen, Umweltschutz, Erde als Organismus, ...

Graves7 – Freiheit & Lernen
Systemdenken, Unabhängigkeit, Kompetenz, Wissen, Personal- & Persönlichkeitsentwicklung

Graves6 – Team & Beziehung
Gefühle, einfühlsam, gute Beziehungen, Harmonie, Friede, Gleichheit, Konsens, Networking

Graves5 – Leistung & Gewinn
Erfolg, Ziele, Gewinn, Ergebnisse, Wettbewerb, der Beste sein, unternehmerisches Denken

Graves4 – Recht & Ordnung
Wahrheit, Gerechtigkeit, Stabilität, Struktur, Zuverlässigkeit, Loyalität, Disziplin, Pflicht, Klarheit & Regeln

Graves3 – Macht & Kraft
Stärke, Ehre, Mut, Respekt bekommen, Faustrecht, Durchsetzungsvermögen, ...

Graves2 – Sicherheit & Stamm
Bindung, Identifizierung, Treue zum Stamm, Rituale, stolz auf Tradition sein, Dazugehören, ...

Graves1 – Überleben
Instinkt, Nahrung, Wasser, Unterkunft, Wärme, ...

Abbildung 11: **Das Gravesmodell im Überblick**

Anwendungen des Gravesmodells

Das Gravesmodell ist ein sehr brauchbarer Wahrnehmungsrahmen zur Interventionsplanung und zum Change-Management von Unternehmen und Organisationen.[29] Auch bei politischen Entwicklungsaufgaben findet es seine sinnvolle Anwendung. Neben seiner bereits verbreiteten Verwendung in strategischen Ansätzen wird es derzeit noch zu wenig in konkreten operativen Fragestellungen genutzt. Für aufmerksame Leser mit Verantwortung im Bereich des Personalmanagements ist sicherlich die Nützlichkeit des Modells für strategische Entwicklungsfragen bereits sichtbar. Die folgenden Kapitel liefern zusätzlich eine praktische Einsicht in das operative Recruiting, so dass strategische Entwicklungsziele effektiver und direkter angesteuert werden können.

---

29 Martina Bär, Rainer Krumm, Hartmut Wiehle: *Unternehmen verstehen, gestalten und verändern – Das Graves-Value-System in der Praxis.* 2007.

6. Das Gravesmodell in der Interviewtechnik

Das Gravesmodell ist ein globales Modell der Werte-Entwicklung von Kulturen, Organisationen und einzelner Menschen. Graves-Fragen geben dem Interviewer eine enorme Menge an Informationen über die Bewerber. Ein guter Einstiegspunkt für Werte-, Metaprogramm- und Graves-Fragen ist, wenn der Gesprächsfokus nach der Bewerberpräsentation die Gegenwart erreicht. Die zentrale Einleitungsfrage nach den Werten im Kontext Arbeit lautet: „Was ist Ihnen in Ihrer Arbeit wichtig?" Als Vertiefungsfragen kommen neben den Metaprogramm-Fragen auch die Graves-Fragen zum Einsatz. Während die Metaprogramm-Fragen eher auf die Verhaltens- und Fähigkeiten-Ebene der Bewerberpersönlichkeit zielen, liegt der Fokus der Graves-Fragen auf der Werte- und Glaubenssystem-Ebene – d.h. es geht um die Frage des „Cultural Matching":

⋯⫶ *Metaprogramme* fokussieren auf konkrete Verhaltensmuster und Fähigkeiten. Hier geht es darum, wie jemand sich motiviert, Informationen filtert und Entscheidungen trifft. Bei den Metaprogrammen geht es um die konkreten Tätigkeitsanforderungen der Position und weniger um die Unternehmenskultur.

⋯⫶ *Graves-Level* fokussieren auf Werte und Unternehmenskultur. Es geht um ein „Cultural Matching" der Kandidaten mit dem Zielunternehmen. Zusätzlich erfordern bestimmte Aspekte der Stellenbeschreibung konkrete Stärken in einzelnen Graves-Ebenen wie z.B.:
⋯⫶ Verkauf-Hunter: Graves3 + -5 bzw. Verkauf-Farmer: Graves4 + -5
⋯⫶ Buchhaltung/Controlling: Graves4
⋯⫶ Backoffice: Graves4
⋯⫶ Personalentwicklung: Graves6 + -7

Welche Fragen kann die Graves-Diagnostik beantworten?
⋯⫶ Welche Graves-Ebenen sind entwickelt?
⋯⫶ Wie stark sind die positiven Aspekte der einzelnen Graves-Ebenen in die Persönlichkeit des Kandidaten integriert?

Gibt es eine Zentrierung oder Dominanz einer Ebene – z.B. 3er-Zentrierung oder 4er-Zentrierung? Ist diese Zentrierung balanciert (durch andere Ebenen) und wenn ja wie stark?

Ist die Graves-Diagnostik damit eine klassische Eigenschaftsdiagnostik, die Menschen in Schubladen steckt? Nein, denn Menschen sind niemals klar in Typen einzuordnen. Hinter der praktischen Anwendung der Graves-Fragen steckt vielmehr ein handlungsdiagnostischer Ansatz. Handlungsdiagnostik stellt praxisrelevante Handlungsmuster in den Mittelpunkt der Betrachtung, nicht fixe Eigenschaften. Handlungsmuster im Sinne der Graves-Diagnostik beziehen sich auf den Ausdruck von Wertemotivation durch konkretes Verhalten. Motivationskraft und Reifegrad des Ausdrucks von Wertemotivation in den unterschiedlichen Graves-Ebenen werden in den Antworten und den beobachtbaren körpersprachlichen Signalen der Befragten sichtbar. Daher werden in den Fragetechniken spezifische Situationen beleuchtet („Critical Incident-Fragetechnik"), mit dem Ziel, unter die Präsentationsoberfläche der Bewerber zu blicken. Noch ausgeprägter wird der handlungsdiagnostische Ansatz beim Einsatz des Gravesmodells im Assessment-Center (siehe Kapitel 7).

Eine weitere Frage, auf die die Graves-Diagnostik Antworten liefert, ist: Wie gut passen die Kandidaten zur Unternehmens- bzw. zur Abteilungskultur („Cultural Matching")?

Vor dem Einsatz des Gravesmodells empfiehlt es sich, die jeweilige Unternehmenskultur zu betrachten. Welche Graves-Ebenen sind im Unternehmen stark ausgeprägt? Welche Ebenen sind schwach integriert? Auf welchen Ebenen liegt der Hauptfokus?

Im Social Rating®Ansatz[30], der ebenfalls auf dem Gravesmodell aufbaut, führen die Autoren neben der Ausprägung der einzelnen Graves-Ebenen auch den Faktor der sozialen Balance an. Damit ist die Verteilung der Graves-Ebenen-Ausprägungen innerhalb der Organisation gemeint. Bei einer harmonischen Verteilung sind im Management im Vergleich zu den Mitarbeitern die höheren Graves-Ebenen stärker entwickelt. Eine disharmonische soziale Balance entsteht, wenn die Mitarbeiter höhere Graves-Ebenen entwickelt haben als das Management. Sozial unbalancierte Unternehmen haben keinen nachhaltigen Erfolg, deswegen ist eine auf Persönlichkeitsentwicklung ausgerichtete Führungsentwicklung so wichtig.

Graves-Multilevel-Fragen

In der Gravesdiagnostik gibt es Multilevel-Fragen, mit denen recht schnell ein Überblick über die Graves-Ebenen der Bewerber gewonnen werden kann. Multilevel bedeutet in diesem Zusammenhang, dass die Frage nicht auf eine einzelne Graves-Ebene fokussiert, sondern alle bzw. die vorhandenen Graves-Ebenen anspricht.

---

30 Manfred Della Schiava, Otto Knapp, Andreas Hailand: *Social-Rating.* 2002.

Generell sind bei den Graves-Fragen folgende Aspekte zu beachten:

⤙ Mehr als 70 Prozent der Information über die Persönlichkeit der Kandidaten kommen aus deren nonverbalen Antworten!

⤙ Beobachten Sie besonders die ersten Sekunden nach einer Frage. Das Unbewusste antwortet schneller als das Bewusste.

⤙ Beobachten Sie die Kongruenz der Kandidaten: Deckt sich bei Antworten die Körpersprache bzw. der Stimmklang mit dem Inhalt der Botschaft?

⤙ Wie aussagekräftig sind die Antworten zu den einzelnen Graves-Ebenen? Wird die Frage emotional angenommen und interessiert beantwortet? Wie ausführlich und emotional überzeugend sind die Antworten?

⤙ Antworten die Kandidaten mit Graveswerten der gleichen Ebene oder weichen sie auf eine Graves-Ebene aus, auf der sie mehr Kompetenz haben? (z.B. Frage nach Graves3 und Antwort mit Graves5-Werten)

⤙ Dissoziieren (die Frage emotional wegschieben), Depersonalisieren (persönliche Fragen nach eigenen Erfahrungen unpersönlich und generalisierend zu beantworten) und Theoretisieren ist bei Graves-Fragen ein Hinweis auf mangelnde Kompetenz und Stärke in der jeweiligen Graves-Ebene. Dies zeigt sich besonders bei den Vertiefungsfragen.

Eine zentrale Graves-Multilevel-Frage ist die bereits bekannte zentrale Wertefrage und die Konkretisierungsfrage, ähnlich wie bei den Metaprogrammen Arbeitsmodus und Arbeitsorganisation. Die genannten Werte und Beispiele geben reichlich Informationen zu den Graves-Stärken und -Schwächen:

⤙ Einstiegsfrage: „Was ist Ihnen in Ihrer Arbeit wichtig?" → <Werte X, Y, Z>

⤙ Vertiefungsfragen: „Nennen Sie mir ein konkretes Beispiel, wo <Wert X, Y, Z> voll und ganz erfüllt war." → „Was hat Ihnen daran gefallen?"

⤙ Alternative Vertiefungsfrage nach dem Erfüllungskriterium des Wertes: „Woran erkennen Sie <Wert X, Y, Z>?". Z.B.: „Mir ist es wichtig, innovativ zu sein." → „Woran erkennen Sie Innovatives?" → konkrete Beispiele

Die Vertiefungsfragen sind wichtig, da ein Wert für jeden Menschen eine eigene Wortbedeutung haben kann. Für den einen ist „Offenheit" ein Graves4-Wert im Sinne von wahrhaftig/offen, für den anderen ist „Offenheit" ein Graves6-Wert im Sinne von gefühlvoll/offen.

Werte-Zuordnungsfragen

Um die Wortbedeutung von Werten im Sinne der Graves-Ebenen weiter zu erkunden, helfen die Werte-Zuordnungsfragen:

⤙ „Meinen Sie Offenheit eher im Sinne von wahrhaftig, echt, ehrlich (Graves4) oder eher im Sinne von gefühlvoll, beziehungsorientiert, gemeinschaftsorientiert?" (Graves6)

┄┄┈⟩ „Meinen Sie Umsetzungsmöglichkeiten eher im Sinne von Macht, Kraft und Einfluss (Graves 3) oder eher im Sinne von Erfolgsorientierung und Ergebnisoptimierung?" (Graves 5)

Werte-Zuordnungsfragen stellen die zu hinterfragenden Werte in Beziehung mit den zentralen Werten der jeweiligen Graves-Ebene.

Sehr wichtig ist auch die Kongruenz im Tonfall und Ausdruck des fragenden Interviewers. Auch hier gilt das Prinzip: Der Ton macht die Musik, d.h. der eigene nonverbale Ausdruck und Stimmklang ist wichtiger als die inhaltliche Formulierung. Wenn z.B. Graves3-Wörter wie „Selbstbewusstsein", „Macht" und „Kraft" vom Tonfall in der Werte-Abgleichsfrage kraftvoll und machtbejahend ausgedrückt werden, rufen sie beim Befragten eine nonverbale Resonanz hervor, wenn der hinterfragte Wert ein Graves3-Wert ist. Je ausdrucksstärker und kongruenter die Werte-Zuordnungsfragen gestellt werden, desto höher ist ihr diagnostischer Wert. Hat der Recruiter selber ein emotionales Problem, z.B. mit Wörtern wie „Vorschriften und Regeln" (Graves4), dann zeigt sich dies in inkongruenten Fragen und einer gefilterten Wahrnehmung. Dann ist die diagnostische Fähigkeit des Recruiters auf den jeweiligen Ebenen eingeschränkt.

Wenn die Graves-Ebene in der Frage kongruent ausgedrückt wird, ist beim Befragten eine hohe nonverbale Resonanz zu erkennen, sofern die jeweilige Graves-Ebene in der Werte-Zuordnungsfrage angesprochen wird. Wenn die relevante Graves-Ebene nicht angesprochen wird, reagiert der Befragte in der Regel nonverbal überhaupt nicht auf die Werte-Abgleichsfrage, sondern denkt weiter nach.

Eine weitere Multi-Level-Frage:
┄┄┈⟩ Einstiegsfrage: „Welche Aufgaben hat Ihrer Meinung nach eine Führungskraft?"
┄┄┈⟩ Vertiefungsfrage: „Welche Erfahrungen haben Sie damit gemacht?"

Eine Multi-Level-Frage zum Thema Entscheidungsstrategie:
┄┄┈⟩ Einstiegsfrage: „Wie werden Ihrer Meinung nach am besten Entscheidungen auf Abteilungsebene gefällt?". An den konkreten Entscheidungsstrategien kann man relevante Graves-Ebenen leicht ablesen.
┄┄┈⟩ Vertiefungsfrage: „Welche Erfahrungen haben Sie damit gemacht?"

Eine weitere allgemeine Multi-Level-Frage:
┄┄┈⟩ Einstiegsfrage: „Was erwarten Sie von Ihrem Arbeitgeber/Dienstgeber/Beschäftiger?"
┄┄┈⟩ Vertiefungsfrage: „Was bedeutet dies konkret? Wann haben Sie das erlebt?"

Eine spezielle Multi-Level-Frage ist:
┄┄┈⟩ Einstiegsfrage: „Wie kam es zur Auflösung Ihres letzten Dienstverhältnisses?" An Trennungsereignissen kann vieles erkannt werden, wenn die Vertiefungsfragen konkretisieren, assoziieren und personalisieren. Besonders die Graves2-Ebene der Zugehörigkeit wird hierbei angesprochen.

···⟩ Vertiefungsfrage, z.B.: „Wie genau haben Sie sich verhalten? Bitte beschreiben Sie mir das genau."

Die Vertiefungsfragen in Kombination mit Werte-Zuordnungsfragen sind wichtig, um die jeweiligen Graves-Ebenen korrekt zu erkennen. Neben den Multi-Level-Fragen gibt es natürlich auch eine Reihe von Graves-Fragen, die auf einzelne Graves-Ebenen abzielen.

Werte-Fokus in der Bewerberpräsentation

Wenn der Fokus des Interviews, z.B. bei Führungspositionen, noch deutlicher weg von der Fachlichkeit und hin zu Persönlichkeit, Werte und Einstellungen gelegt werden soll, ist es hilfreich, schon zu Beginn des Interviews das Gesprächsziel der Bewerberpräsentation neu zu definieren. Eine anspruchsvolle Variante hierzu wäre z.B.:

„Wir haben mit Interesse Ihren Lebenslauf gelesen! Uns interessiert jetzt weniger die Abfolge ihrer unterschiedlichen Positionen, sondern mehr, was Ihnen in den jeweiligen Etappen Ihres bisherigen Berufslebens wirklich wichtig war. Bitte schildern Sie uns auch die prägenden Ereignisse und Erfahrungen, die Sie mit zu dem gemacht haben, der Sie heute sind."

Wenn der Bewerber immer wieder mit Multi-Level-Fragen wie
···⟩ „Was war Ihnen in dieser Position wichtig?"
···⟩ „Was war Ihnen in diesem Abschnitt ihrer beruflichen Biographie wichtig?"
auf Werte fokussiert, werden seine Graves-Stärken und -Schwächen bereits in der eher vergangenheitsorientierten Bewerberpräsentationsphase sehr plastisch.

Graves 2 – Die Unternehmensfamilie

Eine gut balancierte und entwickelte Graves2-Ebene

Eine gut integrierte Graves2-Ebene ist oft bei weiterentwickelten Familienunternehmen zu finden. Hier haben die Gründer und Gesellschafter wahrscheinlich einen hohen sozialen Reifegrad. Die Wertschätzung und Anerkennung von Seiten aller Führungskräfte ist hoch. Es gibt fast schon eine elterliche Fürsorge der Führungskräfte gegenüber den Mitarbeitern. Die Mitarbeiter werden aktiv in relevante Themen miteinbezogen. Sie fühlen sich zu Hause und sind stolz auf ihr Unternehmen. Die Fluktuation ist niedrig, es gibt viele Mitarbeiter mit langer Betriebszugehörigkeit, die durch ihre Seniorität hohes Ansehen im Unternehmen genießen. Auf dieser gesunden Graves2-Basis können sich die anderen Graves-Ebenen entfalten. Eventuell hat sich auf dieser Graves2-Basis eine effiziente Verwaltung (Graves4) und/oder eine schlanke ergebnisorientierte Organisation aufgebaut (Graves4 + -5). Ein schlagkräftiger Vertrieb (Graves3) ist im Idealfall mit in die Firmen-Familie integriert. Ist das Unternehmen wirtschaftlich erfolgreich und expandiert, kann sich auch die Unternehmenskultur stark in die höheren Graves-Ebenen ausweiten. Es gibt einen ausgeprägten Sinn für Gleichberechtigung und die Anerkennung der Wichtigkeit von guten Beziehungen (Graves6) mit einem hohen Wir-Gefühl (Graves6). Das Management denkt strategisch und möchte ausgesuchte Mitarbeiter in Richtung Führungspersönlichkeit weiterentwickeln (Graves7). Die Kompetenzen aller Mitarbeiter werden systematisch durch Personalentwicklungs-Maßnahmen wie Jobrotation etc. entwickelt (Graves7).

Eine unbalancierte Graves2-Unternehmenskultur

Haben sich die höheren Graves-Ebenen nicht auf der Graves2-Basis entwickelt, dann ist die Unternehmenskultur unbalanciert, z.B. bei traditionsbewussten, stabilen Familienunternehmen, die nicht stark expandiert haben. Oft gibt es keine ausgeprägten Graves4-Organisationsstrukturen. Alle Entscheidungen und Kundenbeziehungen sammeln sich beim Chef und Gründungsvater. Er versorgt seine Mitarbeiter mit Arbeit. Loyalität und Zugehörigkeit zur Firmenfamilie sind die wichtigsten Werte. Für das Recruiting kommen meist nur Kandidaten in Frage, die bereits Erfahrungen in Graves2-zentrierten Familienunternehmen gesammelt haben. Die Kandidaten benötigen eine hohe Graves2-Stärke.

Graves2-Fragen zur Unternehmenskultur und zur Stellenbeschreibung

Folgende Fragen helfen, die Graves2-Relevanz bezüglich einer konkreten Stellenbeschreibung zu klären:

⋯⟩ Graves2 ist selten eine Frage der Stellenbeschreibung, sondern eher eine Frage der Unternehmenskultur. Wie stark ist die Zugehörigkeit im jeweiligen Team ausgeprägt? Generell ist in der „Old Economy" die Graves2-Ebene stärker als bei „Start-Ups" und „New Economy".

⋯⟩ Wie wichtig ist die Identifikation und Bindung? Ist Fluktuation ein Problem?

⋯⟩ Ist in den Produkten und Dienstleistungen des Unternehmens ein Bezug zu den Themen Sicherheit, Gesundheit bzw. Heimat gegeben? Sind alte Menschen die Zielgruppe des Unternehmens?

Mustererkennung

Graves-Fragen thematisieren zentrale Werte der jeweiligen Ebene. Die hier vorgestellten Beispielfragen sind nur eine Möglichkeit, die zentralen Werte einer Graves-Ebene zu hinterfragen:

⋯⟩ Graves2-Einstiegs-Frage: „Was bedeutet für Sie berufliche Sicherheit?"

⋯⟩ Vertiefungsfragen, z.B.: „Was ist Ihnen dabei wichtig?" und/oder: „Wie wirkt sich das für Sie auf den beruflichen Alltag aus?"

→ *Graves2-Stärke*

Reagiert nonverbal stärker auf die Fragen, antwortet kongruent, wie wichtig Sicherheit ist, bringt Bezug zu den Werten Identifikation & Zugehörigkeit, bringt das Gespräch auf Familie bzw. auf familiäre Werte im beruflichen Arbeitsumfeld. Macht deutlich, dass ein großer & renommierter Firmenname erwünscht ist.

→ *Graves2-Schwäche*

Kann mit den Fragen nicht viel anfangen oder sagt kongruent, wie unwichtig Sicherheit ist; reagiert nonverbal eher mit Unverständnis, theoretisiert oder antwortet inkongruent; bringt keinen Bezug zu den Werten Identifikation & Zugehörigkeit

Weitere Graves2-Frage:

Thematisierung der letzten bzw. momentanen Graves2-Zugehörigkeit, z.B.: „Wie kam es zur Auflösung Ihres letzten Dienstverhältnisses?" bzw.: „Wie kommt es, dass Sie Ihr jetziges Unternehmen verlassen möchten?" Diese Fragen sprechen die Stammbindung an das momentane bzw. letzte Unternehmen an. Wie wichtig ist/war diese Stammbindung dem Bewerber? Hier kommt es im Gespräch darauf an, mit welcher emotionalen Kompetenz der Bewerber mit dem Thema Zugehörigkeit umgeht.

→ Graves2-Stärke

Hat bei der Beantwortung der Frage Emotionen in Bezug auf die Wichtigkeit der „Stammbindung". Hier ist es wichtig, auch die nonverbalen Anteile (Mimik, Gestik, Atmung, Stimmklang etc.) zu beobachten, um die Intensität der Emotion einzuschätzen.

→ Graves2-Schwäche

Hat bei der Beantwortung keine Emotionen in Bezug auf die Wichtigkeit der „Stammbindung". Ist ruhig und gelassen oder zeigt emotionale Unabhängigkeit und Eigenständigkeit.

Weitere Graves2-Frage:

Gegenpositions-Check: „Halten Sie den Wunsch, dass sich in einer Abteilung alle wie in einer Familie verbunden fühlen, noch für zeitgemäß?" Der Gegenpositions-Check ist eine fortgeschrittene Fragetechnik, bei der man relevante Werte einer Graves-Ebene in Frage stellt und quasi die Gegenposition einnimmt. Dabei verwendet der Fragende kongruent und im Rapport mit dem Befragten für den jeweiligen Wert typische Kritikmuster bzw. Vorurteile und prüft die Widerstandskraft der Kandidaten. Zeigen sich beim Befragten durch diese Fragetechnik ebenfalls ähnliche Vorurteile, so sind diese ein Zeichen für eine Graves-Schwäche auf dieser Werteebene. Verteidigen die Kandidaten die Werte, ist dies ein deutliches Zeichen für eine vorhandene Gravesstärke auf der jeweiligen Graves-Ebene. Da hierbei natürlich auch Referenzfilter (Internal/External) und Vergleichsfilter (Matching/Mismatching) im Antwortverhalten des Bewerbers eine Rolle spielen, erfordert die Interpretation der Antwort bei einem Gegenpositions-Check einige Erfahrung auf Seiten des Interviewers. Daher gehören Gegenpositions-Checks zu den fortgeschrittenen Graves-Fragen.

Weitere allgemeine Mustererkennung für Graves2-Stärke:

- ···→ Wie stark ist bei ihm der Familiensinn?
- ···→ Wie wichtig ist ihm das Familiengefühl in der Arbeit?
- ···→ Wie stark ist die regionale, nationale Verbundenheit?
- ···→ Wie stark wird die Zugehörigkeit zu einer Subkultur zum Ausdruck gebracht?
- ···→ Allgemeine Hinweise auf ein Sicherheitsdenken: Spricht finanzielle Sicherheit an, geht regelmäßig zum Arzt bzw. zu Vorsorgeuntersuchungen, macht sich Sorgen um Arbeitsplatzsicherheit.

Graves 3 – Umsetzungskraft

Eine gut balancierte und entwickelte Graves3-Ebene

Dieses Unternehmen ist eine Verkaufsorganisation, die mit hoher Umsetzungskraft dynamisch und marktnah agiert. Der Markt wird proaktiv zielgruppenspezifisch segmentiert und mit viel Initiative bearbeitet. Aktionsorientiert und kraftvoll agieren die einzelnen Einsatzgruppen. Macht und Einfluss ist den Mitarbeitern wichtig, Führungsverantwortung wird angestrebt. Diese starke und gesunde Kraftbasis ist im Idealfall durch höhere Graves-Ebenen balanciert. Der Organisationsgrad ist hoch (Graves4) und die einzelnen Einsatzgruppen sind fast militärisch präzise organisiert. Das Management ist ausgesprochen ergebnis- und leistungsorientiert (Graves5) und führt über Ziele (Graves5). Die Beziehungen sind gut (Graves6), auch wenn in der Sache oft direkt und hart gesprochen wird. Das Management hält die Balance von Kontrolle (Graves5) und Weiterentwicklung (Graves7). Führungsentwicklung (Graves7) ist gleichzeitig eine Ermächtigung (Graves3) während der wirtschaftlichen Expansion (Graves5).

Eine unbalancierte Graves3-Unternehmenskultur

Ist eine starke Graves3-Ebene nicht durch höhere Werteebenen balanciert, dann drückt sich das starke Kraftpotential oft destruktiv aus. Fehlt es an Organisationsstruktur, Recht und Ordnung der Graves4-Ebene, dann herrscht in diesem Unternehmen das Faustrecht. Die Cowboys haben die Macht. Jeder ist auf seinen Vorteil bedacht und begehrte Verantwortlichkeiten können einem schwächeren Mitarbeiter schnell entrissen werden. Macht, Ansehen und Prestige sind die zentralen Motive. Kandidaten benötigen in solchen Unternehmen ein gesundes Selbstbewusstsein, Durchsetzungsvermögen und einen eigenen Machtinstinkt.

Graves3-Fragen zur Unternehmenskultur und zur Stellenbeschreibung

- ⋯﹥ Wie stark sollte das Durchsetzungsvermögen für die Position sein?
- ⋯﹥ Gibt es in der Unternehmens- oder Teamkultur eine Graves3-Zentrierung d.h. eine Machtorientierung?
- ⋯﹥ Wie proaktiv werden in der Position Beziehungen aufgebaut und wie stark wird die Initiative ergriffen (direkter Bezug zum Metaprogramm Proaktiv).
- ⋯﹥ Gibt es einen Sales-Anteil in der Stellenbeschreibung? Verkäufer benötigen einen hohen Graves3-Anteil, um sich im Markt zu behaupten.
- ⋯﹥ Benötigt die Position eine kämpferische Grundhaltung bzw. Führungsanspruch?

Mustererkennung

···> Einstiegs-Frage: „Wie reagieren Sie in beruflichen Situationen, wenn andere mit purer Macht die Vorherrschaft erkämpfen?" oder: „Wie reagieren Sie in beruflichen Situationen, wenn andere mit ‚Ellenbogentechnik' die Vorherrschaft erkämpfen?"

···> Vertiefungsfrage: „Haben Sie so etwas schon erlebt?"

···> Ja →: „Wie genau sind Sie mit dieser Situation umgegangen?"

···> Nein →: „Können Sie sich so eine Situation denn konkret vorstellen?"

···> Weitere Vertiefungsfrage: „Wie wichtig ist Ihrer Meinung nach im Berufsleben heutzutage das Durchsetzungsvermögen?" → Konkrete Beispiele?

···> Weitere Vertiefungsfrage: „Wie reagieren Sie auf aggressives Konkurrenzverhalten von Kollegen? Beschreiben Sie mir bitte eine konkrete Situation."

Beim Antwortverhalten geht es darum, wie gut kongruentes Selbstbewusstsein und Kraft nonverbal bei den Kandidaten zu beobachten sind!

→ Graves3-Stärke

Hat solche Situationen schon erlebt und proaktiv gemeistert. Kann konkrete Erfahrungen schildern und zeigt bei Beantwortung der Frage nonverbal Selbstbewusstsein und/oder „Kampfgeist". Nimmt die Frage an und antwortet proaktiv, d.h. mit klarer, aktiver Sprache.

→ Graves3-Schwäche

Zeigt beim Beantworten eher nonverbal Schwäche bzw. Ablehnung von Macht bzw. niedriges Selbstbewusstsein. Kann mit der Frage nicht viel anfangen, theoretisiert, antwortet inkongruent: „Ja, ja, Durchsetzungsvermögen ist wichtig."

Weitere Graves3-Frage:

„Wie bewerten Sie folgende Aussage: In Firmen ist die offizielle Organisationsstruktur oft nur Oberfläche. In Wahrheit muss man sich an die Mächtigen halten!"

Wenn der Bewerber mit dieser provokanten Aussage etwas anfangen kann, zeigt sich Graves3-Stärke. Lehnt er die Aussage emotional ab und bestreitet Machtmotive in Organisationen, zeigt dies eine Graves3-Schwäche an. Da jede Kommunikation nach Schulz von Thun auch einen Selbstoffenbarungsaspekt[31] hat, ist die obige Frage aus Unternehmensimagegründen natürlich mit Vorsicht zu gebrauchen. Personalberater können sie wahrscheinlich leichter verwenden als konzerninterne Recruiter.

---

31 Friedemann Schulz von Thun: *Miteinander reden 1 – Störungen und Klärungen. Allgemeine Psychologie der Kommunikation.* 1981.

Weitere Graves3-Frage:

„Wenn Sie Erfolg haben, möchten Sie das dann auch nach außen zeigen?"

Menschen mit starker Graves3-Ebene, auch wenn diese durch höhere Werteebenen balanciert wird, möchten Erfolg nach außen zeigen und gesellschaftlichen Status ausdrücken. Ist die Graves3-Ebene schwach, so ist dies nicht nur unwichtig, sondern wird auch emotional abgelehnt.

Weitere allgemeine Mustererkennung für Graves3-Stärke:

··❧ Wenn der Bewerber äußert, dass er in einem großen Unternehmen bzw. bei einer starken Marke arbeiten will.
··❧ Der Kandidat zeigt ein proaktives Metaprogramm:
  – er ergreift in Beziehungen die Initiative;
  – spricht in kurzen, kompakten Sätzen mit klarer, eindeutiger Satzstruktur. Spricht über sein Handeln als „Ursache", d.h. er gestaltet die Welt;
  – dynamische Körpersprache.

Der Handlungsfilter hat eine ausgeprägte Korrelation mit der Graves3-Stärke:

	Graves 8 – Eher Reflektiv
Graves 7 – Eher Reflektiv	
	Graves 6 – Eher Reflektiv
Graves 5 – Ausgeglichen	
	Graves 4 – Reflektiv
Graves 3 – Proaktiv	
	Graves 2 – Reflektiv

Abbildung 12: Der Handlungsfilter im Gravesmodell

An dieser ersten Verschränkung zwischen Metaprogrammen und Graves-Ebenen zeigt sich eine Ergänzung von Graves- und Metaprogramm-Diagnostik. Oft lassen sich aus erkannten Graves-Ebenen Metaprogramme vorhersagen bzw. aus erkannten Metaprogrammen Wertemotivatoren in den jeweiligen Graves-Ebenen prognostizieren.

Graves 4 – Organisation und Struktur

Eine gut balancierte und entwickelte Graves4-Ebene

Ab einer gewissen Größe kann ein Unternehmen nicht mehr zentral von den Gründern bzw. von einer Cowboy-Gang geführt werden. Spätestens ab 100 Mitarbeitern sind ausgeprägte Organisationsstrukturen nötig. Klare Organisationsregeln und Prozessdefinitionen geben Transparenz in der Aufbau- und Ablauforganisation. Die Verantwortlichkeiten sind klar geregelt. Vom Topmanagement aus wird konsequent Recht und Ordnung vorgelebt und es wird auf eine klare, offene und ehrliche Kommunikation Wert gelegt. Pflichtbewusstsein und Disziplin werden in der Umsetzung geschätzt. Die Organisation hat Ordnung, Qualitätsbewusstsein und Struktur. In den Beziehungen sind die unterschiedlichen Hierarchiestufen ersichtlich, d.h. die Kommunikation passt sich an, je nachdem ob mit eigenen Vorgesetzten, mit Gleichrangigen oder unterstellten Mitarbeitern kommuniziert wird. Es sei denn, die Graves6-Ebene ist gleich stark oder stärker als die Graves4-Ebene und balanciert den autoritären Aspekt der Graves4-Ebene durch das Graves6-Prinzip der Gleichheit. Eine starke Graves4-Ebene ist eine Erfolgsbasis für das ganze Unternehmen, wenn sie durch andere Graves-Ebenen balanciert wird. Bei einer starken Graves4-Ebene wird es fast immer auch eine gesunde Graves2-Ebene geben, da die Graves2-Ebene die „Mutter" aller gruppenorientierten Graves-Ebenen (4, 6, 8) ist. Wenn auch die handlungsorientierte, proaktive Graves3-Ebene stark ausgeprägt ist, dann wird die Graves4-Ebene belebt. Die Integration einer starken Graves3- und Graves4-Ebene begünstigt die rasche Ausbildung einer starken Graves5-Ebene. Eine effiziente Graves4-Organisation mit optimierten Prozessabläufen und ein gut funktionierendes Controlling bilden dann die Basis für ein zielorientiert handelndes Management (Graves5). Die Graves4-Datenbasis liefert zeitnahe Kernindikatoren für das Management, die rasches, unternehmerisches und ergebnisorientiertes Handeln (Graves5) ermöglichen.

Eine unbalancierte Graves4-Unternehmenskultur

Nimmt die Graves4-Zentrierung überhand und wird nicht durch höhere Graves-Ebenen balanciert, dann gibt es eine steile Hierarchie mit scharfen Trennlinien zwischen den Hierarchieebenen. Man verkehrt unter seinesgleichen, es gibt keine „Open Door"-Policy, d.h. Mitarbeiter können ranghohe Topmanager nicht leicht ansprechen (fehlende Graves6-Ebene). Die Kommunikation zwischen den Abteilungen ist gering. Fehlt die belebende Graves3-Stärke, dann gibt es zu wenig Macherbewusstsein und es mangelt der Organisation an Umsetzungskraft. Die Mitarbeiter sind an Weisungen gebunden und fühlen sich nicht ermächtigt, eigenständig Dinge umzusetzen.

Dies ist ein Problem von vielen Organisationen, die eine „Beamtenstruktur alten Stils" haben. Hier fehlt die starke Graves3-Ebene, um mit der Graves4-Ebene integriert eine unternehmerisch ausgerichtete, zielorientierte Graves5-Ebene zu bilden. Karrierewege sind weniger leistungsorientiert (fehlende Graves5-Ebene), sondern nur über langes „hochdienen" zu beschreiten. Es kommen hier jene Kandidaten in Frage, die sich dem Unternehmen und seinen Autoritäten unterordnen können und die Ordnung, Struktur und einem geregelten Tagesablauf den Vorzug gegenüber einer Karriere-, Leistungs- und Ergebnisorientierung geben.

Graves4-Fragen zur Unternehmenskultur und zur Stellenbeschreibung

···⟩ Graves4 ist als Grundlage zur wirtschaftlich wichtigsten Graves5-Ebene von größter Bedeutung im Recruiting.

···⟩ Benötigt der Mitarbeiter einen guten Umgang mit Organisationsregeln, Stellenbeschreibungen, Handbüchern und Prozessdefinitionen?

···⟩ Soll er zuverlässig und fleißig seine Pflicht erfüllen und sich an die vorgegebenen Prozesse und Rahmenbedingungen halten?

···⟩ Wenn beim Unternehmen die Graves4-Ebene stärker als die zielorientierte Graves5-Ebene ist, dann sollte dies auch beim Bewerber so sein. Es sei denn, man betreibt „Organisationsentwicklung durch Recruiting" und möchte das Unternehmen stärker in Richtung Graves5 entwickeln. Allerdings bedarf derartige „Organisationsentwicklung durch Recruiting"-Maßnahmen einer strategischen Einbettung und sie sollte den neuen Mitarbeitern entsprechende Perspektiven anbieten, damit diese langfristig motiviert sind.

···⟩ Erwartet man vom Bewerber, dass er sich in die Unternehmens-Hierarchie einordnet? Dies ist besonders wichtig, wenn in der Unternehmenskultur die Graves6-Ebene nicht stark ausgeprägt ist. Ist diese aber im Gegensatz zum Unternehmen beim Bewerber stark ausgeprägt, dann erwartet der Bewerber mehr „Open Door"-Policy als dies in diesem Unternehmen erwünscht ist.

···⟩ Gibt es viele Mitarbeiter mit mehr als zehn Jahren Betriebszugehörigkeit? Dies deutet auf eine starke Graves2- und Graves4-Ebene in der Unternehmenskultur.

···⟩ Verlangt die Stellenbeschreibung Graves4-Stärken: Buchhaltung, Organisation, Rechnungswesen, Controlling, Projektcontrolling, Qualitätsmanagement, Produktionsleitung etc.?

···⟩ Metaprogramm-Korrelation Motivationsgrund: „Sollen hauptsächlich bestehende Geschäftsprozesse angewendet werden?" Hier korrelieren Graves4 und der Motivationsgrund Prozedural.

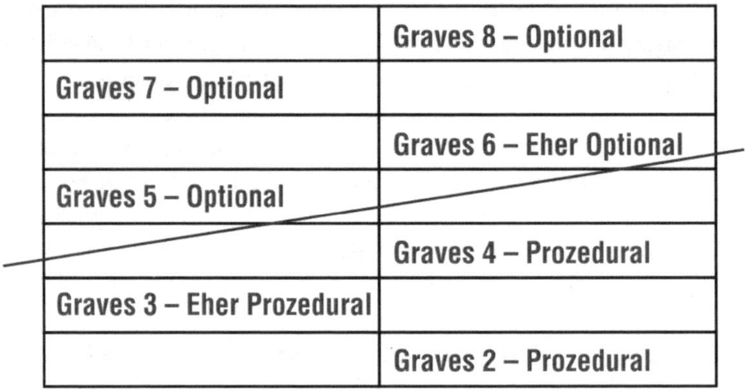

	Graves 8 – Optional
Graves 7 – Optional	
	Graves 6 – Eher Optional
Graves 5 – Optional	
	Graves 4 – Prozedural
Graves 3 – Eher Prozedural	
	Graves 2 – Prozedural

Abbildung 13: Der Motivationsgrund im Gravesmodell

Mustererkennung

⋯› *Einstiegsfrage:* „Wie wichtig sind für Sie Organisationsregeln und Vorschriften?" oder: „Was halten Sie von Regeln und Vorschriften am Arbeitsplatz?" → Vertiefungsfrage: „Nennen Sie mir konkrete Beispiele!"

⋯› *Vertiefungsfrage bei Führungskräften:* „Vertreten und kommunizieren Sie Organisationsregeln und -normen gegenüber anderen Mitarbeitern?" → Vertiefungsfrage: „Wie genau machen Sie dies? Nennen Sie mir konkrete Beispiele!"

⋯› *Gegenpositions-Check im zweifelnden Tonfall:* „Welche Berechtigung haben Ihrer Meinung nach heutzutage noch Organisationsregeln und Vorschriften für ein Unternehmen?" Hier stellt der Fragende Organisationsregeln und Vorschriften nonverbal in Zweifel und prüft die Widerstandskraft gegen diese Meinung als Indikator der Graves4-Stärke.

⋯› *Weitere Vertiefungsfrage:* „Wie reagieren Sie, wenn man Sie auf einen Fehler aufmerksam macht?" Diese Frage betrifft besonders die Balance zwischen internalen Graves3-Reaktionen und externalen Graves4-Reaktionen.

Generell trennt der Referenzfilter die gruppenzentrierten von den individuumszentrierten Graves-Ebenen:

		Graves 8 – External
Graves 7 – Internal		
		Graves 6 – External
Graves 5 – Internal		
		Graves 4 – External
Graves 3 – Internal		
		Graves 2 – External

Abbildung 14: Der Referenzfilter im Gravesmodell

→ *Graves4-Stärke*

Wichtig, antwortet mit Beziehung zu Werten wie Orientierung, Struktur, Ordnung und Sinnhaftigkeit. Kongruente Antwort. Auch wenn andere Werte wie „Zielorientierung" genannt werden, ist die Stärke der Akzeptanz das Maß für die Graves4-Stärke. Reagiert external, wenn andere ihn auf Fehler aufmerksam machen, d.h. ist offen für Feedback und möchte daraus lernen.

→ *Graves4-Schwäche*

Organisationsregeln und Vorschriften werden als Unfreiheit bzw. Hindernis zum Erfolg gesehen – oder sie werden belächelt nach dem Motto „Gib mir eine Regel und ich ändere sie/biege sie". Inkongruente und theoretisierende Antworten nach dem Motto „Ja, ja, ganz wichtig", ohne entsprechende nonverbale Aussagekraft. Das Ausmaß der fehlenden Akzeptanz ist das Maß für Graves4-Schwäche. Oft wird diese Graves4-Schwäche erst bei den Vertiefungsfragen nach den konkreten Beispielen ersichtlich. Reagiert internal und emotional, wenn andere ihn auf Fehler aufmerksam machen und kann schwerer aus Feedback lernen.

Alternative Graves4-Fragen:

⋯⋗ *Einstiegsfrage:* „Sind für Sie schon einmal unklare Vereinbarungen zum Problem geworden?"
  – „Ja" → Vertiefungsfrage: „Nennen Sie mir konkrete Beispiele."
  – „Nein" → Vertiefungsfrage: „Wie wichtig sind für Sie klare Vereinbarungen? Beispiele?"

···⟩ *Vertiefungsfrage:* „Nennen Sie mir Beispiele, wo Sie in beruflichen Situationen Klarheit geschaffen haben."
···⟩ *Einstiegsfrage:* „Was bedeutet Qualität (Stabilität etc.) für Sie?"
···⟩ *Vertiefungsfrage:* „Nennen Sie mir konkrete Beispiele."

Besonders in der Graves4-Diagnostik helfen die Korrelationsmuster zu den Metaprogrammen. Dadurch kann man, wie bereits beschrieben, die erkannten Metaprogramme mit den Informationen zu den Graves-Ebenen verschränken bzw. umgekehrt die bereits erkannten Graves-Ebenen in Bezug zu den Metaprogramm-Mustern als Arbeitshypothese übernehmen und diese dann entsprechend hinterfragen:

→ Der Richtungsfilter:

	Graves 8 – Eher Hin-Zu
Graves 7 – Eher Hin-Zu	
	Graves 6 – Ausgeglichen
Graves 5 – Hin-zu	
	Graves 4 – Weg-Von
Graves 3 – Eher Weg-Von	
	Graves 2 – Weg-Von

Abbildung 15: Die Motivationsrichtung im Gravesmodell

→ Die Informationsgröße:

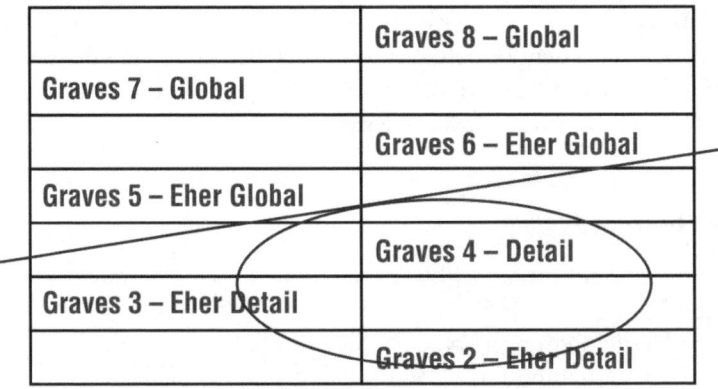

	Graves 8 – Global
Graves 7 – Global	
	Graves 6 – Eher Global
Graves 5 – Eher Global	
	Graves 4 – Detail
Graves 3 – Eher Detail	
	Graves 2 – Eher Detail

Abbildung 16: Die Informationsgröße im Gravesmodell

Graves 5 – Erfolg und Expansion

Eine gut balancierte und entwickelte Graves5-Ebene

Eine gesunde und starke Graves5-Ebene resultiert wie bereits erwähnt aus einer effektiven Integration einer kraftgebenden Graves3- und strukturgebenden Graves4-Ebene. Den Mitarbeitern ist klar, dass die individuelle und kollektive Zielerreichung im Mittelpunkt steht. Fixe Anwesenheitszeiten sind sekundär, Ergebnisse zählen. Jeder ist hochmotiviert und gibt sein Bestes, wie ein Unternehmer im Unternehmen. Es gibt ein funktionierendes Performance-Management. Spitzenleistungen werden honoriert, von einfachen finanziellen Bonifikationen bis hin zu Partner-Programmen. Das Unternehmen expandiert wirtschaftlich, Umsätze und Gewinne liegen über den Erwartungen der Stakeholder. Wird die Graves5-Ebene durch höhere Graves-Ebenen balanciert, dann steht auch dem langfristigen Erfolg nichts im Wege. Die Beziehungen sind herzlich und menschlich und das Thema Work-Life-Balance wird beachtet (Graves6-Balance). Das Backoffice, die Kennzahlen und das Controlling bieten eine solide Basis (Graves4-Balance) für neue Spitzenleistungen. Das Management investiert in die Personalentwicklung und führt eigene Führungsentwicklungsprogramme durch (Graves7). Überdies initiiert das Management ein Nachhaltigkeitsmanagement-System (Graves8-Balance), so dass Material- und Energieströme nachhaltiger gestaltet werden und der Fokus verstärkt auf globale Langfrist-Strategien gelenkt wird. Auch fördert das Management Projekte im Bereich gesellschaftlicher Verantwortung (Corporate Social Responsibility – CSR –, Graves6-Balance). Der interne und externe Imagegewinn dieser Maßnahmen stärkt die Identifikation (Graves2), den Team Spirit (Graves6) und die Mitarbeiter-Leistungsmotivation (Graves5).

Eine unbalancierte Graves5-Unternehmenskultur

Am Anfang in der Entwicklung von Graves4 nach Graves5 wird die Bürokratie abgebaut und die Hierarchie verflacht. Nimmt der Graves5-Fokus überhand und wird nicht durch höhere Graves-Ebenen balanciert, dann ist die wirtschaftliche Expansion das allein wichtige Prinzip. Jeder bringt „180 Prozent Einsatz", um den Profit zu maximieren. Langfristiges Denken tritt in den Hintergrund, es geht um den schnellen Profit (fehlende Graves7-Balance). Die nötigen Ressourcen der Umwelt werden mit hoher Geschwindigkeit ausgebeutet, ohne Rücksicht auf Ökosysteme und kommende Generationen (fehlende Graves8-Balance). Regeln und Strukturen werden gebogen, wenn es das Ergebnis erfordert (fehlende Graves4-Balance). Beziehungen werden funktionalisiert, um Karrierewege zu sichern (fehlende Graves6-Balance). Wer einen „Burnout" hat, wird ersetzt. Die Loyalität zur Führungskraft und die Identifikation mit dem Unternehmen sind gering (fehlende Graves2-Balance). Die leistungsorientierten, finanziellen Anreize und Karrieremöglichkeiten für die Mitarbeiter sind hoch. Sinn machen hier nur Kandidaten, die stark karriere- und leistungsorientiert sind und die auch mehr als 150 Prozent Leistung geben möchten.

Graves5-Fragen zur Unternehmenskultur und zur Stellenbeschreibung

···⟩ Wie stark wird eigenverantwortliches, unternehmerisches Denken in dieser Position benötigt?

···⟩ Wird der neue Mitarbeiter über Ziele geführt? Benötigt er einen optimistischen Zukunfts-Drive zum Erfolg?

···⟩ Wie hoch ist die Leistungs-, Ziel- und Ergebnisorientierung in der Position? Ist der Erfolgsdruck hoch und wird viel Leistung bzw. Erfolgsmaximierung erwartet?

···⟩ Sind Wachstumsziele ein Teil der Kernidentität des Unternehmens? Geht es um Fakten, Zahlen & Ergebnisse?

···⟩ Werden formelle Organisationsregeln und Arbeitszeitmodelle mit Anwesenheitspflicht weniger eng gesehen, im Sinne von „Wichtig sind Erfolg und Zielerreichung!"?

···⟩ Verlangt die Stellenbeschreibung Graves5-Stärken wie Verkauf, Managementposition bzw. Key-Performer mit Ergebnisverantwortung?

···⟩ Gibt es eine Metaprogramm-Korrelation mit dem Muster Hin-Zu?:
   – „Ist die Tätigkeit auf das Erreichen von Zielen konzentriert?" → Graves5, Metaprogramm Richtungsfilter: Hin-Zu.
   – „Besteht die Tätigkeit vornehmlich aus Problemlösung, Abarbeiten und/oder Kontrolle?" → Graves-Level kleiner als 5, Metaprogramm Richtungsfilter: Weg-Von.

Mustererkennung

···⟩ *Einstiegsfrage:* „Wie agieren Sie in beruflichen Situationen, wo ein intensiver Wettbewerb herrscht?"

···⟩ *Vertiefungsfrage:* „Nennen Sie mir konkrete Beispiele."

→ *Graves5-Stärke:*

Wird durch die Frage energetisiert, hat eine proaktive und leistungsorientierte Einstellung: „Wettbewerb belebt das Geschäft", glaubt an sich und an seine Möglichkeiten, erfolgreich zu sein, Bereitschaft mehr als 150 Prozent zu geben.

→ *Graves5-Schwäche:*

Wird durch die Frage geschwächt, geht in eine Stressphysiologie, glaubt unbewusst: „Viel Wettbewerb reduziert meine Aussicht auf Erfolg", zweifelt an sich und an seinen

Möglichkeiten erfolgreich zu sein, Bereitschaft mehr als 100 Prozent zu geben nicht vorhanden.

Sehr hilfreich in der Graves5-Diagnostik beim Recruiting für wirtschaftliche Unternehmen ist auch die Thematisierung von Führung, z.B. durch folgende Multi-Level-Frage:

··⟩ *Einstiegsfrage:* „Was ist Ihnen in Bezug auf Ihre Führungskraft wichtig?" → <Werte X ,Y, Z>

··⟩ *Vertiefungsfrage:* „Nennen Sie mir konkrete Situationen ...?"

→ *Graves5-Stärke:*

Möchte in der Beziehung zur Führungskraft eine grundlegende Ziel- und Erfolgsorientierung. Möchte durch Ziele geführt werden. Erwartet sich eine ergebnis- und leistungsorientierte Förderung. Erwartet einen kooperativen Führungsstil: enge Beziehung, hohe Sachorientierung.

→ *Graves5-Schwäche:*

Die Erwartungen liegen auf anderen Graves-Ebenen:

··⟩ Graves3: eine starke Führungskraft, eine Führungspersönlichkeit mit Durchsetzungskraft, die „auch mal auf den Tisch hauen kann";

··⟩ Graves4: z.B. Feedback bekommen, Führungskraft soll sich um den Mitarbeiter kümmern, Offenheit/Wahrheit, Loyalität, korrekte Beziehung – nicht zu persönlich, Führungskraft soll auch Autorität personifizieren können;

··⟩ Graves6: menschliche Beziehungsqualität, Offenheit Gefühle auszusprechen, harmonische Beziehung, Mentorqualitäten, partizipatorische Führung;

··⟩ Graves7: Freiheit und Selbstorganisation, Fokus auf Persönlichkeitsentwicklung und Lernen, Delegations-Stil.

Zu der Beziehung von Führungsstil und Graves-Ebenen siehe auch das Kapitel „Die globale Führungskultur". Je weniger Graves5-Werte im Kontext Führung angesprochen werden, desto eher liegt eine Graves5-Schwäche vor. Dies kann vor dem Hintergrund verstanden werden, dass bei den meisten wirtschaftlichen Unternehmen und Organisationen die Graves5-Ebene das Wertezentrum bildet.

Eine alternative Graves5-Frage:

··⟩ *Einstiegsfrage:* „Woran erkennt man bei Mitarbeitern unternehmerisches Denken?"

··⟩ *Vertiefungsfrage:* „Können Sie mir konkrete Situationen schildern, wo Sie unternehmerisch agiert haben?"

→ **Graves5-Stärke:**

Steigt auf die Frage ein, viele konkrete Situationen.

→ **Graves5-Schwäche:**

Kann mit der Frage nichts anfangen, keine konkreten Situationen, inkongruente Antworten, unpersönliches Theoretisieren.

Weitere Graves5-Fragen:

···ᐅ „Haben Sie in Ihrer bisherigen Position dazu beigetragen, die Produktivität, den Umsatz oder den Gewinn Ihres Unternehmens zu steigern?" → Vertiefungsfrage: „Wo liegen hierbei Ihre größten Erfolge?"

···ᐅ „In welchen Bereichen bewerten Sie Ihre Leistungen als überdurchschnittlich? Wo sind Sie besser als andere?" → Konkrete Beispiele!

···ᐅ „Wie sehen Sie Ihre berufliche Zukunft?"

  – Graves5-Fokus: nimmt Frage emotional an, antwortet pragmatisch und konkret, karriereorientiert, antwortet im Zeitrahmen mit einem Fokus von 1 bis 3 Jahren;

  – Graves7-Fokus: nimmt Frage emotional an, antwortet abstrakt und global, langfristig, antwortet z.B. im Zeitrahmen mit einem Fokus von 3 bis 10 Jahren;

  – Graves 2-, 3-, 4-, 6-Fokus: kein echtes Interesse an Frage, theoretisiert, antwortet mit allgemeinen Formulierungen bzw. kein echter Zukunftsfokus.

Graves 6 – Beziehung und Team

Eine gut balancierte und entwickelte Graves6-Ebene

In diesem Unternehmen gibt es eine hohe Beziehungsqualität und ein starkes Gruppen-Wir-Gefühl. Die Führungskräfte legen viel Wert auf die Beziehungsebene und nehmen sich Zeit für die Mitarbeiter-Jahresgespräche. In den Jahresgesprächen nimmt die Beziehungsebene einen zentralen Stellenwert ein. Die Aufgabe der Führungskräfte ist es, das Gruppen-Wir-Gefühl in den Teams weiter zu stärken und einen Rahmen für die Entwicklungsprozesse bereitzustellen. In vielen Bereichen ist Teamarbeit der primäre Arbeitsstil. „Collaboration" (Zusammenarbeit) ist ein zentrales Zauberwort. Fach- und Führungskräfte sind vom Ansehen fast gleichgestellt. Bei Entscheidungen auf Abteilungsebene wirken die Führungskräfte eher als Moderatoren. In Teams entscheiden oft die jeweils Themen-verantwortlichen Spezialisten. Diese hoch entwickelte Graves6-Unternehmenskultur bietet das menschliche Fundament für ein „Lernendes Unternehmen"[32] (Graves7-Unternehmen), wenn die Graves6-Kultur durch die niederen, vitaleren Graves-Ebenen gestützt wird. Durch eine gesunde Graves2-Ebene ist der Zusammenhalt stark. Die Mitarbeiter sind stolz, Teil dieses Unternehmens zu sein und identifizieren sich mit ihm. Es gibt im Unternehmen starke Graves3-Macherkräfte, die proaktiv Sales-Projekte umsetzen und das Unternehmen am Markt präsent machen. Es gibt eine schlanke aber effektive Graves4-Verwaltung, die alle relevanten Kennzahlen den Entscheidungsteams zur Verfügung stellt. In den meisten wirtschaftlichen Unternehmen ist auch bei starker Graves6-Ebene doch die Graves5-Ebene das Wertezentrum, d.h. die unternehmerische Ausrichtung auf Markt-Strategie, Ergebnisse, Wachstum und Wohlstand bietet die Basis, auf der sich eine hochentwickelte Graves6-Kultur, wie oben beschrieben, entwickeln kann. Benötigt werden hier Kandidaten mit hoher Team- und Beziehungskompetenz. Wichtig ist dabei besonders, dass bei den Kandidaten die stark ausgeprägten menschlichen Werte durch ein solides Fundament (Graves4 und Graves5) gestützt werden. Unrealistisch idealistische Bewerber mit fehlendem „Bodenkontakt" sind auch in Graves6-zentrierten Organisationen eine Fehlbesetzung.

Eine unbalancierte Graves6-Unternehmenskultur

Wenn bei einer Organisation die Graves6-Ebene so zentral ist und gleichzeitig die anderen Graves-Ebenen nur ungenügend balancieren, dann wird die Gesamt-Performance der Organisation schwach sein. Leistungsorientierte Motivationen wurden abgebaut, da sie den Individualismus fördern. Durch die fehlende Balance zu den vitalen

---

32 Peter M. Senge: *Die fünfte Disziplin: Kunst und Praxis der lernenden Organisation.* 1990.

Graves3- und Graves5-Ebenen sind die Ausrichtung auf Ziele und die Umsetzungskraft reduziert. Ist Graves4 schwach ausgeprägt, dann wird eventuell ein „Management by Chaos" praktiziert. Für reine Graves6-Organisationen wird sicherlich seltener Personal gesucht.

Graves6-Fragen zur Unternehmenskultur und zur Stellenbeschreibung

···⟩ Wie wichtig ist emotionale und soziale Kompetenz?
···⟩ Wie stark besteht die Führungsaufgabe darin, ein Team als Ganzes zu motivieren und zu führen?
···⟩ Wie stark sind Führungskräfte in Moderations-Funktionen tätig und ist es ihre Aufgabe, einen Gruppenkonsens herzustellen?
···⟩ Wie hoch sind für die vakante Position die Personenorientierung im Metaprogramm Arbeitsorganisation und die Ausprägung „Kooperativ" im Metaprogramm Arbeitsmodus?

Mustererkennung

···⟩ *Einstiegsfrage:* „Woran erkennen Sie im Team ein gut ausgeprägtes Gemeinschaftsgefühl?" → „Konkrete Erfahrungen?"
···⟩ *Vertiefungsfrage:* „Wie kann das Gemeinschaftsgefühl im Team gestärkt werden?" → „Konkrete Beispiele?"
···⟩ *Alternative Einstiegsfrage:* „Wie wichtig ist es für Sie persönlich, dass sich ein Team gut untereinander versteht?" → „Konkrete Beispiele?"
···⟩ *Alternative Einstiegsfrage:* „Was ist für Sie wichtiger: das Gemeinschaftsgefühl im Team oder die Persönlichkeit der Führungskraft?" → „Konkrete Erfahrungen?"

→ *Graves6-Stärke:*

Gemeinschaftsgefühl ist wichtiger als Führungskraft, zeigt eine hohe Bewertung des Gemeinschaftsgefühls, hat viele konkrete Erfahrungen für ein gut ausgeprägtes Gemeinschaftsgefühl und weiß, wie dieses zu verbessern ist. Gefühle sind wichtig/essentiell. Ihm ist es sehr wichtig, dass sich ein Team gut untereinander versteht, d.h. er steigt auf diese Frage emotional ein und verstärkt diese und geht auf andere Graves6-Werte ein.

→ *Graves6-Schwäche:*

Die gute Führungspersönlichkeit ist wichtiger, keine kongruente, hohe Bewertung für das Gemeinschaftsgefühl, wenig konkrete Erfahrungen und Stärkungsvorschläge, theoretisiert, in den konkreten Erfahrungen zeigen sich andere Graves-Levels (z. B. 4, 5, 7). Ihm ist es nicht besonders wichtig, dass sich ein Team gut untereinander versteht, d. h. er steigt auf diese Frage nicht emotional ein, antwortet nur kurz, unpersönlich und theoretisch („Ja, ja, ist wichtig.") bzw. relativiert die Wichtigkeit durch Werte anderer Graves-Ebenen.

Weitere Graves 6-Fragen:

⋯⟩ „Gibt es Situationen, wo es für eine Führungskraft wichtig ist, einfühlsam und gefühlvoll zu sein?"

⋯⟩ „Was bedeutet für Sie das Prinzip Gleichheit im beruflichen Kontext?" (dominiert Graves3 oder -4 über Graves6?) oder die gleiche Thematik als

⋯⟩ Gegenpositionscheck: „Ist das Prinzip der Gleichheit in Wirtschaftsorganisationen nicht eine Illusion?"

Auch in der Graves6-Diagnostik spielt die Korrelation zu den Metaprogrammen Arbeitsmodus und Arbeitsorganisation eine hilfreiche Rolle.

In der Arbeitsorganisation ist die Personenorientierung mit dem Fokus auf Menschen und deren persönliche Gedanken und Gefühle auf der Graves6-Ebene am stärksten:

	Graves 8 – Personen- und Systemorientierung
Graves 7 – Systemorientierung	
	Graves 6 – Personenorientierung
Graves 5 – Objektorientierung	
	Graves 4 – Eher Objektorientierung
Graves 3 – Objektorientierung	
	Graves 2 – Eher Personenorientierung

Abbildung 17: Die Arbeitsorganisation im Gravesmodell

Im Arbeitsmodus zeigt sich die Ausprägung „Kooperativ" am stärksten auf der Graves2- und der Graves6-Ebene:

		Graves 8 – Kooperativ
Graves 7 – Beteiligung		
		Graves 6 – Kooperativ
Graves 5 – Beteiligung		
		Graves 4 – Kooperative Anteile
Graves 3 – Beteiligung		
		Graves 2 – Kooperativ

Abbildung 18: Der Arbeitsmodus im Gravesmodell

Graves 7 – Lernende Organisationen

Eine gut balancierte und entwickelte Graves7-Ebene

In den meisten Fällen von erfolgreichen „Lernenden Unternehmen" findet sich eine starke Graves5-, Graves6- und Graves7-Ebene. Oft sind diese drei Ebenen gleich stark entwickelt und ergänzen einander. Die Lernprozesse der Organisation orientieren sich stark an den Marktbedürfnissen (Graves5-Balance). Die hohe Flexibilität und Wandlungsfähigkeit bedeutet für die Organisation einen starken Wettbewerbsvorteil. Marktnähe, innovative Lösungen und kundenorientiertes Denken und Fühlen (Graves6-Balance) haben das Unternehmen weit über die nationalen Grenzen hinaus bekannt gemacht.

Die Mitarbeiter sind durch intensive persönliche Beziehungen untereinander vernetzt und nehmen sich als eine Gemeinschaft wahr, die sich durch menschliche Werte verbunden fühlt (Graves6-Balance). Dadurch unterstützt die Unternehmenskultur den freien Fluss des Wissens, da Wissen nicht mehr so intensiv mit Macht verbunden ist wie bei Graves3-, 4-, 5-zentrierten Unternehmen. So kann Wissensmanagement effektiv implementiert werden und in diesem Unternehmen werden neue Ansätze kreativ in die Geschäftsprozesse integriert.

Eine unbalancierte Graves7-Unternehmenskultur

Ein Mensch mit starker Graves7-Ebene ohne Balance zu den vitalen, niederen Graves-Ebenen wirkt wie ein abgehobener Philosoph, der das tägliche Leben nicht bewältigt. Wenn bei einem Unternehmen die Graves7-Ebene stark und nicht balanciert ist, dann ist das Unternehmen eventuell ein rein virtuelles Unternehmen. Alle sind miteinander über Internet, VPN, eMail- und Messenger-Systeme vernetzt. Wissensmanagement ist ein zentrales Schlagwort. Räumliche Nähe oder persönliche Kontakte ergeben sich eher zufällig. Das Hauptprodukt ist reines Wissen. Mit dessen effizienter Vermarktung beschäftigt sich niemand, da die „Informations-Junkies" (Mitarbeiter) dafür keine Zeit haben und sich doch nicht „mit Sales abgeben". Denn deren persönlicher Fokus liegt auf eigener Weiterentwicklung und auf den neuesten Konzepten und Ansätzen zur Verbesserung der Menschheit. Es gibt kein Backoffice (Graves4) und die Geschäftsprozesse, wenn man sie so nennen kann, sind chaotisch. Der finanzielle Wohlstand (Graves5) wird auf sich warten lassen und auch die Identifikation mit diesem Unternehmen (Graves2) wird schwach sein.

Graves7-Fragen zur Unternehmenskultur und zur Stellenbeschreibung

···} In welchem Ausmaß ist das Unternehmen eine lernende Organisation? Wie flexibel werden Strukturen verändert und weiterentwickelt? Wie strategisch ist die Personal- und Organisationsentwicklung verankert?

···} Existieren ein funktionierendes Wissensmanagement und ein freier Informationsfluss der Organisationsmitglieder untereinander? (Im Gegensatz zum Zurückhalten von Informationen und Know-how: „Wissen ist Macht")

···} Sind die „Produkte" bzw. Dienstleistungen der Organisation weniger materiell als ideell und abstrakt, wie z.B. bei Internetfirmen und Consulting?

···} Ist „Wissen" das Produkt, wie z.B. Consulting, Verlage, Wissenschaft?

···} Besteht die Stellenbeschreibung aus Führungszielen, in denen die Persönlichkeit der Mitarbeiter systematisch entwickelt werden soll, um diese z.B. auf größere Aufgaben vorzubereiten?

···} Verlangt das Stellenprofil Graves7-Stärken? (Management, Personalentwickler, Trainer, Coach & Berater)

···} Ist Coaching-Know-how Teil der Stellenbeschreibung?

···} Ist es Teil des Stellenprofils, verschiedene Ebenen einer Organisation systemisch durch größere Changeprozesse zu begleiten?

Mustererkennung

···} *Einstiegsfrage:* „Stellen Sie sich eine berufliche Situation vor, in der Sie jemand um Rat fragt. Wie gehen Sie vor, wenn Sie jemanden beraten? Worauf achten Sie?"

···} *Vertiefungsfrage:* „Können Sie mir ein konkretes Beispiel aus Ihrer Erfahrung nennen?"

→ Graves7-Stärke:

Fragt viel, z.B. in den genannten Beispielen nach Zielen des/der anderen und was ihm/ihnen wichtig ist, leitet über ziel- und lösungsorientierte Fragen die/den anderen zu ihrer/seiner eigenen Lösung; arbeitet mit Vorannahmen wie: Die Landkarte ist nicht das Gebiet, d.h. er unterscheidet zwischen subjektiver Weltsicht des/der anderen und dem realen Problem.

→ Graves7-Schwäche:

Gibt in den genannten Beispielen konkrete Ratschläge, geht er in der Beratung problemorientiert vor, geht in die Expertenrolle und sucht die Lösung durch eigenes Denken, d.h. fragt wenig.

Weitere Graves7-Fragen:

···⟩ Einstiegsfrage: „Woran erkennen Sie bei sich Persönlichkeitsentwicklung?"

···⟩ Vertiefungsfrage: „Können Sie mir ein konkretes Beispiel nennen?"

···⟩ Weitere Vertiefungsfrage: „Wie ist dies für Sie beruflich relevant?"

···⟩ Weitere Vertiefungsfrage: „Ist Ihnen Persönlichkeitsentwicklung wichtig im Vergleich zu anderen Dingen, die Ihnen beruflich wichtig sind?"

→ Graves7-Stärke:

Nimmt Frage emotional/nonverbal an. Antwortet ausführlich, insofern ihm Persönlichkeits-Entwicklung wichtig und für ihn motivierend ist. Emotionale Beteiligung beim Thema. Persönlichkeits-Entwicklung wird bewusst angestrebt. Konkrete kongruente Erfahrungsberichte. Nennt andere Graves7-Werte.

→ Graves7-Schwäche:

Kann mit dem Wort Persönlichkeits-Entwicklung nicht wirklich etwas anfangen bzw. hat es eine eher nachgeordnete Bedeutung. Zeigt keine emotionale Motivation bei dem Thema. Persönlichkeits-Entwicklung ist kein Thema des bewussten Interesses, sondern „es passiert einfach". Er kann keine konkreten Erfahrungen nennen oder muss dafür lange nachdenken. Antwortet mit Werten von anderen Graves-Ebenen.

Weitere Graves7-Fragen:

···⟩ „Was bedeutet es für Sie, Dinge systemisch zu sehen?" → „Konkrete Erfahrungen, wo dies sinnvoll war?"

···⟩ „Was bedeutet für Sie Kompetenzentwicklung?" → Beispiele

Graves 8 – Nachhaltigkeit

Sicherlich ist die Graves8-Ebene noch kein großes Thema für das Recruiting. Einzig das Thema Nachhaltigkeit und Nachhaltigkeitsmanagement (siehe auch das Kapitel 11: „CSR und Nachhaltigkeit rechnen sich") ist mittlerweile ein Thema in großen Konzernen. Ist hier bei den Kandidaten wirklich Graves8-Stärke wichtig, kann diese über die Thematisierung des Nachhaltigkeits-Begriffs erhoben werden. Allerdings unterscheiden sich echte Graves8-Werte in erster Linie auf der Gefühlsebene von globalen, systemischen Graves7-Gedanken, es geht um das ganzheitliche und globale Zugehörigkeitsgefühl zum Planeten Erde. Das Wort „nachhaltig" wird gerne auch in anderen Kontexten verwendet, wie z.B. „nachhaltige Umsatzsteigerung". In diesen Fällen wird „Nachhaltigkeit" zu einem Synonym für „langfristige Umsatzsteigerung durch systemische Veränderungen", wird also eher in einem Graves7/Graves5-Sinne benutzt. Graves8-Stärke zeigt sich deshalb u.a. darin, inwieweit der Begriff Nachhaltigkeit ganzheitlich, gefühlvoll und global verstanden wird – z.B.: „Nachhaltig ist jetzt all das, was für viele Jahrzehnte und Jahrhunderte unserem Planeten gut tun wird."

Mustererkennung

···⟩ Einstiegsfrage: „Was bedeutet für Sie Nachhaltigkeit?" → „Wie definieren Sie echte Nachhaltigkeit?"
···⟩ Vertiefungsfrage: Beispiele/Erfahrungen

→ *Graves8-Stärke:*

Versteht „nachhaltig" global; reagiert emotional auf die Frage und hat konkrete Erfahrungen. Nachhaltigkeit ist für ihn auch nonverbal deutlich eine emotionale Kraft, die zum verantwortlichen Handeln motiviert. Er zeigt altruistische und globale Gefühle und bringt einen Bezug zu anderen Graves8-Werten. Er erkennt Interessen außerhalb der Menschheit an (Menschen mit Graves8-Schwäche verstehen diesen Satz nur schwer). Er übernimmt global Verantwortung.

→ *Graves8-Schwäche:*

Versteht das Wort „nachhaltig" nicht oder nicht im Sinne von „langfristig ökonomisch erfolgreich"; reagiert mit Unverständnis, kein emotionales Interesse, theoretisiert, keine konkreten Erfahrungen, kein langfristig-globaler Fokus, antwortet mit Werten anderer Graves-Ebenen, z.B. Graves7-Werten. Antwortet anthropozentrisch, d.h. sieht den Menschen als Mittelpunkt der Welt und er erkennt keine Interessen außerhalb der Menschheit an.

Die Werte-Hierarchie und die Zwei-Hände-Fragetechnik

Zum Repertoire der Interview-Fragetechniken gehört auch die Zwei-Hände-Technik. Mit dieser Fragetechnik kann gut die Balance zwischen zwei Graves-Ebenen untersucht werden, z.B. die Balance zwischen Graves6 und Graves7:

„Welchen Job würden Sie eher wählen: Einen Job mit gutem Gemeinschaftsgefühl, aber wenig Freiraum für Weiterentwicklung (symbolisiert durch eine ausgestreckte Hand) oder einen Job mit gutem Freiraum für Weiterentwicklung, aber wenig Gemeinschaftsgefühl (symbolisiert durch die ausgestreckte andere Hand). Wenn Sie sich jetzt entscheiden müssten, welchen Job würden Sie wählen und welchen würden Sie loslassen?"

Am besten sind für die Werte die Originalformulierungen zu verwenden, die der Bewerber bereits auf die Werte-Einstiegsfrage „Was ist Ihnen in der Arbeit wichtig?" genannt hat. Hier ein anderes Beispiel für die Balance zwischen Graves4 und Graves5:

„Welchen Job würden Sie eher wählen: Einen Job, wo Sie über Ziele geführt werden, aber ohne klare Vereinbarungen oder einen Job mit klaren Vereinbarungen, wo Sie aber nicht durch Ziele geführt werden. Wenn Sie sich jetzt entscheiden müssten, welchen Job würden Sie wählen und welchen würden Sie loslassen?"

Das Wording „A und nicht B oder B und nicht A" hilft dem Bewerber, Zugang zu der möglicherweise unbewussten Werte-Hierarchie zu finden. Wenn die Frage einfach lautet: „Was ist Ihnen wichtiger im Job: Freiraum für Weiterentwicklung oder das Gemeinschaftsgefühl?", besteht viel eher die Gefahr, dass der Bewerber intellektuell eine Wahl trifft, die nicht mit der unbewussten Werte-Hierarchie übereinstimmt bzw., dass er nach vermuteter Erwünschtheit antwortet. Das Frageformat „A und nicht B oder B und nicht A" hat einen höheren diagnostischen Wert.

Im Coaching kann auch die komplette Werte-Hierarchie erarbeitet werden. Dies ist im Recruiting-Prozess nicht zielführend bzw. auch nicht so einfach möglich, da es dabei einer gewissen Offenheit auf Seiten des Gecoachten bedarf.

Hier das entsprechende Coaching-Format:

→ 1. Sammeln der Werte-Liste

Der Coach fragt: „Was ist Ihnen in der Arbeit wichtig?" und schreibt alle Antworten unsortiert in eine Liste. Wenn die Liste „rund" ist und alle wichtigen Werte vertreten sind, beginnt die Sortierung mit der Zwei-Händetechnik.

➜ *2. Sortierung*

Die obersten beiden Werte der Liste werden verglichen: „Hier ein Job mit A, aber nicht B, und hier ein Job mit B, aber nicht A. Was ist Ihnen wichtiger? Welchen würden Sie wählen? Was würden Sie loslassen?" Der wichtigere Wert, hier z.B. Wert A, ist der aktuelle Favorit, der nun mit anderen Werten unten auf der Liste mit der Zwei-Hände-Technik verglichen wird, z.B. mit Wert C. Ist nun C wichtiger als A, dann ist automatisch C auch wichtiger als B, da die Werte eine Hierarchie bilden. C ist nun der aktuelle Favorit, der mit anderen Werten unten auf der Liste mit der Zwei-Hände-Technik verglichen wird. Hat es ein Favorit geschafft, dass er der wichtigste Wert der gesamten Liste ist, wird er aus der Liste herausgenommen und bekommt den ersten Platz. Jetzt nimmt man den Favoriten, der vor der Nr. 1 der aktuelle Favorit war, und vergleicht ihn mit den anderen Werten, bis die Nr. 2 gefunden ist. So kann die ganze Wertehierarchie ermittelt werden, wobei die Reihenfolge oft eine Überraschung ist.

Einwandsbehandlung, um den Prozess im Fluss zu halten

Einwand: Wert A & B hängen zusammen, das kann man nicht trennen.
Lösung: Wenn A & B wirklich identisch sind, kann man diese zu einem Wert verschmelzen. Ansonsten hilft folgender Denkrahmen: „Ok, im Idealfall haben Sie in einer Arbeitsstelle alle Werte zusammen und optimal erfüllt, d.h. wir trennen die Werte, die eigentlich zusammengehören, hier nur künstlich, um herauszufinden, wie die Hierarchie ist. Tun Sie einfach mal so, als ob Sie sich entscheiden könnten. Wenn Sie sich entscheiden könnten, was wäre Ihnen wichtiger: A ohne B oder B ohne A?" Oder einfacher: „Tun Sie mal so, als ob Sie die Werte trennen könnten, nur so, um herauszufinden, was wichtig ist."

➜ *Beispiel:*

Eine junge Architektin wird gefragt, was ihr eigentlich in Ihrer Arbeit wichtig ist. Zuerst werden die Werte als Liste gesammelt:
⋯➤ Zielorientierung;
⋯➤ klare Vereinbarungen;
⋯➤ sinnvolle Projekte;
⋯➤ eine gute Beziehung zum Auftraggeber;
⋯➤ gute Bezahlung.

Coach: „Ok, im Idealfall haben Sie in einem Projekt alle Werte zusammen und optimal erfüllt. Wir werden jetzt die Werte künstlich trennen, die eigentlich zusammengehören, nur um herauszufinden, wie die Hierarchie ist. Ok.?"
Architektin: „Ok."

Coach: „Also, meine erste Frage lautet: Hier habe ich (linke Hand) ein Projekt, wo Zielorientierung voll und ganz erfüllt ist, aber es gibt keine klaren Vereinbarungen. Und hier habe ich (rechte Hand) ein Projekt, wo es klare Vereinbarungen gibt, aber der Wert Zielvereinbarungen für Sie nicht erfüllt ist. Was ist Ihnen wichtiger? Was würden Sie wählen? Was würden Sie loslassen?"

Architektin: „Hm, also, da sind mir klare Vereinbarungen wichtiger."

Als Nächstes werden „klare Vereinbarungen" mit „sinnvolle Projekte" verglichen und bei dieser Frage waren ihr „sinnvolle Projekte" wichtiger. Damit wurden „sinnvolle Projekte" zum neuen Favoriten und man kann davon ausgehen, dass „sinnvolle Projekte" auch wichtiger sind als der Wert „Zielorientierung", da Werte eine Hierarchie bilden. In weiterer Folge zeigte sich, dass „sinnvolle Projekte" auch wichtiger sind als „eine gute Beziehung zum Auftraggeber" und auch wichtiger als eine „gute Bezahlung". Damit sind die „sinnvollen Projekte" die Nr. 1 der Werteliste. Als Nächstes geht der Coach zurück zum vorherigen Favoriten „klare Vereinbarungen", ein Wert, den er ja nicht mehr mit dem Wert „Zielvereinbarung" vergleichen muss, da dies bereits erfolgt ist. Daher vergleicht er nun die „klaren Vereinbarungen" mit der „guten Beziehung zum Auftraggeber", wobei die Beziehung sich als wichtiger herausstellt. Da die Beziehung auch wichtiger als die Bezahlung ist, ist die „gute Beziehung zum Auftraggeber" der Wert Nr. 2 in der Wertehierarchie. Wieder geht der Coach zurück zum vorherigen Favoriten, zum Wert „klare Vereinbarungen", den er jetzt nur noch mit dem Wert „gute Bezahlung" zu vergleichen braucht. Da in diesem Fall die Bezahlung wichtiger ist, ist nun die gesamte Werte-Hierarchie sichtbar:

1. sinnvolle Projekte;
2. eine gute Beziehung zum Auftraggeber;
3. gute Bezahlung;
4. klare Vereinbarungen;
5. Zielorientierung.

Diese Reihenfolge kann nun in einem Abschluss-Statement zusammengefasst werden:

Coach: „Ihnen ist also besonders wichtig, dass Ihre Projekte sinnvoll sind und dass Sie eine gute Beziehung zum Auftraggeber haben. Und dann ist Ihnen auch wichtig, dass Sie gut bezahlt werden, dass klare Vereinbarungen getroffen werden und dass Sie in Ihren Projekten mit einer gewissen Zielorientierung arbeiten können."

Architektin: „Ja, genau!"

Besonders im Karriere-Coaching ist die Bestimmung der Wertehierarchie im beruflichen Kontext sehr wertvoll. Im Anschluss können auch aktuelle oder frühere Arbeitgeber bzw. berufliche Positionen auf einer 10er-Skala eingeschätzt werden.

Coach: „Nehmen wir Ihre letzten drei Projekte. Wie stark war der entsprechende Wert in dem jeweiligen Projekt verwirklicht? Nehmen wir eine Skala von 1 = „fast gar nicht" bis 10 = „besser geht es nicht mehr".

Es ergibt sich z.B. folgende Matrix:

	Projekt A	Projekt B	Projekt C
sinnvolle Projekte	9	5	3
gute Beziehung zum Auftraggeber	4	10	3
gute Bezahlung	2	8	10
klare Vereinbarungen	2	5	9
Zielorientierung	2	7	7

Tabelle 7: **Werteerfüllungs-Matrix**

Die Analyse mit Werte-Hierarchie und Skalen-Einschätzung ergibt in Zukunft für die Architektin eine wertvolle Methode, potentielle Projektoptionen einzuschätzen.

Positionsanalyse mit dem Gravesmodell

Ebenso wie mit den Metaprogrammen die vakanten Positionen auf der Verhaltens- und der Fähigkeiten-Ebene gut definiert werden, können mit dem Gravesmodell die Positionsprofile gut auf der Werte- und Einstellungsebene modelliert werden.

→ *Folgende Fragestellungen sind hierbei zielführend:*
⋯⋗ Wie sind die Unternehmens-, Abteilungs- und Teamkultur, für die Personal gesucht wird? Wo liegen die Graves-Motivatoren bei der zukünftigen Führungskraft?
⋯⋗ Welche Graves-Ebenen sind auf der jeweiligen Organisationseinheit stark ausgeprägt? Welche Graves-Ebenen sind schwach entwickelt?
⋯⋗ Wo fehlen die schwachen Ebenen in der Balance?
⋯⋗ Wo zeigen sich die starken Ebenen als Balance-Faktoren?
⋯⋗ Wo liegen die Potentiale?

Für interne Personalverantwortliche bedeuten diese Fragen natürlich eine „Nabelschau" und oft behindert eine gewisse Betriebsblindheit den klaren Blick auf die wahren Bedürfnisse. In einer groben Vereinfachung kann man zwischen Graves5-, -6-, -7-Unternehmen und Graves3-, -4-, -5-Unternehmen unterscheiden. Hierbei ist die Graves6-Ebene oft ein guter Indikator. Ist diese Ebene stark ausgeprägt, gehört das Unternehmen wahrscheinlich in die Klassen der Graves5-, -6-, -7-Unternehmen, sonst eher in die Klassen der Graves3-, -4-, -5-Unternehmen.

Die konkrete Frage, die sich bei jeder Position erneut stellt, ist die Frage nach dem konkreten Positionsprofil: Wie ist das Positionsprofil bzw. die Stellenbeschreibung? Welche Graves-Stärken sind neben den wichtigen Metaprogrammen noch wichtig?

Hier die wichtigsten Job-Templates, ergänzt mit den Graves-Ebenen:

→ *Verkauf:*
⋯⋗ Proaktiv, Prozedural, External, Hin-Zu, Matching;
⋯⋗ Objektbezug bringt Abschlussstärke;
⋯⋗ Graves3- und Graves5-Stärke;
⋯⋗ Graves4-Stärke verbessert die Systematik in der Umsetzung.

→ *Führungskraft:*
⋯⋗ ausgeglichen Proaktiv und Reflektiv, Internal, Matching, Global, Beteiligung, Hin-Zu;
⋯⋗ Graves5- und Graves4-Stärke.

⋯⟩ Hier ist eine Graves-Breite optimal, d.h. die positiven Eigenschaften von möglichst vielen, zusammenhängenden Graves-Ebenen gleichzeitig entwickelt zu haben.

→ Qualitätskontrolle:

⋯⟩ Weg-Von, Mismatching, Prozedural, Detail, eher Internal;

⋯⟩ Graves4-Stärke.

→ Beraterpersönlichkeit:

⋯⟩ Proaktiv, Hin-Zu, eventuell in Kombination mit Mismatching; Optional, External; in der Strategieberatung Global; in der Umsetzungsberatung auch Detail und Prozedural;

⋯⟩ starke Graves5-, -6-, -7-Ebenen.

→ Politiker:

⋯⟩ eher Hin-Zu, auch Weg-Von (z.B. 60% Hin-Zu zu 40% Weg-Von);

⋯⟩ ausgeglichen Proaktiv und Reflektiv;

⋯⟩ eher Internal;

⋯⟩ eher Optional;

⋯⟩ Global;

⋯⟩ Graves7,- 5- und Graves4-Stärke, Graves-Breite.

→ Gewerbliche Positionen:

⋯⟩ Proaktiv;

⋯⟩ Graves3-Stärke, aber noch höhere Graves4-Stärke.

→ Helfer-Positionen oder einfache Angestelltentätigkeiten ohne direkte Ergebnisverantwortung:

⋯⟩ External, Prozedural;

⋯⟩ Graves4-Stärke.

Sales-Potentialanalysen: Farmer und Hunter

Eine besondere Anwendung der Graves- und Metaprogramm-Diagnostik ist die Potentialanalyse in Auswahlprojekten für Verkaufspositionen. Diese Potentialdiagnose kann z.B. durch webbasierte Personaldiagnostik, Interviewfragetechnik und/oder Auswahl-Assessment-Center umgesetzt werden. Das Ziel einer Sales-Potentialanalyse ist es, Verkaufspersönlichkeiten unter den Bewerbern bzw. Mitarbeitern zu erkennen. Jede Verkaufsposition ist einzigartig und gleichzeitig haben alle Verkaufsaufgaben auch etwas Gemeinsames. Der Verkaufskontext spielt hierbei eine gewisse Rolle. Der Verkauf von Luxusgütern an die „oberen Zehntausend" erfordert andere kommunikative Fähigkeiten als die Verkaufsberatung bei Finanzdienstleitungen oder der Projektverkauf in der Baubranche. Eine pragmatische Klassifizierung von Verkaufspositionen ist die Einteilung in Farmer-Position und Hunter-Position, die wie folgt definiert sind:

Farmer

Die Aufgaben des Farmers bestehen primär im Ausbau bestehender Kundenbeziehungen. Er setzt verstärkt auf persönliche Beziehungen, pflegt den Kontakt zu seinen Ansprechpartnern und profiliert sich im Kundenstamm mit innovativen Problemlösungen und Nutzengenerierung durch seine Produkte bzw. Dienstleistungen. Daher benötigt er gute interne Unterstützung, z.B. Verkaufsunterstützung von Pre-Sales Consultants, technische Unterstützung für Produktthemen oder ein Backoffice für administrative Dinge. Im Neukundengeschäft sind Farmer oft nicht effektiv, bei Cold Calls sind sie tendenziell emotional blockiert. Dort ist der Hunter gefragt.

Hunter

Gute Hunter sind wie „Cowboys". Sie lieben das Risiko, die Freiheit und das Abenteuer. Ihre primäre Aufgabe liegt in der Generierung von Neukunden. Sie haben eine hohe Frustrationstoleranz. Hunter genießen den kleinen, belebenden Adrenalinschub beim Cold Calling, der sie in Schwung bringt. Ihre Ausrichtung liegt auf Erfolg, Jagdbeute, Durchsetzungskraft und Drive. Im bestehenden Kundenkreis können sie allerdings Schaden anrichten, wenn sie mit viel Durchsetzungskraft um Folgegeschäfte bemüht sind. Hier ist der beziehungsorientierte Farmer gefragt.

Sales-Farmer-Idealprofil	Sales-Hunter-Idealprofil
Hin-Zu 60%	Hin-Zu 90%
Proaktiv 50%	Proaktiv 90%
Personenorientiert 60%	Objektbezug 80%
Matching 70%	Matching[33] 90%
Prozedural 80%	Prozedural 80%
External 80%	External 70%
Graves4-Stärke 70%	Graves3-Stärke 80%
Graves5-Stärke 80%	Graves5-Stärke 80%
Graves6-Stärke 70%	

Tabelle 8: Ideales Farmer- und Hunter-Profil auf der Benchmark-Basis von erfolgreichen Verkäufern

Wie aus obiger Tabelle ersichtlich ist, gibt es neben den Unterschieden auch viele Gemeinsamkeiten im Farmer- und Hunterprofil. Jeder Verkäufer kann gleichzeitig Farmer- und Hunter-Qualitäten haben. In Einzelfällen kann eine Person gleichzeitig Farmer- und Hunter sein, z.B. bei einer ausgesprochenen Graves-Breite mit Stärken in den Ebenen Graves3, Graves4, Graves5 und Graves6.

Folgende Erfolgsfaktoren in Form von Verhaltensmustern und Wertehaltungen gehören aus Sicht des Metaprogramm- und Gravesmodells zu einer erfolgreichen und langfristig motivierten Tätigkeit im Verkauf:

Erfolgsfaktor: Zielorientierung

···> *hohe Hin-Zu-Ausprägung (Motivationsrichtung)*
Gute Verkäufer haben eine zielorientierte Motivation, denken in Zielbildern und werden von Zielen emotional angezogen.

···> *Graves5-Stärke (Wertesystem „Leistung")*
Sie haben ein stark ausgeprägtes Graves5-Wertesystem: Erfolg, Wohlstand, Expansion, finanzielle Freiheit, Wunsch nach Karriere und Pragmatismus in der Umsetzung sind starke Motivatoren. Leistungswille und unternehmerisches Denken sind stark ausgeprägt. Die Graves5-Werteebene ist im Verkauf die wichtigste Graves-Ebene und damit auch wichtiger als die Graves3-Werteebene (siehe Erfolgsfaktor: Durchsetzungs- und Umsetzungskraft).

---

33 Siehe Erfolgsfaktor: Kundenorientierte Kommunikation.

Erfolgsfaktor: kundenorientierte Kommunikation

···⟩ *hohe Matching-Ausprägung (Wahrnehmungsfilter)*
Erfolgreiche Verkäufer können leicht einen Gleichklang zum Kunden aufbauen.
Dies wird durch die Matching-Komponente in der Wahrnehmung erleichtert.

···⟩ *hohe External-Ausprägung (Referenzfilter)*
Selbst wenn gute Verkäufer eine Idee haben, was für den Kunden gut und richtig
ist, können Sie mit dem Kunden emotional mitgehen, wenn dieser etwas ganz anderes möchte bzw. ihm ganz andere Dinge wichtig sind. Diese emotionale Offenheit für den Kunden wird durch einen externalen Referenzfilter gestärkt. Der Kunde ist König. Mit einem externalen Referenzfilter ist gleichzeitig eine gewisse Balance der dominierenden, internalen Graves5- bzw. Graves3-Wertemotivation
gegeben. Die internale Graves5-Profitorientierung wird durch eine externale Gra-
ves6-Beziehungsqualitäts-Orientierung balanciert und die internale Graves3-Ego-
und -Machtzentrierung wird durch eine externale, ehrliche Graves4-Hand-
schlags-Qualität balanciert. Besonders bei Farmer-Positionen (siehe nächstes
Kapitel) ist die Rapportfähigkeit und die kundenorientierte Kommunikation ein
wichtiger Erfolgsfaktor.

Erfolgsfaktor: Disziplin in der Routine

···⟩ *hohe Prozedural-Ausprägung (Motivationsgrund)*
Sehr viele Verkaufspositionen haben einen gut strukturierten Arbeitsablauf. Der
Verkauf muss nicht neu erfunden, sondern realisiert werden. Auch wenn die Wege
zum Erfolg vielfältig sind, haben Verkäufer, die langfristig erfolgreich sind, eine
gute Disziplin in der Durchführung von Routine-Tätigkeiten in der Akquisition:
Aktivierung und Betreuung von Bestandskunden und Gewinnung von Neukunden. Die Prozedural-Komponente des Motivationsgrundes zeigt an, wie stark man
auch in diesem Routine-Aspekt der Verkaufstätigkeit motiviert ist und bleibt.

···⟩ *hohe Objekt-Ausprägung (Arbeitsorganisation) für Hunter bzw. eine hohe Personenorientierung (Arbeitsorganisation) für Farmer*
Der Objektbezug in der Arbeitsorganisation stärkt die systematische Umsetzung
von Routinetätigkeit. Das Denken ist prozessorientiert und auf den Abschluss fokussiert. Eine hohe Objekt-Ausprägung gibt vor allem dem Hunter-Typ eine hohe
Abschlusskraft. Der Farmer pflegt bestehende Kundenbeziehungen und benötigt
eine hohe Personen-Ausprägung, d.h. soziale Intelligenz und Sensitivität für Gefühle und Menschen.

Erfolgsfaktor: Durchsetzungs- und Umsetzungskraft

···⋗ *Graves3-Stärke (Wertesystem „Macht")*

Gute Verkäufer benötigen Durchsetzungsvermögen, auch wenn sie im gehobenen Lösungsverkauf tätig sind. Wie gut kann ein Verkäufer sich in einem hart um-kämpften Marktumfeld behaupten und wie kraftvoll wird dem Kunden signali-siert, dass man eine Lösung finden wird. Besonders bei Hunter-Positionen ist die Durchsetzungskraft und damit die Graves3-Stärke ein wichtiger Erfolgsfaktor.

···⋗ *hohe Proaktiv-Ausprägung (Motivationsniveau)*

Gleichzeitig geht es um Initiative im Beziehungsaufbau. Wie oft ergreift ein Ver-käufer die Initiative und geht auf Kunden zu? Übernimmt er die Verantwortung für die Beziehung, versteht er sich als Ursache für einen Erfolg und bleibt er beim Kunden dran?

Management-Potentialanalysen

Eine weitere Anwendung der Graves- und Metaprogramm-Diagnostik ist die Potentialanalyse in Auswahlprojekten für Managementpositionen in Form von webbasierter Personaldiagnostik, Interviewtechnik und intensiven Auswahl-Assessment-Centers. Das Ziel einer Management-Potentialanalyse ist es, Führungspersönlichkeiten unter den Bewerbern bzw. Mitarbeitern zu erkennen. Wie bei Verkaufspositionen, so hat auch jede Managementposition etwas Einzigartiges und gleichzeitig haben alle Führungsaufgaben auch etwas Gemeinsames. Mehr noch als im Verkauf ist der Kontext bzw. die Zielgruppe der zu führenden Mitarbeiter wichtig. Je nach Graveslevel der Mitarbeiter sind unterschiedliche Führungsstile sinnvoll und angebracht.[34] Eine Analyse der Graveslevel einer Führungskraft sagt viel über ihre bevorzugten Führungsstile aus. Die schon erwähnte Gravesbreite, d.h. die positiven Eigenschaften von möglichst vielen Graves-Ebenen gleichzeitig entwickelt zu haben, ist wichtig, damit die Führungskraft unterschiedliche Mitarbeiter effektiv steuern kann.

Verallgemeinernd können für eine Führungspersönlichkeit folgende Erfolgsfaktoren definiert werden:

Erfolgsfaktor: Veränderungskompetenz

···❯ *hohe Hin-Zu-Ausprägung (Motivationsrichtung), verstärkt durch eine gleichzeitige Mismatching-Ausprägung (Wahrnehmungsfilter)*
Schon für sich alleine ist eine hohe Hin-Zu-Ausprägung wichtig in der Führungsarbeit. Das Denken ist auf Zukunft, Ziele und Lösungen ausgerichtet, was die Grundlage jeder Veränderungskompetenz bildet. Wenn nun gleichzeitig noch eine gut ausgeprägte Mismatching-Komponente im Wahrnehmungsfilter vorhanden ist, dann werden die Probleme, Abweichungen und Hindernisse der Gegenwart klar erkannt und sofort in Ziele für die Zukunft umgewandelt und Aktionen zur Zielerreichung initiiert. In diesem Sinne veredelt das Mismatching-Metaprogramm die Hin-Zu-Motivationsrichtung. Problematisch wird ein ausgeprägtes Mismatching in Kombination mit einer dominanten Weg-Von-Motivationsrichtung. In diesem Fall ist die stark ausgeprägte Kritikfähigkeit der Führungskraft von dieser selbstbewusst in konstruktive Bahnen zu lenken und in den Dienst der Organisation zu stellen.

---

34 Siehe Führungsstile im Kapitel „Personal-, Organisations- und Führungsentwicklung".

Erfolgsfaktor: Entscheidungskompetenz

···⟩ *gut ausgeprägte, balancierte Internal-Ausprägung (Referenzfilter)*
Der internale Anteil ist für eine Führungskraft wichtig, um eigenständig und zügig Entscheidungen zu treffen und gleichzeitig auch bei Gegenwind zu ihren Entscheidungen zu stehen. Daher sollte der internale Anteil des Referenzfilters bei Führungskräften mindestens 50% betragen, es sei denn, die Führungskraft ist auch operativ im Verkauf tätig. Der externale Anteil des Referenzfilters sollte mindestens 20% bis 30% betragen, damit auch eine Offenheit für Feedback mit in die Entscheidungen einfließt.

···⟩ *hohe Global-Ausprägung (Informationsgröße)*
Überblicks-Denker, mit Blick auf die globalen Aspekte, können komplexe Prozesse und Marktlagen leichter überschauen. Der Blick von oben hilft, rasch zu einem Gesamtbild der aktuellen Anforderungen zu kommen. Dies ist eine wichtige Grundlage für effektive Entscheidungsprozesse. Dadurch können Aufgaben gut delegiert werden, besonders wenn die jeweiligen Mitarbeiter eine höhere Detailorientierung haben als der Chef. Dann werden auch keine wichtigen Einzelheiten übersehen.

Erfolgsfaktor: Handlungsbalance

···⟩ *ausgewogenes Motivationsniveau*
Ist eine Führungskraft zu proaktiv, dann handelt sie tendenziell vorschnell, ohne die Gesamtsituation zu analysieren. Ist die Führungskraft zu reflektiv, dann ist sie sehr analytisch, und es fehlt ihr die Macher-Komponente. Daher ist ein Beispiel für eine ausgewogene Balance im Motivationsniveau eine Führungskraft mit den Ausprägungen proaktiv 50% und reflektiv 50% – also eine aktionsorientierte Führungskraft mit guten analytischen Fähigkeiten. Je nach Situation überdenkt sie ihre Reaktion oder handelt spontan. Auch in Beziehungen und Gruppen ergreift die Führungskraft je nach Lage die Initiative oder wartet beobachtend ab. Ihre Stärken sind ihre analytischen Fähigkeiten in Kombination mit ihrer Umsetzungskraft.

···⟩ *ausgewogener Arbeitsmodus: hohe Beteiligungsausprägung*
Ist eine Führungskraft in der Arbeitsmodus-Ausprägung zu unabhängig, d.h. arbeitet sie am produktivsten ohne Schnittstellen zu ihren Mitarbeitern, kann sie ihre Führungsaufgabe nicht gut wahrnehmen. Ist die Führungskraft andererseits in der Arbeitsmodus-Ausprägung zu kooperativ, dann kann sie nicht gut eigenständige Verantwortungsbereiche bearbeiten. Die ideale Ausprägung des Arbeitsmodus für Führungskräfte ist daher eine hohe Ausprägung im Beteiligungsstil. Dann arbeiten sie effektiv mit Schnittstellen zu Kollegen bzw. delegieren an ihre Mitarbeiter und haben auch gleichzeitig ihren Verantwortungsbereich unter Kontrolle.

Erfolgsfaktor: Gravesbreite

···⟩ *zusammenhängende Stärken auf möglichst vielen Graves-Ebenen*

Generell ist es wichtig, dass Führungskräfte in ihrer eigenen Werteentwicklung der Gesamt-Kultur ihrer Organisation ein wenig voraus sind, d.h. sie quasi auch hier „führen". So gibt es typische Unternehmen mit einem Graves4 + -5-Fokus, in denen die Führungskräfte idealerweise breit in den Graves-Ebenen 4, 5, 6 entwickelt sind. Bei Unternehmen mit Graves5- + -6- + -7-Fokus benötigen auch die Führungskräfte eine Gravesbreite in den gleichen Ebenen: 5 + 6 + 7 mit stark motivierenden Graves7-Werten und einem Grundverständnis der Graves8-Werte. Zusammenhängende Ebenen bedeutet z.B. Stärken auf 3 + 4 + 5 oder auf 4 + 5 + 6 + 7, je breiter, desto besser. Gegenbeispiele wären Stärken auf den Ebenen 3 + 5 + 7, 2 + 4 + 7 oder 2 + 4 + 6. Hier sind die Graves-Ebenen nicht verbunden, es fehlen Motivatoren auf den jeweiligen Zwischenebenen. Generell gilt die Graves5-Ebene als wichtigste Graves-Ebene für eine Führungskraft in einem wirtschaftlichen Unternehmen. Der Grund für die Wichtigkeit der Graves-Ebene liegt sicher auch darin begründet, dass eine Führungskraft möglichst stark mit verschiedenen Ebenen im eigenen Unternehmen arbeiten und kommunizieren kann. Überdurchschnittliche Performance für den Kunden bedeutet oft, dass es eine Führungskraft versteht, die inneren Ressourcen im eigenen Unternehmen besonders geschickt zu aktivieren und zu lenken. Dabei hilft eine gut ausgeprägte Graves-Breite, da es die Rapport-Fähigkeit erhöht und gleichzeitig die Kompetenz verbessert, sich in unterschiedlichen Kunden-Kulturen zu bewegen.

7. Das Gravesmodell im Assessment-Center

Unbestritten ist das Assessment-Center (AC) ein bewährtes Auswahl- und Entwicklungsinstrument. Bei gehobenen Führungspositionen gehört ein AC nicht nur zum guten Image, sondern rechnet sich durchaus, obwohl der Aufwand und damit die Kosten um ein Vielfaches höher sind als beim einfachen Interview. Ein Hauptanliegen dieses Buches ist es, das persönliche Gespräch qualitativ so aufzuwerten, dass das Aufwand-Nutzen-Verhältnis des Interviews auch im Vergleich zum AC deutlich besser wird. Natürlich lässt sich das Graves- und Metaprogramm-Know-how auch in ein AC effektiv integrieren. In einem modern durchgeführten AC liegt der Schwerpunkt auf der Handlungsdiagnostik.[35] Hier stehen nicht theoretische Persönlichkeits-Eigenschaften, sondern Handlungsmuster im Vordergrund. Wertemotivation, Zielbewusstsein und Umsetzungsstrategien stehen im Zentrum der AC-Handlungsdiagnostik. Ein wichtiges Ziel für ein AC und für jedes Auswahlverfahren sollte es sein, dass die Bewerber den ganzen Prozess positiv erleben und als bereichernd in Erinnerung behalten. Besonders beim Assessment sollte es nicht darum gehen, eine möglichst stressbeladene Situation zu schaffen, sondern in einer kreativen Atmosphäre die Kandidaten vor Herausforderungen zu stellen. Durch persönliches Feedback zu Verhalten in den einzelnen Aktionseinheiten, wie Einzel- und Gruppenübungen, Rollenspielen, Präsentationen und Einzelinterviews, wird für die Bewerber das AC zu einer kreativen Lernerfahrung. Das Design eines AC erfordert einige Erfahrungen, da oft die einzelnen Aktionseinheiten parallel stattfinden, und mit der Anzahl der Teilnehmer die Komplexität von Zeit-Planung und Ablauf wächst. Rollenspieler sollten möglichst geschulte Berater sein, die allen Kandidaten gleiche Bedingungen bieten und sich selbst nur insoweit einbringen, dass die Handlungsmuster der Kandidaten sichtbar werden. Beim Design von Rollenspielen und Gruppenübungen werden mit der „Critical Incident-Technik" kritische Arbeits-Situationen definiert. Durch die Analyse des Positionsprofils mit den relevanten Aufgabenfeldern werden diese Critical Incident-Situationen, z.B. in Form von Rollenspielen oder Gruppenübungen, nachgebaut. Besonders im Recruiting von Nachwuchsführungskräften ist das AC beliebt, da hier Führungspotentiale viel leichter erkennbar werden als im Einzelinterview. In der Vielschichtigkeit von Führungssituationen wird klar erkennbar, wie stark die einzelnen

---

35 Siehe z.B. Kurt Durnwalder: *Assessmentcenter - Leitfaden für Personalentwickler.* 2001.

Graves-Ebenen bei den Bewerbern ausgeprägt sind. Im Auswahl-AC ist das Feedback sicher weniger ausführlich als im Entwicklungs-AC.

Hier einige Beispiele für Rollenspiel-Situationen und Beobachtungsdimensionen von Handlungsmustern mit der Graveslevel-Skala. Im AC-Einsatz gibt es dazu natürlich ausführliche Instruktionen für Teilnehmer, Rollenspieler und Beobachter.

Beispiele für Rollenspieldefinitionen mit der Critical Incident-Technik:

➡ *Arbeitszeitaufteilung:*

Der Projektleiter (Rollenspieler) setzt die Mitarbeiter einer Abteilung so intensiv ein, dass diese die Abteilungsarbeiten vernachlässigen. Die Vereinbarungen der Arbeitszeitaufteilung, die ursprünglich mit der Abteilungsleitung getroffen wurden, sind klar gebrochen. Der Abteilungsleiter (Kandidat) hat die Aufgabe, dies mit dem Projektleiter zu besprechen und eine Lösung zu finden.

➡ *Experten-Wissen:*

Ein Mitarbeiter (Rollenspieler) zeigt nur geringe Ambitionen in der Arbeit. Er verfügt über exklusives Experten-Wissen, das die Abteilung schwer ersetzen könnte. Der Abteilungsleiter (Kandidat) hat die Aufgabe, die aktuelle Situation mit dem Mitarbeiter zu klären.

➡ *Externer High-Potential:*

Der vorherige Projektleiter wurde zu einem anderen Projekt abberufen. Die Kollegen haben sich teilweise selbst Hoffnungen auf den Posten des Projektleiters gemacht. Aber die Position wurde mit einem externen High-Potential (Kandidat) besetzt, der erst seit kurzer Zeit im Unternehmen ist. Es steht ein Gespräch mit dem demotivierten stellvertretenden Projektleiter (Rollenspieler) an, da eine Einsparung von 30% (3 von 10 Mitarbeitern) geplant ist, wovon dieser noch nichts weiß. Wen es betrifft, wird im Laufe der nächsten Woche entschieden.

➡ *Führungsfähigkeiten:*

Der Hauptabteilungsleiter (Kandidat) hat seinen Abteilungsleiter (Rollenspieler) zum Gespräch eingeladen. Aus dessen Abteilung wurde erhebliche Kritik an dessen Führungsverhalten geäußert, besonders was seine Wertschätzung betrifft. Fachlich ist der Abteilungsleiter hochqualifiziert und seine Leistungsmotivation überdurchschnittlich.

→ *Leistungen:*

Die Abteilung verliert einen Mitarbeiter und die Position kann nicht nachbesetzt werden. Die Arbeit muss auf das bestehende Team aufgeteilt werden, die Stimmung ist wegen der vorhandenen Überlastung bereits sehr angeschlagen. Der Abteilungsleiter (Kandidat) hat Gespräche mit allen Mitarbeitern angesetzt. Besonders ein Gespräch gestaltet sich schwierig, da einer der Mitarbeiter (Rollenspieler) sich als Sprecher des Teams versteht und die Situation verändern möchte.

→ *Kundenreklamation:*

Ein schwieriger Kunde (Rollenspieler) ruft an und beschwert sich ausführlich über Qualitätsprobleme und fordert Rückerstattung. Der Mitarbeiter im Beschwerdemanagement (Kandidat) geht auf diesen Kunden ein und hat die Situation zu meistern.

→ *Leistungsabfall:*

Die Führungskraft (Kandidat) ist über den Leistungsabfall eines Mitarbeiters (Rollenspieler) informiert. Jetzt steht ein klärendes Mitarbeiter-Gespräch an.

Beobachtungsdimensionen

Natürlich sind die konkreten Beobachtungsdimensionen immer an das Kompetenzmodell des jeweiligen Unternehmens anzupassen. Zusätzlich liefert das Gravesmodell einige grundlegende Beobachtungsdimensionen:

⋯⟩ Hat die Person ein gesundes Durchsetzungsvermögen oder wirkt sie geschwächt? (Graves3)

⋯⟩ Besteht ein balanciertes Gleichgewicht von Durchsetzungsvermögen (Graves3) und Kompromissbereitschaft? (Graves6)

⋯⟩ Werden klare Vereinbarungen getroffen und wird Klarheit für die weitere Zusammenarbeit geschaffen? (Graves4)

⋯⟩ Wird zielorientiert gedacht, argumentiert und motiviert? (Graves5)

⋯⟩ Gibt es eine optimistische Erfolgsgrundeinstellung? (Graves5)

⋯⟩ Gibt es einen Win/Win-Fokus? (Graves5 + Graves6)

⋯⟩ Können die vor dem Rollenspiel definierten Ziele umgesetzt werden? (Graves5)

⋯⟩ Werden kreativ und flexibel neue Wege gegangen? (Graves7)

⋯⟩ Wie einfühlsam können Informationen in sensiblen Bereichen gewonnen werden, wie z.B. beim Leistungsabfall? (Graves6)

⋯⟩ Wie ist der Führungsstil? (Graves-Level-Bezug siehe Abschnitt: „Die globale Führungskultur")

⋯⟩ Wie offen ist der MA nach dem Rollenspiel für Feedback? (Graves4)

⋯⟩ Wie stark interessiert ihn das Feedback in Bezug auf Lernen und Persönlichkeitsentwicklung? (Graves7)

In den vielfältigen Übungen und Rollenspielen eines AC können die Stärken und Schwächen in den jeweiligen Graves-Ebenen von geschulten Beobachtern gut erkannt werden. Ist ein persönliches Interview, in dem gezielt Metaprogramm-Fragen und Graves-Fragen gestellt werden, qualitativer Bestandteil des AC, so kann ein sehr differenziertes Bild des Bewerbers mit seinen Potentialen erstellt werden. Das Gravesmodell in Kombination mit Metaprogramm-Fragen ergänzt hier die rein handlungsdiagnostischen Beobachtungen eines klassischen AC mit wertvollen Informationen zu allgemeinen Verhaltenstendenzen bzw. zu Motivations- und Entscheidungsstrukturen in der Persönlichkeit der Bewerber.

8. Personalmarketing & Zielgruppen-Rapport

Unter Personalmarketing versteht man im Allgemeinen die Kommunikation der Unternehmen mit dem Personalmarkt. Was ist der Personalmarkt? Er ist die Gesamtheit aller arbeitsfähigen und -willigen Menschen.

Der Personalmarkt umfasst
- Arbeitssuchende, die schon lange nach einer neuen Arbeit suchen;
- Arbeitssuchende, die erst seit kurzem nach Arbeit suchen;
- Arbeitssuchende, die in naher Zukunft ihr derzeitiges Arbeitsverhältnis beenden werden;
- nicht aktiv Suchende, die aber aus verschiedenen Motiven auch kurzfristig sehr wechselwillig sind, wenn das Angebot attraktiv ist;
- nicht aktiv Suchende, die aber langfristig den Personalmarkt beobachten, um bei einer passenden Gelegenheit einen weiteren Karriereschritt zu machen;
- nicht aktiv Suchende, die den Personalmarkt nicht beobachten, da sie langfristig zufrieden in ihrem Unternehmen sind, die aber durch persönliche Empfehlungen motiviert werden können, sich mit anderen Karriereoptionen zu beschäftigen, wenn diese sehr attraktiv wirken.

Ein sinnvoller Gedanke am Beginn einer Personalmarketing-Strategie ist es, zuerst einmal seine Zielgruppe zu definieren. Welcher Bereich des Personalmarkts soll angesprochen werden? Wie kann diese Zielgruppe definiert werden? Gibt es kulturelle Schwerpunkte in den Graves-Ebenen? Gibt es aufgrund der Stellenbeschreibung, z.B. Verkaufsposition oder Lohnverrechnungsposition, Unterschiede in den Metaprogrammen?

Die Form der Kommunikation zwischen Unternehmen und Personalmarkt ist stark von der kulturellen Entwicklungsstufe der Zielgruppe abhängig und auch in geringerem Ausmaß vom Reifegrad der Unternehmenskultur selbst. Bei Positionen, in denen der Fokus auf Graves4- und Graves5-Werten liegt, werden eher klassische Methoden der Personalauswahl angewandt, wie z.B. Suche über Personalberater, Praktika & Traineepositionen, Präsenz auf Messen/Firmenevents und die Suche mit Print-Anzeigen.

In dem Ausmaß, in dem die Graves6- und Graves7-Ebenen relevanter für die Zielgruppe werden, entwickeln sich neue Formen der Kommunikation zum Personalmarkt, wie Onlineportale und Social-Commerce-Plattformen mit Empfehlungssystemen[36].

Das Ziel der Personalmarketing-Aktivität ist der Zielgruppen-Rapport. Aus der Analyse der Stellenbeschreibung, der Unternehmens-, Abteilungs- und Teamkultur – in Abstimmung mit systemischen Faktoren der Teamzusammensetzung und der konkreten Führungskraft – ergibt sich die Persönlichkeitsstruktur der Zielgruppe. Unterschiedliche Zielgruppen benötigen auch unterschiedliche Wege im Rapportaufbau.

---

36 z.B. www.jobleads.de

Zielgruppen-Rapport in Print- & Onlineanzeigen

Generell gilt alles, was im Kapitel „Rapport und Spiegelneurone" als Rapport-fördernd genannt wurde, auch für den Zielgruppen-Rapport:

···⟩ gemeinsame Interessen und Werte ansprechen (Graves-Ebenen);
···⟩ Interesse am Bewerber ausdrücken;
···⟩ Aufbau der Anzeige in der Pacing, Outing, Leading-Reihenfolge:
  – Zielgruppenpacing;
  – Outing – Unternehmenspräsentation, konkrete Position, Tätigkeiten, Wunschprofil;
  – Leading – Aktion, Kontaktmöglichkeiten.

Sehr oft beginnen Personalanzeigen mit dem Outing: „Wir sind ein …" Hier könnte es einmal erfrischend anders sein, zuerst mit einem Pacing zu beginnen: *„Sie interessieren sich für innovative Projekte im Umfeld von modernsten ABC-Produkten? Sie möchten mit Ihrem Know-how am Puls der Zeit sein und die Lösungen von morgen gestalten?"* Mit diesen Fragen wird ein Yes-Frame oder Zustimmungsrahmen gebildet. Die Zielgruppe antwortet auf diese Fragen innerlich mit „Ja" und es baut sich während des Lesens ein Rapport auf.

Effektiv sind natürlich Metaprogramm- und Graveslevel-Designelemente, die je nach Stellenbeschreibung und Rahmenbedingungen ideal die Persönlichkeit der jeweiligen Zielgruppe ansprechen. Hier ein paar Beispiele für entsprechende Wording- und Designelemente:

→ *Metaprogramm Richtungsfilter Hin-Zu:*

···⟩ Zukunftsorientierung. Dies kann das Wording betreffen wie z.B. „Gestalten Sie mit uns die Zukunft!", aber auch grafische Designelemente;
···⟩ Abschlussformulierung: „Interessiert? Dann …";
···⟩ Bonusprogramme erwähnen;
···⟩ positive Werte und Formulierungen verstärkt in den Text einbauen;
···⟩ zielorientiertes Wording: erreichen, bekommen, Nutzen, Vorteile, Ergebnisse.

→ *Metaprogramm Richtungsfilter Weg-Von:*

···⟩ Sicherheiten, Vergangenheit und Tradition betonen (= auch Graves2);
···⟩ Deadline in der Abschlussformulierung setzen: „Bitte bewerben Sie sich bis zum <Zieldatum>". Eine Deadline motiviert besonders Menschen mit Weg-Von Motivierung, da diese vermeiden, die Deadline zu verpassen;
···⟩ Weg-Von-Wording: Herausforderungen, Problem- und Krisenmanagement, Kontrolle, Regelungen.

→ Metaprogramm Arbeitsmodus

⋯⟩ *Selbstständig*
Wording: „... alleinige Verantwortung & Kontrolle"; „Ihre Stärke in der selbstständigen Arbeit ..."

⋯⟩ *Beteiligung*
Wording: „Im Team verantworten Sie ...", „Sie führen und leiten das Team ..."

⋯⟩ *Kooperativ*
Wording: wir, uns, gemeinsam, zusammen, „Teil des Teams", Verantwortung teilen.

→ Metaprogramm Arbeitsorganisation

⋯⟩ *Personenbezug:* Menschen in den Vordergrund; Personen eventuell namentlich erwähnen; Design: Es soll „menscheln", Graves6-Elemente;

⋯⟩ *Objektbezug:* Prozesse in den Vordergrund; Design: Grafiken, Zeichnungen, Technik etc.; aufgaben- und zielorientierte Beschreibung.

→ Metaprogramm Referenzfilter Internal

⋯⟩ „Nur Sie selbst können entscheiden, ob diese Herausforderung Ihr nächster Schritt ist!"

⋯⟩ „Die Entscheidung gehört Ihnen!"

⋯⟩ „Wenn Sie für Ihre Entscheidung noch mehr Informationen benötigen, kontaktieren Sie uns gerne unter ..."

→ Metaprogramm Referenzfilter External

⋯⟩ Fakten und Daten, die die Marktposition und Bedeutung von Firma/Position herausstellen: „Unser Unternehmen ist ...";

⋯⟩ Anweisungen: „Bewerben Sie sich jetzt!" (auch Proaktiv);

⋯⟩ jede Art von Statistik und wissenschaftlich geprüfte Information.

→ Metaprogramm Motivationsgrund Optional

⋯⟩ in der Aufgabendarstellung die Aufbauarbeiten in den Vordergrund und Routine in den Hintergrund;

⋯⟩ Wording: Möglichkeiten; Optionen; Kompetenz-Mix;

⋯⟩ „Ihre Aufgaben bilden eine kreative Mischung aus ...";

⋯⟩ „Point of Contact" statt Bewerbungsprozedur;

⋯⟩ Optionales Grafikdesign: die Vielfalt betonen.

→ Metaprogramm Motivationsgrund Prozedural

⋯⟩ auflisten der Tätigkeiten;

⋯⟩ Bewerbungsprozedur statt „Point of Contact";

···→ Wording: zuerst ... dann ... schließlich ...; erprobt und bewährt; verlässlich, Ergebnisse realisieren, umsetzen, Tagesgeschäft;

···→ klares übersichtliches, normiertes Design.

→ *Metaprogramm Handlungsfilter*

···→ Proaktiv: kurze Sätze mit klaren, eindeutigen Aussagen. Slogans: „Bewerben Sie sich jetzt!" (siehe auch Graves3-Wordings); falls es das Bewerbermanagement zulässt, geben Sie eine Kontakt-Telefonnummer an; Menschen mit proaktivem Handlungsfilter greifen lieber zum Telefon, bevor sie etwas schreiben;

···→ Reflektiv: längere und verschachtelte Sätze; Worte wie: nachdenken, analysieren, warten, berücksichtigen, verstehen, könnte, würde, sollte; Slogan z.B.: „Auf diese Herausforderung haben Sie lange gewartet!"; Menschen mit reflektivem Handlungsfilter schreiben lieber eMails als anzurufen.

→ *Metaprogramm Informationsgröße*

···→ Detail: Genaues und präzises Ausformulieren; viele Details in einem Satz erwähnen; Namen und Zahlen verwenden;

···→ Global: Überblick geben, auch graphischer Überblick; konzeptuelle Arbeit betonen; große Bildsprache anbieten: z.B. „21. Jahrhundert".

→ *Graves2*

···→ Wording bzw. grafischer Ausdruck von Graves2-Werten wie: Sicherheit, Familie, Teil des Teams, Teil der Firmenfamilie, dazugehören, Tradition, Treue zu den Wurzeln;

···→ grafischer Ausdruck von Vergangenheits- und Traditionsorientierung;

···→ Wappen, Fahnen, traditionsreiche Symbole, Trachten etc.;

···→ eventuell Bilder von älteren Menschen, wenn es z.B. einen Produktbezug zu älteren Menschen gibt.

→ *Graves3*

···→ alle Bilder und Formulierungen, die Kraft ausdrücken;

···→ Bildmotive: Menschen in Aktion, Sportmotive, Abenteuermotive; Bilder, die Dominanz, Status und Einfluss ausdrücken;

···→ Proaktive, kurze Sätze mit klarer, eindeutiger Satzstruktur (aufgrund der Korrelation Metaprogramm Proaktiv und Graves3);

···→ Wörter wie: Durchsetzungsvermögen, kreative Kraft, überzeugendes Auftreten, Hunter-Qualitäten.

→ Graves4

···> Wörter wie: Gerechtigkeit, Genauigkeit, Handschlag-Qualität, Ehrlichkeit, Gründlichkeit, Qualitätsorientierung, Organisationsfähigkeit, Stabilität, Klarheit, Prinzipientreue;

···> geordnetes, ordentliches Design;

···> alle Design-Muster und Wording-Elemente: Weg-Von und Prozedural.

→ Graves5

···> Wörter wie: Erfolgs-/Ziel-/Gewinn-/Ergebnisorientierung, Leistung, Einsatz, unternehmerisches Denken, Herausforderung, „Wir suchen die Besten", „Zeigen, dass man mehr kann!", Expansion, Karriere, „größer & besser", Fortschritt, Wissenschaft, „Alles ist möglich!";

···> Bildmotive, die Erfolg, Karrieresprung, Wohlstand und finanzielle Freiheit ausdrücken;

···> alle Design-Muster und Wording-Elemente des Richtungsfilters Hin-Zu.

→ Graves6

···> Wörter wie: Beziehungsfokus, Teamplayer, Teamentwicklung, Teamflow, Kollegialität, Kooperation, Zusammenarbeit, soziale Verantwortung, Sozialleistungen, soziale Intelligenz, Networking, Konsensorientierung, Moderationsfähigkeit;

···> Design: harmonisches Design, weiche Farben, menschliche Motive mit positivem Gefühlsausdruck, Ausdruck von guten Beziehungen; Bilder von Menschen, die im Rapport/Einklang sind; Bilder, die Teamgeist und Zusammenhalt ausdrücken.

→ Graves7

···> Wörter wie: Lernbereitschaft, Wissensmanagement, Neugier, Einzigartigkeit, Persönlichkeitsentwicklung, Überblicksdenken, Organisationsentwicklung, „Big Picture", Synergie, Virtualisierung, Kompetenzentwicklung, Flexibilität;

···> PE-Strategie und Entwicklungsmöglichkeiten betonen;

···> alle Design-Muster und Wording-Elemente: Motivationsgrund Optional.

→ Graves8

···> Wörter wie: Nachhaltigkeit, Synthese, Ökosystem, globale Verbesserung, Ganzheitlichkeit, global denken und lokal handeln;

···> Design: Weltraum-Bilder vom Planeten Erde, Natur-Bilder.

Hier eine Personalanzeige mit optimalem Zielgruppen-Design:

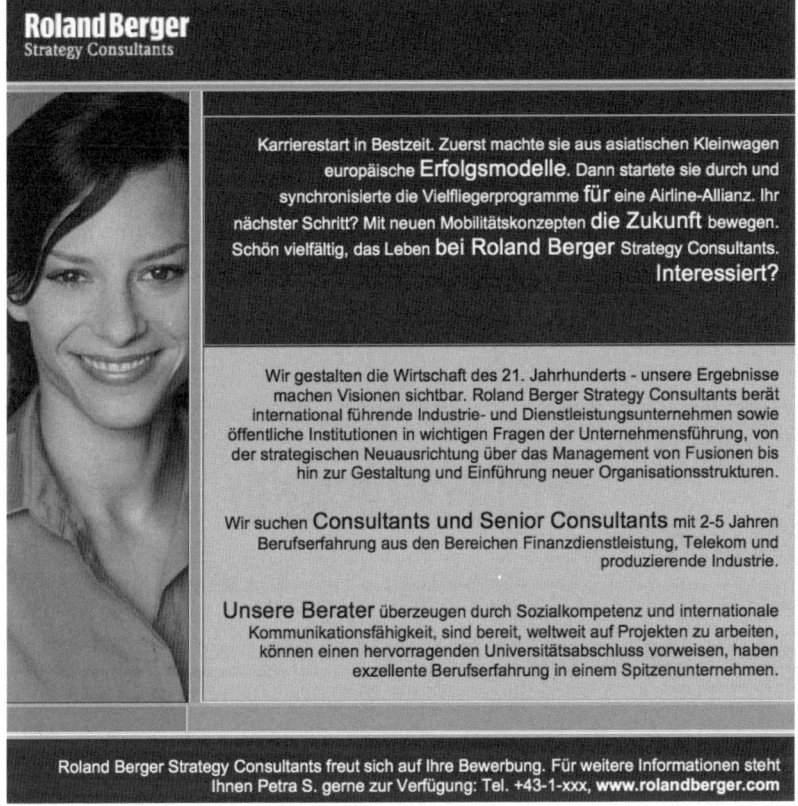

Abbildung 19: Personalanzeige mit freundlicher Genehmigung von Roland Berger Strategy Consultants GmbH, Austria

Bei dieser Online-Schaltung fallen einige effektive Designelemente auf:

⋯⋗ Optional: Wörter wie „*Vielfältigkeit*", die Beschreibung der unterschiedlichsten Projekte und das Design der unterschiedlichen Fontgrößen, die eine doppeldeutige Botschaft „*Erfolgsmodelle für die Zukunft bei Roland Berger – Interessiert?*" generieren, sprechen besonders Menschen mit optionalem Motivationsgrund an: „*Karrierestart in Bestzeit. Zuerst machte sie aus asiatischen Kleinwagen europäische Erfolgsmodelle. Dann startete sie durch und synchronisierte die Vielfliegerprogramme für eine Airline-Allianz. Ihr nächster Schritt? Mit neuen Mobilitätskonzepten die Zukunft bewegen. Schön vielfältig, das Leben bei Roland Berger Strategy Consultants.*"

⋯⋗ Global: Formulierungen wie „*die Wirtschaft des 21. Jahrhunderts*", „*Visionen*", „*weltweit auf Projekten zu arbeiten*", „*Management von Fusionen*" sprechen besonders Menschen mit einer globalen Überblicksorientierung (Informationsgröße) an.

···› Proaktiv: Eine aktive Sprache, wie „ *[...] die Zukunft bewegen*", „*wir gestalten [...]*", spricht Menschen mit proaktivem Handlungsniveau an. Auch die Angabe einer Telefonnummer: „*[...] Petra S. gerne zur Verfügung: Tel. +43-1-xxx*" ist hilfreich, um die Schwelle zum Erstkontakt für proaktive Spitzen-Bewerber zu senken.

···› Hin-Zu: Zukunftsorientierte Formulierungen wie „*Wirtschaft des 21. Jahrhunderts*", „*Interessiert?*", „*[...] die Zukunft bewegen*" sprechen Menschen mit Hin-Zu-Motivationsrichtung an.

Diese Kombination: Optional, Global, Proaktiv und Hin-Zu entspricht sicherlich dem gewünschten Bewerberprofil für Consultants und Senior Consultants in einer Strategieberatung.

Hier ein weiteres Beispiel mit einem optimalen Design für eine völlig andere Zielgruppen-Persönlichkeit:

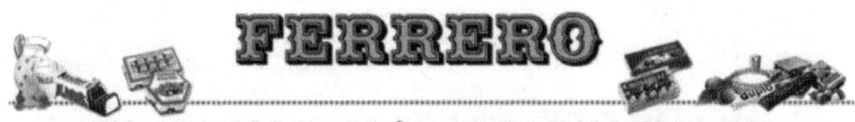

FERRERO

Mon Chéri, Ferrero Rocher, Raffaello, Giotto, Kinder Überraschung, Kinder Schokolade, Milchschnitte, Tic Tac

Wir zählen als Ferrero Österreich aus der Ferrero-Gruppe mit Sitz in Hall in Tirol zu einem der größten Unternehmen in der Süßwarenbranche in Österreich. Die Grundlage unseres Erfolges sind eine konsequent verfolgte Marketing- und Vertriebskonzeption sowie unsere qualifizierten und engagierten Mitarbeiter.

In starken Teams verfolgen wir unsere anspruchsvollen Ziele. Wir suchen zur Verstärkung des Finanz- und Controllingbereiches zum frühestmöglichen Eintritt eine fachlich kompetente Persönlichkeit zur Besetzung der Position

Junior Controller

Sie werden nach einer entsprechend gründlichen Einarbeitungsphase das interne und konzernweite Berichtswesen durch die Aufarbeitung, Analyse und Bereitstellung von spezifischen Controllingdaten verstärken und die Finanzleitung in der Abwicklung von internationalen Konzern-Projekten unterstützen. Eine ausgeprägte Neigung für das Arbeiten mit Zahlen, analytisches Denkvermögen und eine exakte Arbeitsweise sind dazu erforderlich.

Am besten passen Sie in unser Team, wenn Sie gerade Ihr Wirtschaftsstudium mit Schwerpunkt Finanzierung und Controlling abgeschlossen haben oder über eine fundierte HAK-Ausbildung mit einschlägiger Berufserfahrung im Finanzbereich verfügen. Gute Italienisch- und Englischkenntnisse setzen wir bei der Besetzung dieser Position gleichermaßen voraus. Persönlich erwarten wir von Ihnen Einsatzbereitschaft, Flexibilität, Teamorientierung, sowie ein niveauvolles Auftreten.

Wir bieten Ihnen einen sicheren Arbeitsplatz, die Einbindung in eine erfolgreiche Firmengruppe und ein adäquates Einkommen.

Wenn wir Ihr Interesse an einer Mitarbeit in unserem Unternehmen geweckt haben, freuen wir uns über Ihre vollständigen und aussagekräftigen Bewerbungsunterlagen. Richten Sie diese bis spätestens 23. April 2004 an:

FERRERO ÖSTERREICH
Personalleitung

Sterzingerstraße 1 , 6020 Innsbruck

Abbildung 20: Personalanzeige mit freundlicher Genehmigung von Ferrero Österreich

⋯⋙ Prozedural und eher Detail: lineares, prozedurales Wording der gesamten Anzeige. Der Inhalt der Anzeige wird linear, sequentiell und detailorientiert präsentiert.

⋯⋙ Reflektiv: lange verschachtelte Sätze wie „Sie werden nach einer entsprechend gründlichen Einarbeitungsphase das interne und konzernweite Berichtswesen durch die Aufarbeitung, Analyse und Bereitstellung von spezifischen Controllingdaten verstärken und die Finanzleitung in der Abwicklung von internationalen Konzern-Projekten unterstützen". Die Betonung des analytischen Aspekts der Position: „Eine ausgeprägte Neigung für das Arbeiten mit Zahlen, analytisches Denkvermögen [...]" macht klar, dass eine Denker-Persönlichkeit gesucht wird. Besonders das Wort „Einarbeitungsphase" unterstreicht die reflektive Ausrichtung der Position.

⋯⋙ Eher Weg-Von: Formulierungen wie „exakte Arbeitsweise", „sicheren Arbeitsplatz", „[...] Ihre vollständigen und aussagekräftigen Bewerbungsunterlagen. Richten Sie diese bis spätestens 23. April 2004 an ..." machen deutlich, dass eine qualitätsorientierte Weg-Von-Motivationsrichtung zu der Position passt.

Da sich diese Anzeige an „Junior Controller" richtet, werden die relevanten Metaprogramme der Zielgruppe effektiv transportiert. Gleichzeitig werden Entwicklungsmöglichkeiten angedeutet, wie z.B. „anspruchsvolle Ziele" (mehr Hin-Zu bei mehr Verantwortung) und „die Finanzleitung in der Abwicklung von internationalen Konzern-Projekten unterstützen" (mehr Global).

Limbische Motivsysteme im Personalmarketing

Das Neuromarketing-Modell der limbischen Instruktionen, wie es in den Büchern von Hans-Georg Häusel beschrieben ist,[37] hat sein Hauptanwendungsgebiet in der Produkt- und Markenpositionierung. Es postuliert aufbauend auf moderner Neuroforschung drei grundlegende, limbische Motivbereiche, die in konkreten Entscheidungsprozessen, wie z.B. der Kaufentscheidung, viel mächtiger sind als unser rationales Großhirn:

→ *Limbisches Balance-Motivsystem „Social Brain":*
⋯⟩ Sicherheit und Schutz;
⋯⟩ sozialer Anschluss an schützende Gruppen;
⋯⟩ Anpassung an die Mehrheit, den gesellschaftlichen Mainstream;
⋯⟩ aktiviert Fluchtverhalten und Angst bei Gefahr, Weg-Von-Systeme der Amygdala;
⋯⟩ sucht Stabilität und Beständigkeit, vermeidet Veränderungen;
⋯⟩ investiert in die Gesundheit, „Ruhe dich aus! Entspanne dich!";
⋯⟩ Fürsorge für Lebenspartner, Familie und Kinder;
⋯⟩ sozial, kooperativ, liebevoll, religiös;
⋯⟩ findet inneren Halt in Religion und Glauben, Sinnfindung;
⋯⟩ Metaprogramme External, Prozedural.

→ *Limbisches Dominanz-Motivsystem:*
⋯⟩ Durchsetzung des eigenen Willens, Steigerung von Macht und Einfluss;
⋯⟩ Sieg, Verdrängung der Konkurrenten, besser sein;
⋯⟩ auf die Jagd gehen und Beute machen;
⋯⟩ eigene Meinung durchsetzen, Recht behalten;
⋯⟩ an die Spitze kommen, expandieren;
⋯⟩ zentrale treibende Kraft in der Wirtschaft;
⋯⟩ aktiv sein, Macher-Einstellung, Umsetzungskraft;
⋯⟩ Autonomie und Unabhängigkeit;
⋯⟩ Metaprogramme Proaktiv, Internal.

→ *Limbisches Stimulanz-Motivsystem:*
⋯⟩ Suche nach Neuem und Unbekanntem;
⋯⟩ Erkundung der Umgebung;
⋯⟩ neue Optionen und Abwechslung, die Gewohnheit durchbrechen;
⋯⟩ neue Wissensgebiete, Lernen und Kreativität;
⋯⟩ andere Länder entdecken, Fernreisen;
⋯⟩ Kunst genießen, Musik konsumieren oder machen;

---

37 Hans-Georg Häusel: *Think Limbic* (2000) & *Brain Script* (2007).

···⟩ Entertainment, abends ausgehen, Freunde treffen, sich austauschen, Humor, Genuss;

···⟩ exotische Gerichte, Feinschmecker, Weinspezialist;

···⟩ spielerisches Erleben, Gesellschafts-Spiele, Gewinnspiele etc.;

···⟩ Metaprogramm Optional.

Anhand dieser Beschreibung kann man vereinfachend auch folgenden Bezug zum Gravesmodell herstellen:

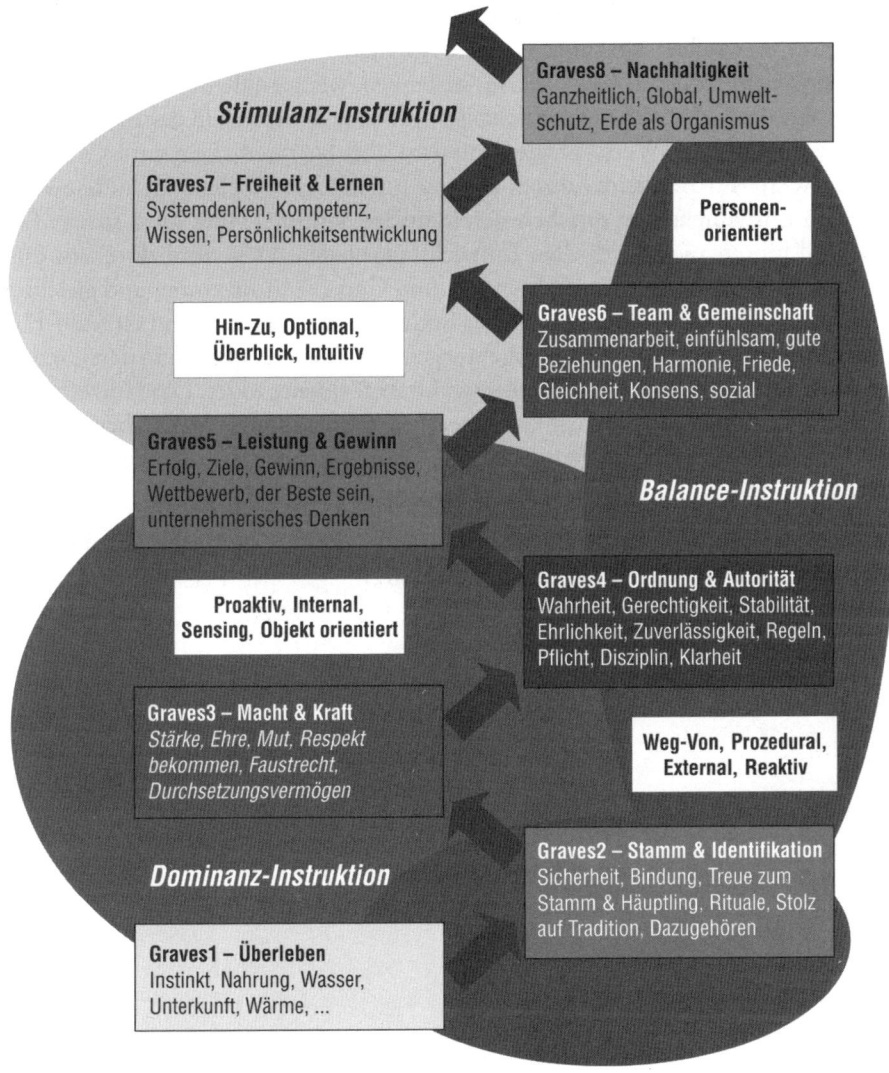

Abbildung 21: Die limbischen Instruktionen im Gravesmodell

Interessant ist in diesem Zusammenhang auch die Kritik von Hans-Georg Häusel an der Bedürfnispyramide von Abraham Maslow: „Der Klassiker der Motivationstheorie hat einen Nachteil: Er ist falsch."[38] Er bezieht sich darauf, dass im ursprünglichen Entwurf der Bedürfnispyramide das starre und widerlegbare Konzept der Stufenabfolge betont wird, welches besagt, dass Menschen sich erst dann an die Erfüllung der Bedürfnisse der höheren Stufe machen, wenn ihre niederen Bedürfnisse erfüllt sind. Empirische Daten belegen dagegen, dass Motive aller Ebenen unabhängig voneinander gleichzeitig motivationsrelevant sein können, so wie es auch im Modell der limbischen Instruktionen keine Stufenabfolge gibt. Das Gravesmodell steht hier quasi wie ein Vermittler zwischen den Standpunkten. Abraham Maslow könnte sich also bei seinem ehemaligen Kollegen Clare Graves bedanken, wenn beide noch leben würden. Die Abfolge der Graves-Ebenen bezieht sich nur darauf, wie sich in der Evolution der Kulturen die einzelnen Werte-Ebenen entfalten, aber beschreibt kein starres Konzept, dass sich Werte-Ebenen beim Einzelmenschen nur in dieser Reihenfolge aufbauen lassen. Beim Einzelmenschen mischen sich familiäre, kulturelle und lokal-soziale Einflüsse und führen zu individuellen Entwicklungspfaden. Es kommt durchaus öfter vor, dass ein Mensch z.B. fast nur Graves6- und Graves7-Motivatoren und gleichzeitig ein deutliches Nachholpotential in der Entfaltung der Graves3- und Graves4-Ebene hat. Diese fehlende Wertegrundlage spiegelt sich daher dann auch in den Grenzen und in der Gesundheit seiner Graves6- und Graves7-Ebene wider. Das Gravesmodell in dieser Interpretation widerlegt klar eine starre Stufenabfolge, bietet aber dennoch eine gewisse Orientierung in Bezug auf eine Ordnung innerhalb der Werte-Motivatoren.

Das Modell der limbischen Motivsysteme bietet konkrete, praxisorientierte Denkansätze, um Personalmarketing-Aktivitäten an eine „Zielgruppen-Persönlichkeit" anzupassen.

---

38 Vgl. Hans-Georg Häusel: *Think Limbic* - Seite 115 in der Ausgabe von 2005.

9. Personal-, Organisations- und Führungsentwicklung

Personalentwicklung (PE) ist neben dem Recruiting und der Personaladministration ein weiteres zentrales Wirkungsfeld in Personalabteilungen. Die Aufgabenfelder der Personalentwicklung liegen darin, sicherzustellen dass:

1. die Mitarbeiter den heutigen und zukünftigen Aufgaben gewachsen sind;
2. die Mitarbeiter ihre persönlichen Entwicklungsziele innerhalb des Unternehmens umsetzen können;
3. durch 1. & 2. die Beziehung zwischen Führungskraft und Mitarbeiter langfristigen Erfolg sichert.

„PE ist das Bündel aller Maßnahmen, das – im Rahmen der Unternehmensstrategie – die Anforderungen des Unternehmens an die Mitarbeiter, Mitarbeitergruppen und Organisationseinheiten und deren Fähigkeiten, Fertigkeiten und Motivation in Übereinstimmung bringt und zwar mittel- und langfristig."[39]

PE ist eingebunden in Team-, Organisations- und gesellschaftlicher Entwicklung und kann nie isoliert als Einzelaufgabe betrachtet werden. Auch wenn man zuerst geneigt ist zu denken, dass nur Personal-, Team und Organisationsentwicklung zum Tätigkeitsfeld von Personalabteilungen gehören, können Aktivitäten im Umfeld sozialer Verantwortung (siehe Kapitel 11: „CSR und Nachhaltigkeit rechnen sich") als Beitrag zur gesellschaftlichen Entwicklung gerechnet werden.

Gesellschaftliche Entwicklung

Organisationsentwicklung

Teamentwicklung

Personalentwicklung

Abbildung 22:
Einbindung von
Personalentwicklung

---

39 Nach Herbert Einsiedler: *Organisation der Personalentwicklung.* 1999.

PE ist ein zentraler Erfolgsfaktor für kontinuierliche und nachhaltige Wettbewerbsfähigkeit und beinhaltet fachliche Weiterentwicklung, Kompetenzentwicklung und Persönlichkeitsentwicklung. Daher ist PE klar der Graves7-Ebene zuzuordnen und wird quasi zur Verkörperung der Graves7-Ebene eines Unternehmens. Je nachdem, wie stark die Graves7-Ebene im Unternehmen verankert ist, besteht PE entweder nur aus einem einfachen „Weiterbildungskatalog", der von der Personal-Abteilung administriert wird, oder er umfasst eine im Topmanagement gelebte PE-Strategie, prozessrelevante PE-Richtlinien kombiniert mit einem konkreten Bildungs- und Kompetenz-Entwicklungsprogramm.

PE-Maßnahmen werden bei größeren Konzernen über ein kennzahlorientiertes PE-Controlling gesteuert, bei kleineren Organisationen im Trial- & Error-Verfahren. Aus der Sicht des Gravesmodells geht klar hervor, dass die Graves6-Werte die nötigen Katalysatoren für eine echte Graves7-Wissenskultur bilden. D.h., je stärker die Graves6-Ebene in der Unternehmenskultur verankert ist, desto effektiver sind PE-Maßnahmen. Mit einer schwachen Graves6-Ebene werden PE-Maßnahmen von den Mitarbeitern als „kalt" und „rein profitorientiert" bewertet und die Motivation in der Umsetzung ist „suboptimal". Eine Erweiterung der Firmenkultur von Graves5 nach Graves7 gelingt nur in der echten Integration von Graves6-Werten.

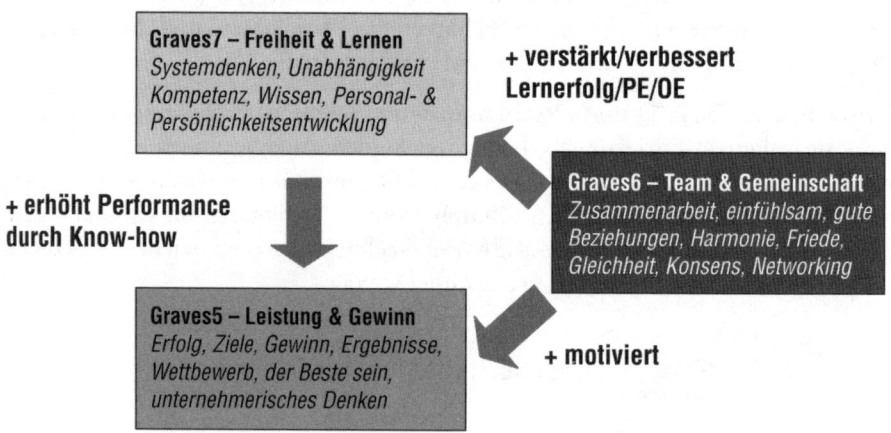

Abbildung 23: Graves6 als Katalysator für echte Graves7-PE

Aus diesem Grund ist die Einbettung der PE in die Graves6-Teamentwicklung, z.B. über Outdoor-Teambuilding etc., so enorm wichtig.

PE – Managementphasen

In der Personalentwicklung hat das Gravesmodell je nach Management-Phase unterschiedliche Anwendungsgebiete:

PE-Prozesse in der Managementphase
⋯⁣⋟ Analyse:
 Standortbestimmung
 und Zieldefinition;
⋯⁣⋟ Planung;
⋯⁣⋟ Umsetzung;
⋯⁣⋟ Controlling.

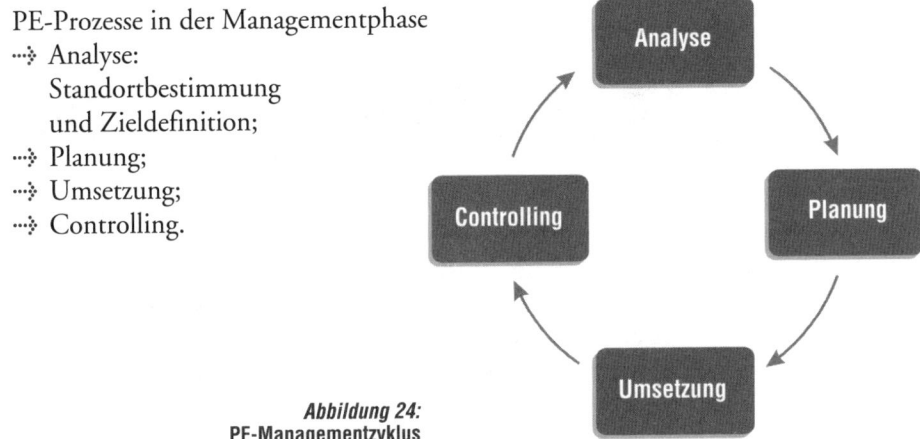

Abbildung 24:
PE-Managementzyklus

PE-Analysephase

Unabhängig von aktuellen PE-Aktivitäten ist es gut, in regelmäßigen Zeiträumen eine globale Bestandsaufnahme der PE bzw. Standortbestimmung der Gesamtkultur durchzuführen. Hier kann das Gravesmodell besonders den Blick auf die Unternehmens-, Abteilungs- bzw. Teamkultur schärfen. Folgende Fragestellungen sind hier relevant:
⋯⁣⋟ Wo liegen Stärken und Schwächen in den jeweiligen Graves-Ebenen: in der Gesamtorganisation, in den Abteilungen bzw. Projektteams und bei einzelnen Mitarbeitern?
⋯⁣⋟ Wie ist in der Gesamtorganisation und in den einzelnen Abteilungen bzw. Projektteams die soziale Balance? Bei einer harmonischen Verteilung sind im Management im Vergleich zu den Mitarbeitern die höheren Graves-Ebenen stärker entwickelt. Eine disharmonische soziale Balance entsteht, wenn die Mitarbeiter stärker die höheren Graves-Ebenen entwickelt haben als das Management.

Für die Standortbestimmung können Cultural Assessment Tools wie z.B. von Denison Consulting eingesetzt werden. Soll PE in einem weit intensiveren Umfang als bisher eingeführt werden, ist natürlich einige Vorarbeit nötig, bevor die konkrete Analysephase beginnt. Denn strategische PE
⋯⁣⋟ ... basiert auf der Unternehmensvision, der Strategie und dem Unternehmensleitbild;

···⟩ ... macht Sinn, wenn sie vorgelebt wird und wenn nicht nur über sie philosophiert wird;

···⟩ ... benötigt das unbedingte Commitment und das Engagement der Geschäftsleitung und der Führungskräfte.

Bei großen Projekten benötigt auch die Analysephase ein gemischtes Projektteam und eine Planung vor der Umsetzung der Ist-Analyse:

Abbildung 25: PE-Analyse – Meilensteine

Das Projektteam setzt sich aus PE-Verantwortlichen der Personalabteilung, Führungskräften und eventuell auch aus externen Beratern zusammen. Bei großen Projekten empfiehlt sich auch ein weiteres Projektlenkungsteam mit Mitgliedern des Topmanagements. Es geht darum, die idealen Analysewerkzeuge zu finden: Tests, Gespräche, Potentialanalysen, Assessments, Kulturanalysen, Innovationsklima-Messungen, Kundenbefragungen, Mitarbeiterbefragungen. Oft ist auch eine Kombination sinnvoll, wie z.B. Mitarbeiterbefragung einerseits und andererseits Potentialanalysen. Schon hier werden die Kennzahlsysteme für die PE-Umsetzung und das PE-Controlling definiert.

PE – Planung der Maßnahmen

Durch die Analyse des Ist-Zustands und die Definition von PE-Zielen, Erfolgskennzahlen, Fortschrittskennzahlen etc. ist der Entwicklungsbedarf evaluiert. Jetzt werden die geeigneten PE-Instrumente zur Umsetzung ausgewählt, wie z.B.:

···⟩ Onboarding-Events, Einarbeitungsprogramme;
···⟩ Trainings on the Job;
···⟩ E-Learning;
···⟩ Betriebsbesuche in anderen Unternehmen;
···⟩ Fachseminare und interne Weiterbildungsprogramme;
···⟩ Nachwuchsförderkreise und Traineeprogramme;
···⟩ Fachliteratur, Fernlehrgänge, Fernstudien;
···⟩ Entwicklung bestehender Führungskräfte;
···⟩ Potentialfindung und Führungskräfte-Nachwuchsentwicklung;
···⟩ Teilnahme an Konferenzen und Symposien;
···⟩ Feedbackgespräche mit Kunden führen;
···⟩ Persönlichkeits-Entwicklungsprogramme durch Training & Coaching;
···⟩ Job-Enlargement/Enrichment, Job-Rotation;
···⟩ Mentoring und internes Coaching, Projektteams, Q-Zirkel;
···⟩ 360-Grad-Feedbacksystem.

Gleichzeitig werden die Prozesse für die PE-Administration definiert und eingerichtet. PE-Prozesssteuerung und PE-Administration laufen üblicherweise in der Personalabteilung zusammen. Operativ gelebt wird PE primär durch die Führungskräfte und sekundär durch interne Berater aus der Personalabteilung, interne Weiterbildungs-Akademien und auch durch externe Berater, Trainer und Bildungsanbieter – je nach PE-Maßnahme.

PE – Umsetzung der Maßnahmen

···❭ Schulung der Führungskräfte in den PE-Instrumenten eventuell mit externen Trainern;

···❭ Follow-Up-Trainings für die Führungskräfte mit Feedback und Adaptierung der PE-Instrumente mit besonderer Aufmerksamkeit auf den definierten Erfolgskontrollen der PE-Instrumente;

···❭ die PE-Administration optimal justieren.

PE – Controlling

···❭ Effektivität der PE-Maßnamen prüfen; mindestens einmal jährlich Ziele, Kosten und Nutzen in Relation setzen: Maßnahmen anpassen;

···❭ prüfen, welche neuen Schwerpunkte in Bezug auf die PE sich aus Unternehmenssicht ergeben;

···❭ in welche Richtung gehen die Wünsche der Mitarbeiter und die Strategie der Geschäftsleitung?

Das Gravesmodell in der Führungsentwicklung

Das Situative Leadership-Modell

Seit den späten 60er Jahren des letzten Jahrhunderts wurden Reifegradmodelle in der Führungstheorie immer beliebter, wobei besonders das Situative Leadership-Modell nach Hersey und Blanchard bekannt geworden ist. In diesem Modell werden die Reifegrad-Entwicklungsstufen definiert als eine Kombination aus
···} Kompetenz/Fähigkeitslevel und
···} Commitment, d.h. Motivation und Selbstvertrauen,
beides immer in Bezug zu einer konkreten Aufgabe bzw. einem konkreten Verantwortungsbereich.

Gerade beim Faktor Motivation wirkt auch die stabilere Persönlichkeitsstruktur mit auf die Führungssituation ein. Motivation ist ein Faktor, der viel stabiler ist als die eher aufgabenbezogenen, situativen Faktoren Kompetenz und Selbstvertrauen.

In der Führung von Mitarbeitern ist es daher nützlich, zwei unterschiedliche Perspektiven einzunehmen. Eine kurzfristige, situationsspezifische Perspektive und eine langfristig globale Perspektive. Im Situative Leadership-Modell (SL-Modell) geht es um Leistungs- und Kompetenzentwicklung. Beim Gravesmodell geht es um Persönlichkeitsentwicklung und um den Einfluss der globalen Unternehmenskultur auf den vorherrschenden Führungsstil.

Im SL-Modell wird der Reifegrad der Mitarbeiter, bezogen auf eine konkrete Aufgabe bzw. einen konkreten Verantwortungsbereich, der Einfachheit halber in vier Grade eingeteilt:

→ Level 1 (L1) – Unbewusste Inkompetenz:

In einem neuen Verantwortungsbereich ist der/die Mitarbeiter/in zunächst einmal teilweise inkompetent, aber oft hochmotiviert. Am Anfang wirkt die „rosa Brille", d.h. alles Neue wird als attraktiv und interessant wahrgenommen. Die Inkompetenz ist ihm aber nicht bewusst, d.h. es fehlt noch an einer grundlegenden Orientierung im neuen Verantwortungsbereich.

→ Level 2 (L2) -- Bewusste Inkompetenz:

Wenn die Herausforderung und die Schwierigkeiten des neuen Verantwortungsbereichs sichtbar werden, sinkt die Motivation. Ohne „rosa Brille" werden jetzt die eigenen Inkompetenzen und Lernaufgaben richtig bewusst. Es kann zu Frustration und einem emotionalen Tiefpunkt in Bezug auf Motivation und Selbstvertrauen kommen. Gleichzeitig nimmt die Kompetenz kontinuierlich zu, auch wenn dies in der Phase L2 oft nicht so gesehen wird. Wenn der Tiefpunkt durchschritten ist und die Lernaufgaben mehr oder weniger gelernt werden, steigt die Motivation wieder stetig an.

→ Level 3 (L3) – Bewusste Kompetenz:

Der zunehmende Kompetenzaufbau führt den Mitarbeiter nun so weit, dass er im jeweiligen Verantwortungsbereich selbstständig agieren kann. Aber es gibt immer noch Zweifel an der eigenen Kompetenz. Motivation und Selbstvertrauen sind noch schwankend, mal hoch, mal etwas niedriger.

→ Level 4 (L3) – Unbewusste Kompetenz:

Wenn die Aufgaben und Verantwortlichkeiten gemeistert sind, dann hat die Kompetenz den Level der unbewussten, d.h. automatisch-professionellen Kompetenz erreicht. Der Mitarbeiter vertraut sich selbst voll und ganz. Kompetenz, Motivation und Selbstvertrauen sind hoch.

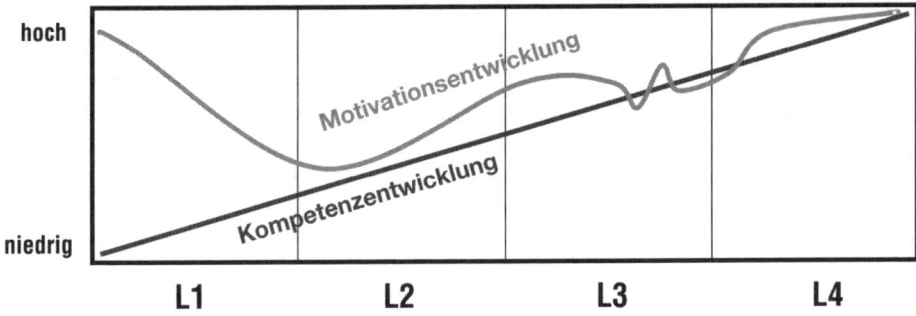

Abbildung 26: Kompetenz und Motivation im SL-Modell

Aus diesem Modell wird klar, dass ein Mitarbeiter in seinen unterschiedlichen Verantwortungsbereichen unterschiedliche Entwicklungslevels haben kann. So ist ein Produktionsleiter z.B. in technischen Fragen der Spezialist (L4), in Finanz- und Personalfragen aber ein Anfänger (L1), da er erst jüngst zur Führungskraft und zum Produktionsleiter befördert wurde.

Für jeden Entwicklungslevel beschreibt Blanchard[40] einen passenden Führungsstil, wie die Führungskraft den Mitarbeiter mit seinen Bedürfnissen in jeder dieser Phasen optimal unterstützen kann:

L1 → S1 – Dirigieren (wenig emotionale Unterstützung, wenig Verantwortungsübergabe)
In dieser Anfangsphase benötigt der Mitarbeiter viel Orientierung und direkte Anweisungen. Emotionale Unterstützung ist nicht nötig, da der Mitarbeiter meist hoch motiviert und zuversichtlich seine neuen Aufgaben und Verantwortlichkeiten übernimmt. Wenn dem Mitarbeiter sein L1-Level bewusst ist, ihm also sein niedriger Entwicklungslevel klar ist, wird er die vielen fachlichen Anweisungen und Instruktionen

---

40 K. Blanchard et al.: *Führungsstile.* 1985.

seines Vorgesetzten dankbar annehmen und lernen. Im S1-Stil legt die Führungskraft die Ziele und Umsetzungsmaßnahmen fest und überwacht die Leistungen regelmäßig.

L2→ S2 – Trainieren (viel emotionale Unterstützung, wenig Verantwortungsübergabe)
Besonders in den L2-Frustrationsphasen ist nun auch emotionale Unterstützung der Führungskraft nötig. Die Führungskraft nimmt sich Zeit zum Zuhören. Weiterhin ist auch fachliche Orientierung nötig, da der Mitarbeiter fachlich noch nicht selbstständig ist. Daher ist S2-Trainieren eine Kombination aus S1-Dirigieren und S3-Coachen. Die Kommunikation wird wechselseitiger, die Meinung des Mitarbeiters wird von der Führungskraft stärker erfragt und mit eingebunden, die Führungskraft bleibt aber der Entscheider in den Bereichen, wo der Mitarbeiter noch kein L3- oder L4-Level erreicht hat. Das Ziel liegt darin, dass neben der fachlichen Zielerreichung der Mitarbeiter die Entwicklungsziele L3 und L4 erreicht werden.

L3 → S3 – Coachen (viel emotionale Unterstützung, viel Verantwortungsübergabe)
In dieser Phase hat der Mitarbeiter einen Entwicklungslevel erreicht, dass sich die Führungskraft jetzt inhaltlich zurückziehen kann, und die Verantwortung mehr auf den Mitarbeiter übergeht. Aus Zielvorgaben werden echte Zielvereinbarungen, wenn dies die globale Unternehmenskultur zulässt. Die Führungskraft bleibt auf der Beziehungsebene weiterhin intensiv in Kontakt, beschränkt sich aber eher auf das Zuhören und emotionale Unterstützen. Bei Problemen führt sie den Mitarbeiter über lösungsorientierte Fragen zu seiner eigenen Lösung.

L4→ S4 – Delegieren (wenig emotionale Unterstützung, viel Verantwortungsübergabe)
Nachdem der L4-Level erreicht ist, ist nun auch die emotionale Unterstützung des Mitarbeiters in diesen Verantwortungsbereichen nicht mehr nötig, da Kompetenz, Motivation und Selbstvertrauen hoch sind. Erst jetzt ist echtes Management by Objectives (MbO) möglich. Dem Mitarbeiter ist nun wichtig, dass er „freie Hand" in seinem Verantwortungsbereich hat und die Führungskraft hier nicht „reinredet".

Die drei wichtigsten Fähigkeiten einer Führungskraft, die nach dem Situative Leadership-Modell vorgeht, sind nach Blanchard[41]:

1. *Diagnose*
   Die Führungskraft kann den Entwicklungslevel des Mitarbeiters, bezogen auf eine Aufgabe bzw. den Verantwortungsbereich, einschätzen.
2. *Flexibilität*
   Die Führungskraft hat die Flexibilität, jeden der vier Führungsstile authentisch und effektiv anzuwenden.
3. *Absprache*
   Die Führungskraft kann das Entwicklungsmodell dem Mitarbeiter kommunizieren und sich mit ihm auf ein gemeinsames Verständnis von Entwicklungslevel und damit auf den sinnvollsten Führungsstil verständigen.

---

41 Blanchard et al.: *Führungsstile*. 1985.

Die Absprache ist nach Blanchard der zentrale Punkt des Situative Leadership-Modells. Erst durch dieses Prinzip wird aus dem Modell ein operativ funktionierendes Kommunikations- und Führungsmodell.

Bei schlechten Leistungen des Mitarbeiters wendet die Führungskraft das Modell regressiv an, um den Mitarbeiter wieder dort abzuholen, wo sich dieser zurückentwickelt hat. Die SL-Führungskraft geht also aus dem S4-Delegieren zuerst über in ein S3-Coachen und intensiviert wieder die Beziehungsebene. Sie versucht, über lösungsorientierte Fragen und Zuhören die Zweifel und „mentalen Blockaden" bzw. den Problemfokus beim Mitarbeiter aufzulösen. Falls dies nicht hilft, geht die SL-Führungskraft in einem Kritikgespräch erneut in den S2-Trainingsmodus und kündigt an, sich wieder stärker fachlich-direktiv einzubringen.

Die globale Führungskultur

Trainings- und Consulting-Unternehmen haben immer wieder festgestellt, dass Modelle wie Situative Leadership, Knowledge-Management oder Lernende Organisationen nicht eingeführt werden können, wenn das Unternehmen selbst nicht einen gewissen Entwicklungsreifegrad erreicht hat.

Das Gravesmodell bietet ein Analysemodell, um den Reifegrad einer Unternehmenskultur einzuschätzen. Die globale Unternehmenskultur hat einen direkten Einfluss auf die globale Führungskultur. So interagieren globale Führungskultur und persönlicher Führungsstil des Einzelnen und erschaffen jene spezifische Ausgangssituation, an der eine effektive Führungsentwicklung ansetzen muss, um erfolgreich zu sein. Auch bei der globalen Führungskultur zeigt sich eine ähnliche Systematik in den Führungsstilen, abhängig vom Ausmaß der direktiven Objektorientierung und der unterstützenden Beziehungsorientierung:

hoch	**Partizipativer Mentorstil** von Graves 5 nach Graves 6 **Entwicklung der Graves6-Werte**	**Kooperativer Führungsstil** von Graves 4 nach Graves 5 **Entwicklung der Graves5-Werte**
niedrig - Beziehungsorientierung -	**Delegationsstil** von Graves 6 nach Graves 7 **Entwicklung der Graves7-Werte**	**Autoritärer Führungsstil** von Graves 2,3 nach Graves 4 **Entwicklung der Graves4-Werte**

niedrig – Aufgabenorientierung – hoch

Abbildung 27: Die Führungsstile im Gravesmodell

Global-Autoritäre Führung → Ziel: Graves4-Aufbau

In Unternehmenskulturen mit Fokus auf der Graves4-Ebene ist der globale Führungsstil tendenziell autoritär, d.h. wenig Beziehungs- und viel Sachorientierung. Ein global-autoritärer Führungsstil hat das Ziel, Recht, Ordnung und Struktur aufzubauen und zu festigen. Nehmen wir ein Beispielunternehmen aus der Baubranche: Wenn bei den meisten Mitarbeitern der Fokus auf der Graves3-Ebene ist und die Ebenen 4, 5, 6, 7 schwach oder nicht entwickelt sind, werden alle Führungskräfte auf ihre Schwachstellen hin überprüft. Hier ist ein „weicher" Führungsstil kontraproduktiv („Weichei"). Respekt bekommt die Führungskraft nur, wenn er/sie professionellen Abstand wahrt und sich durchsetzt, ohne das Ansehen des Mitarbeiters zu verletzen. Das gemeinsame Ziel der Führungskräfte ist hier die Entwicklung und Festigung der Graves4-Ebene bei den Mitarbeitern. Um dies zu erreichen, zeigen die effektiven Führungskräfte die positiven Aspekte der Graves3-Ebene wie Macht, Durchsetzungs- und Umsetzungskraft und gleichzeitig verkörpern sie die positiven Aspekte der Graves4-Ebene:

⋯⟩ Arbeitsabläufe, Verantwortlichkeiten und Organisationsregeln klar definieren und kommunizieren;

⋯⟩ Konsequenzen bei Regelverletzungen klar definieren und kommunizieren;

⋯⟩ Recht und Ordnung: Grenzen setzen, Fehlleistungen konsequent in Vier-Augen-Gesprächen besprechen, Verteilen von „gelben Karten";

⋯⟩ die Führungskraft lebt die Graves4-Werte: Gerechtigkeit, Ehrlichkeit, persönliche Integrität, Ordnung und Struktur als Basis zum Erfolg;

⋯⟩ der „Default-Führungsstil" ist hier S1 – Dirigieren (wenig emotionale Unterstützung, wenig Verantwortungsübergabe).

In einem Unternehmen mit Graves4-Fokus ist es noch zu früh, Modelle wie das Situative Leadership komplett einzuführen, da dies die global vorherrschende Führungskultur schwächen könnte und eventuell zu Irritation und Verunsicherung führen würde. Ein sinnvolles Führungsentwicklungs-Ziel wäre in solchen Unternehmen, den S2-Stil – Trainieren (viel emotionale Unterstützung, wenig Verantwortungsübergabe) aufzubauen und zu stärken, wenn es die jeweilige Situation mit dem Mitarbeiter erlaubt. Die verstärkte Anwendung des S2-Stils führt die Unternehmenskultur weiter in Richtung Graves5.

Eine kleine Bemerkung an dieser Stelle auch zu Unternehmen, die in der Graves3-Ebene ihren Schwerpunkt haben. In diesen machtorientierten Unternehmen herrscht das Faustrecht und in einem gewissen Sinne ein gewaltsam-autoritärer Führungsstil, der deutlich vom korrekt/ehrlichen Graves4-Global-Autoritären Stil abweicht. In diesen Unternehmen findet man meist die Graves2-Ebene als zweitstärkste Ebene. Die Graves2-Identifikation und Zugehörigkeit der Mitarbeiter zu den einzelnen Machtzentren ersetzt die mangelhaft ausgebildete, ordnende Graves4-Ebene. Aus Sicht der Organisationsentwicklung ist der nächste, evolutionäre Schritt für solch eine Unternehmenskultur der Aufbau von Recht und Ordnung durch Schaffung schriftlich fixierter Strukturen, klare Organisationsvorschriften und Ablaufregeln. Dieser Entwicklungsschritt kann nur von oben nach unten vorgenommen werden, d.h. der Kulturschritt muss vom Topmanagement ausgehen.

Global-Kooperative Führung → Ziel: Graves5-Aufbau

In Unternehmenskulturen mit einer stabilen und unterstützenden Graves4-Ebene und einem Haupt-Entwicklungsfokus auf der Graves5-Ebene ist der globale Führungsstil tendenziell kooperativ, d.h. gleichermaßen beziehungs- wie sachorientiert.

Bei Unternehmen im Übergang von Graves4- zu Graves5-Zentrierung arbeiten die Mitarbeiter ordentlich, zuverlässig und pflichtbewusst. Sie arbeiten ihre Aufgaben ab und halten sich genau an die vorgegebenen Regeln und Prozessabläufe. Sie sind aber noch nicht optimal motiviert und ihre Arbeitszeit ist oft auf die „nine to five" beschränkt, unabhängig von Zielerreichungskriterien. Diese Mitarbeiter können sich nun in Richtung Graves5 weiterentwickeln. Bei einem Mitarbeiter, der Graves4-Zentrierung hat, ist die Gefahr, dass Nähe zu Respektverlust führt, nicht mehr so hoch wie bei Graves2-, -3-zentrierten Mitarbeitern. So wird die globale Führungsarbeit aller Führungskräfte näher & persönlicher, um die Motivation und Leistungsbereitschaft bei den Mitarbeitern stärker zu fördern:

⋯⟩ Stärkung von zielorientiertem und unternehmerischem Denken;
⋯⟩ Initiative, Leistungs- und Karrierewille fördern;
⋯⟩ der „Default-Führungsstil" ist hier S2 – Trainieren (emotionale Unterstützung, wenig Verantwortungsübergabe).

Wichtig ist auch hier das Graves5-Vorbild der Führungskraft. Macht die Führungskraft selbst „Dienst nach Vorschrift" oder verwirklicht er authentisch die Graves5-Werte? Hier sind Entwicklungsmaßnahmen wie z.B. „Mit Zielen führen"-Seminare sinnvoll. Auch ein umfangreicheres „Management by Objectives" (MbO) wirkt enorm in diese Entwicklungsrichtung. Auch wenn ein MbO stark die Graves5-Ebene entwickelt, ist MbO nicht gleich MbO. Liegt der MbO-Fokus auf Graves4 + Graves5, werden Ziele eher vorgegeben (Top-down-Ziel-Kaskade). Bei einem Fokus auf Graves5 + Graves6 werden Ziele eher vereinbart (Bottom-up-Elemente). Die Einführung von strategischen Mitarbeitergesprächen stärkt den kooperativen Aspekt in der Führungskultur. Die Leistung der Mitarbeiter wird zunehmend an Zielerreichung und Ergebnissen orientiert und nicht an korrekter Pflichterfüllung bzw. Arbeitszeiten. In einer voll entwickelten Graves5-Unternehmenskultur wird natürlich schon von Anfang an 150% Leistung gefordert, zielorientiert gearbeitet und es werden Mitarbeiter mit starker Graves5-Ausprägung rekrutiert. Das komplette Situative Leadership-Modell einzuführen, bedeutet für solche Unternehmen eine bewusste Stärkung der unternehmensweiten Graves6- und Graves7-Ebene, da besonders die Verantwortungsübergabe bei den situativen S3- und S4-Stilen den üblichen Rahmen in solchen Unternehmen überschreitet. Auch hier kann der nächste, einfache Schritt in der Organisations- und Führungsentwicklung in Richtung Graves6 darin liegen, in Führungsseminaren verstärkt den S3 – Coaching-Stil (viel emotionale Unterstützung, viel Verantwortungsübergabe) zu trainieren.

Globaler-Partizipativer Mentorstil → Ziel: Graves6-Aufbau

Bei Unternehmenskulturen mit einer stabilen Graves4- und Graves5-Ebene ist die nächste Herausforderung im globalen Wettbewerb, die Innovations- und Wandlungsfähigkeit zu verstärken, um durch Marktnähe und Themenführerschaft den ökonomischen Vorsprung zu erkämpfen. Die Innovations- und Wandlungsfähigkeit ist eine klare Graves7-Thematik. Hierbei erkennen viele Unternehmen intuitiv, dass die Graves6-Ebene der dazu nötige Katalysator ist. Die notwendige Graves6-Stärkung erreichen viele Unternehmen durch einen stärkeren Fokus auf Teamarbeit und durch Entwicklungsmaßnahmen wie z.B. Kommunikations-, Outdoor- und Teambuilding-Trainings. Eine weitere, zielführende Maßnahme besteht in der Aufnahme von unternehmensweiten CSR-Aktivitäten (Corporate Social Responsibility) wie z.B.

- Künstler-Förderungen, Behindertenintegrations-Projekte oder andere Projekte mit dem Ziel, soziales Engagement zu erleben: gemeinsam etwas Gutes zu tun;
- Umsetzung von familienfreundlichen Maßnahmen;
- Förderung von informellen, persönlichen Kommunikationsprozessen;
- Maßnahmen zur Förderung von Fairness und Vertrauen im zwischenmenschlichen Kontakt.

In Unternehmen mit einer stark ausgeprägten Graves6-Ebene ist der S3-Coaching-Stil (viel emotionale Unterstützung, viel Verantwortungsübergabe) der am weitesten verbreitete Führungsstil. Verantwortungsübergabe ist das zentrale Element der Führungsarbeit. Die Rolle der Führungskraft ist die eines Mentors, im Mittelpunkt steht die menschliche Beziehung. In der Realität ist in solchen Unternehmen sicherlich gleichzeitig auch die Graves7-Ebene stark entwickelt, so dass die beiden Default-Führungsstile S3-Coaching und S4-Delegation sind. Solche Unternehmen profitieren besonders von der kompletten Einführung des Situative Leadership-Modells, da über das Flexibilitäts-Training auch die Führungsstile S1-Dirigieren bzw. S2-Trainieren erneut gestärkt werden, so dass generell die Umsetzungskraft und Führungsstärke der Führungskräfte erhöht werden.

Globaler Delegationsstil → Ziel: Graves7-Aufbau

In Unternehmen mit gut entwickelten Graves5-, -6-, -7-Ebenen sind Verantwortungsübergabe und Delegation der Default-Führungsstil. Je stärker dabei die Graves5-/Graves7-Achse über die Graves6-Ausprägung dominiert, desto mehr wird unabhängiges, selbstständiges Arbeiten erwartet. Je umfassender sich die Graves7-Ebene in einer Unternehmenskultur entwickelt, desto systemischer und ganzheitlicher agiert auch das Management bzw. die Organisations- und Personalentwicklung. Ganzheitlichkeit ist bereits ein Graves8-Wert, der mit dem erstarkenden, systemischen Denken der Graves7-Ebene einhergeht. Diese Ausprägung einer starken Graves7-Ebene mit Ansätzen von ersten Graves8-Werten wie Ganzheitlichkeit und Nachhaltigkeit führt die Führungskultur von einem globalen Delegationsstil hin zu einem global-situativen Stil. Die Stärken der Graves7-Ebene, wie systemisches Denken, langfristige Perspektiven, Funktionalität, Flexibilität, Entwicklungsorientierung etc., führen erst damit zur vollen Entfaltung und Verwirklichung des Situative Leadership-Modells.

10. Das Gravesmodell in Beziehung zu anderen diagnostischen Modellen

Es ist ein Anliegen dieses Buches, die diagnostischen Modelle stärker in den Interviewstil einfließen zu lassen, als nur unpersönliche Persönlichkeitsanalysen mit normierten Fragebogen-Items zu benutzen. Natürlich gehört dazu eine Qualifizierung der Interviewer, zu der dieses Buch einen ersten Schritt liefern kann. Einige psychologische Theorien sind im Laufe der letzten 100 Jahre im wirtschaftlichen Kontext genutzt worden. Motivation ist hier sicherlich ein zentraler Interessenbereich, besonders in der Personalauswahl. Für den interessierten Leser folgt nun ein Überblick über die Zusammenhänge verschiedener psychologischer Diagnostik-Ansätze mit dem Modell der Metaprogramme und dem Gravesmodell. Einen ersten Zusammenhang zu einem anderen psychologischen Modell gab es bereits im Abschnitt „Limbische Motivsysteme im Personalmarketing". Ein konkreter Bezug zu personalwirtschaftlichen Themen erfolgt wieder im nächsten Kapitel. Die Inhalte dieses Kapitels sind nicht wesentlich für das weitere Verständnis und stellen lediglich zusätzliche Bezüge her.

Jung/MBTI

Carl Gustav Jung (1875-1961) veröffentlichte 1921 sein Buch „Psychologische Typen", das wie kein anderes Konzept die moderne psychologische Forschung nach Persönlichkeitsmerkmalen beeinflusst hat. Begrifflichkeiten wie „Er ist introvertiert" oder „Sie ist extravertiert" wurden durch dieses Modell zu Allgemeinwissen. In den 50er und 60er Jahren entwickelten Isabel Myers (1897-1980) und ihre Mutter Katharine Cook Briggs (1875-1968) auf diesen Grundlagen aufbauend den in der Personalarbeit oft eingesetzten Myers-Briggs Type Indicator (MBTI). Typologien haben den Nachteil, dass sie Menschen in Schubladen stecken und damit Grenzen aufzeigen. Mit dem kontext- und zustandsabhängigen Metaprogramm-Modell können Typologien wieder in Handlungspräferenzen aufgelöst werden. Auch beim Gravesmodell liegt der Fokus mehr auf Werthaltung und Persönlichkeitsentwicklung als auf einer finalen „Diagnose" der Persönlichkeit.

In den frühen Publikationen über Metaprogramme von Tad James und Wyatt Woodsmall[42] wurden die vier Jung/MBTI-Ausprägungen als „einfache Metaprogramme" beschrieben und Metaprogramme wie Motivationsrichtung, Referenzfilter etc. wurden als „komplexe Metaprogramme" benannt. Aus heutiger Sicht ist es wahrscheinlich genau umgekehrt. So ist z.B. die klassische Introvertiertheit bzw. Extravertiertheit eher ein Zusammenspiel verschiedener Metaprogramme. Daher ist es sicherlich nützlicher für weitere Forschungen und Anwendungen, die vier Jung/MBTI-Ausprägungen als komplexe Metaprogramm-Cluster zu verstehen und nicht als die elementaren, einfachen Metaprogramme.

Hier ein Überblick über die grundlegende Jung-Typologie, ergänzt um eine MBTI-Dimension, in Beziehung zu Metaprogrammen und Graves-Ebenen:

Introversion/Extraversion

→ *Motivationsniveau und Motivationsrichtung*

⋯⋗ *Introversion:* Personen mit hohen Introversionswerten zeigen vor allem das reflektive Metaprogramm, d.h. denken nach, bevor sie handeln und beobachten erst einmal, besonders wenn es um Beziehungen und Gruppen geht. Wenn sie sich äußern, sind sie oft nicht sehr ausdrucksstark. Ihre Privatsphäre ist ihnen sehr wichtig. Sie haben eher weniger soziale Beziehungen, dafür sind diese umso tiefer. Es besteht öfter eine Scheu vor dem Agieren in großen Gruppen und bei gesellschaftlichen Anlässen. Bei ihnen ist auch tendenziell das Weg-Von-System[43] stärker ak-

---

42 Tad James & Wyatt Woodsmall: *Time Line. NLP-Konzepte zur Grundstruktur der Persönlichkeit.* 1988.
43 Rechter präfrontaler Kortex mit Amygdala-Flucht/Kampf-Schaltungen.

tiviert. Sie hören eher zu, als dass sie reden. Sie haben meist gute analytische Fähigkeiten und können Dinge mental ausarbeiten.

···⟩ *Extraversion:* Personen mit hohen Extraversionswerten äußern sich im proaktiven Metaprogramm und sind generell geselliger. Sie handeln, bevor sie denken und ergreifen die Initiative. Sie haben in der Regel viele soziale Beziehungen, dafür sind diese öfters oberflächlicher. Sie reden eher, als sie zuhören. Ihr Schwerpunkt liegt im starken Selbstausdruck (Outing im Pacing/Outing/Leading-Modell). Sie sind eher selbstsicher, kommunikativ und aktionsorientiert. Bei ihnen ist eher das Hin-Zu-System[44] stärker genutzt.

Sensorisch/Intuition

→ *Informationsgröße, Motivationsgrund und die Graves-Ebenen*

···⟩ *Sensorisch:* Bei dieser Ausprägung richtet sich die Aufmerksamkeit vor allen Dingen auf die konkrete, sinnliche Wahrnehmung. Es geht um die wirklichen Tatsachen. Der Zugang ist praktisch, realistisch und an der Brauchbarkeit orientiert. Die Informationsgröße ist stärker detailorientiert. Der Motivationsgrund ist eher prozedural an der Umsetzung orientiert. Die Graves-Ebenen 1 bis 4 haben einen Bezug zum Wahrnehmungs-Modus. Die Graves5-Ebene ist der Übergang von Sensorisch zu Intuition, aber noch mit klarem Bezug zu Sensorisch.

···⟩ *Intuition:* In der intuitiven Ausprägung richtet sich die Aufmerksamkeit auf abstrakte Konzepte und Möglichkeiten. Der Zugang ist visionär, zukunftsorientiert, imaginativ, spekulativ und abwechslungsorientiert. Das Interesse liegt im Unbekannten. Die Informationsgröße ist stärker Global. Der Motivationsgrund ist eher Optional und die Graves-Ebenen >=5 haben einen Bezug zum Intuitions-Modus. Aus den MBTI-Daten geht hervor, dass etwa zwei Drittel der westlichen Bevölkerung eher eine Ausprägung bei Sensorisch (Graves 1 bis 5) haben und ein Drittel einen Schwerpunkt bei Intuition (Graves>=5).

Denken/Fühlen

→ *Arbeitsorganisation, primäre Gehirnareale/Repräsentationssysteme und die Graves-Ebenen. Dieses MBTI/Jung-Muster kann man noch am ehesten als elementares bzw. einfaches Metaprogramm verstehen.*

···⟩ *Denken:* In dieser Ausprägung benutzen Menschen in erster Linie ihren „Kopf" und verlassen sich auf objektives Denken – aus neuropsychologischer Sicht verstärkt in den visuellen, assoziativen, auditiven und sprachlichen Arealen des Gehirns. Gefühle spielen eine Rolle und werden in Gedankengängen und Entschei-

---

44 Linker präfrontaler Kortex mit Belohnungssystem.

dungsprozessen mitbedacht. Beim ausgeprägten Denk-Modus werden Gefühle von intensiver, kognitiver Aktivität überlagert bzw. in den Hintergrund gedrängt. In dieser Ausprägung sind Menschen gute Beobachter und haben oft ein großes Interesse an Wahrheit und Gerechtigkeit (Graves4-Ausprägung). Im gewissen Sinne ist der Denk-Modus die allgemeine Variante der Arbeitsorganisation Objektbezug. Der Objektbezug ist quasi der Denk-Modus im Kontext Arbeit. Die Graves-Ebenen 4, 5 und 7 haben einen Bezug zum Denk-Modus.

···> *Fühlen:* In dieser Ausprägung verlassen sich Menschen in erster Linie auf ihr Herz bzw. den Bauch. Aus neuropsychologischer Sicht sind bei Ihnen die Körperrepräsentations-Areale (Haut als Sinnesorgan, Informationen über innere Organe und biochemische Körper-Zustände, Körpergefühl, Motorik) und die Verarbeitung und Repräsentation von limbischen Inputs sehr wichtig. Auch wenn analytische Überlegungen mitbedacht werden, entscheiden sie mit ihrem Gefühl. Beziehungen, Harmonie und Gefühle sind sehr wichtig und überlagern teilweise Denkprozesse. Der Fühl-Modus entspricht der Arbeitsorganisation „Personenorientierung" im Kontext Arbeit. Die Graves-Ebenen 2, 6 und 8 haben einen Bezug zum Fühl-Modus.

Beurteilen/Wahrnehmen (MBTI)

→ *Motivationsgrund und die Graves-Ebenen*

···> *Beurteilen:* In dieser Ausprägung möchten Menschen „die Dinge geregelt haben". Sie haben oft ein durchorganisiertes Tagesprogramm. Sie beurteilen, strukturieren, organisieren und handeln nach Plan. Ihre Aufmerksamkeit liegt auf dem Ergebnis und weniger auf dem Prozess. Sie sind sehr produktiv in der Umsetzung. Es besteht ein Bezug zum Motivationsgrund Prozedural und zu den Graves-Ebenen 1 bis 4.

···> *Wahrnehmen:* In dieser Ausprägung möchten Menschen „die Dinge offen lassen". Sie legen sich nur ungern auf eine Option fest, da sie sich dann anderen Optionen verschließen. Sie planen wenig bis gar nicht und lassen „die Dinge auf sich zukommen". Sie sind sehr flexibel und können sich auf neue Situationen gut einstellen. Ihre Improvisationsfähigkeit ist hoch. Ihre Aufmerksamkeit liegt auf dem Prozess und weniger auf dem Ergebnis. Es besteht ein Bezug zum Motivationsgrund Optional und zu den Graves-Ebenen >=5.

Big Five-Modell

In der psychologischen Forschung ist das so genannte Big Five- bzw. Fünf-Faktoren-Modell sehr bekannt. Schon in den 30er Jahren des letzten Jahrhunderts hat Gordon Allport aus einem Lexikon heraus eine Liste mit über 10.000 Adjektiven von Persönlichkeitsbeschreibungen analysiert und diese durch ein statistisches Verfahren (Faktorenanalyse) in fünf sehr stabile und weitgehend kulturstabile Faktoren aufgeteilt. Diese wurden durch Mitwirkung von Paul T. Costa und Robert R. McCrae[45] in folgende fünf Faktoren unterteilt:

Emotionale Stabilität (Ursprünglich „Neurotizismus")

⋯> *Hoch:* Sind nicht leicht aus dem Gleichgewicht zu bringen, haben eine ruhige Grundnatur, sind sehr stressresistent. Sie werden von anderen als gefestigte oder sorglose Persönlichkeiten beschrieben, die weitgehend unempfindlich gegenüber Problemen und beständig ausgeglichen sind.

⋯> *Niedrig:* Sind sehr emotional und leicht aus dem Gleichgewicht zu bringen und können dann nicht leicht zu einem emotionalen Gleichgewicht zurückkehren. Sind gleichzeitig auch sensibler, oft auch kreativer und gefühlvoller. Sie werden von anderen meist als emotional erregbar, ängstlich, impulsiv, überempfindlich und unausgeglichen wahrgenommen.

In Stellenbeschreibungen, in denen die Reaktion auf Stress ein wichtiges Kriterium ist, bringt z.B. folgende Frage Klärung:[46] *„Erzählen Sie mir von einer konkreten Arbeitssituation, die Ihnen Schwierigkeiten bereitet hat."*

Hier gibt es drei Ausprägungen:

⋯> *emotional* – zeigt deutliche, längere, emotionale Reaktion und hat Schwierigkeiten, in einen neutralen Zustand zurückzukehren;

⋯> *flexibel* – zeigt anfangs Gefühl und kann dann in einen neutralen Zustand zurückkehren;

⋯> *kognitiv* – bleibt „cool"; keine emotionale Reaktion.

Frage für die Stellenbeschreibung: *„Ist die Person hohen, mittleren oder niedrigen Belastungen ausgesetzt?"*

⋯> *emotional* – künstlerische Tätigkeiten, kreative Berufe;

⋯> *flexibel* – alle Positionen mit hohem kommunikativen Anteil;

⋯> *kognitiv* – Pilot, Fluglotse, überall, wo ein „kühler Kopf" wichtig ist.

---

45 Entwickler des NEO-PI-R – NEO-Persönlichkeitsinventars, des weltweit in der Forschung und klinischen Praxis wohl am häufigsten eingesetzten Fragebogens.

46 Siehe Shelle Rose Charvet: *Wort sei Dank.* Kapitel „Durchgedreht oder supercool: Reaktion auf Stress".

Bei der emotionalen Stabilität gibt es einen gewissen Bezug zu dem Jung/MBTI-Muster „Denken und Fühlen". So entspricht eine Emotional-Ausprägung eher dem Fühlen und eine Kognitiv-Ausprägung eher dem Denken. Die Frage nach der Reaktion auf Stress fokussiert quasi einen anderen kontext- und zustandsabhängigen Aspekt dieses Grundmusters. Eine andere Frage, um die Denk/Fühl-Komponente zu untersuchen, ist folgende: „Erzählen Sie mir von einer konkreten Arbeitssituation, in der Sie am glücklichsten waren."

Eine hohe emotionale Stabilität und Ausgeglichenheit zeigt sich in einer Hin-Zu-Motivationsrichtung, einer flexiblen oder kognitiven Reaktion auf Stress und in einer balancierten Graves3-Ebene. Die Graves3-Ebene ist zentral für den ursprünglichen Selbstausdruck und das emotionale Selbstbewusstsein.

Eine niedrige emotionale Stabilität und Unausgeglichenheit zeigt sich in einer emotionalen Reaktion auf Stress, einer unbalancierten Graves3-Ebene und in einem stärker aktivierten Weg-Von-System.

Extraversion

Mehr oder weniger wie die Extraversion/Introversion der Jung/MBTI-Typologie mit den Metaprogrammen Motivationsniveau und Motivationsrichtung.

Offenheit für Erfahrungen

→ *Motivationsgrund und Graves-Ebenen (oben/unten)*

···⟩ *Hohe Offenheit:* Das Interesse und das Ausmaß der Beschäftigung mit neuen Erfahrungen, Erlebnissen und Eindrücken sind stark ausgeprägt. Es gibt eine Offenheit für Zukunfts-Visionen, Ästhetik, Gefühlsausdruck, ungewohnte Handlungen, ungewöhnliche Ideen und eine Toleranz in der Kommunikation bei anderen Wertehaltungen. Alle Eigenschaften des Motivationsgrunds Optional treffen ebenso zu wie die Eigenschaften der Stärken in den Graves-Ebenen 5, 6, 7 und 8. Es treffen im Wesentlichen alle Beschreibungen der limbischen Stimulanz-Instruktion zu (siehe Abschnitt „Limbische Motivsysteme im Personalmarketing").

···⟩ *Niedrige Offenheit:* Alle Beschreibungen des Motivationsgrunds Prozedural treffen zu. Mit dieser Merkmalsausprägung ziehen Menschen Bekanntes und Bewährtes dem Neuen vor und halten sich gerne an erprobte Methoden bzw. Strategien. Sie denken konkreter, sind an Fakten orientiert und stark im Tagesgeschäft bzw. in der „wirklichen Arbeit". Es gibt einen Bezug zu den Graves-Ebenen 1, 2, 3 und 4.

Verträglichkeit

→ *Arbeitsorganisation, Referenzfilter und Gravesbalance (rechts/links)*

⋯⟩ *Hoch:* Eine hohe Ausprägung zeigt eine starke Personen- und Gefühlsorientierung. Gefühle und Gedanken bzw. andere Menschen und deren Themen stehen im Vordergrund des inneren Erlebens. Es besteht ein hohes Harmoniebedürfnis. Altruismus ist oft in den Handlungsmotiven zu finden. Menschen mit diesen Ausprägungen geben in Beziehungen anderen oft einen großen Vertrauensvorschuss. Es besteht ein starker Bezug zu den gruppenorientierten Werteebenen Graves 2, 4, 6, 8 und damit auch zu einem externalen Referenzfilter.

⋯⟩ *Niedrig:* Hier ist das Denken und Handeln objektorientierter. In Beziehungen herrscht eher Misstrauen als Grundtendenz. Die Motive sind egozentrischer und eher kompetitiv als kooperativ. Der Referenzfilter ist eher Internal. Die Graves3- und Graves5-Ebenen sind stark und nur ungenügend durch gruppenorientierte Werteebenen balanciert.

Gewissenhaftigkeit

→ *Informationsgröße, Motivationsgrund, Graves4-Stärke*

⋯⟩ *Hoch:* Es besteht eine hohe Graves4-Stärke. Die Person ist organisiert, zuverlässig, detailorientiert und prozedural im Motivationsgrund.

⋯⟩ *Niedrig:* Es besteht eine Graves4-Schwäche. Details werden übersehen bzw. nicht beachtet. Kreativität ist eventuell wichtiger als Wertschöpfung. Unbekannte Möglichkeiten sind wichtiger als bewährte Organisationsstrukturen. Regeln werden gebogen, die Organisation und Ordnung sind nicht optimal.

DISG-Modell

William Moulton Marston (1893 – 1947) modellierte vier grundlegende Verhaltens-dimensionen: Dominance, Influence, Steadiness, Compliance (DISC). Im deutsch-sprachigen Raum werden diese mit dominant, initiativ, stetig, gewissenhaft (DISG) übersetzt und sind unter dem Namen DISG-Profil[47] bzw. Thomas-System (Thomas International) bekannt. Folgenden Bezug gibt es zu den Metaprogrammen:

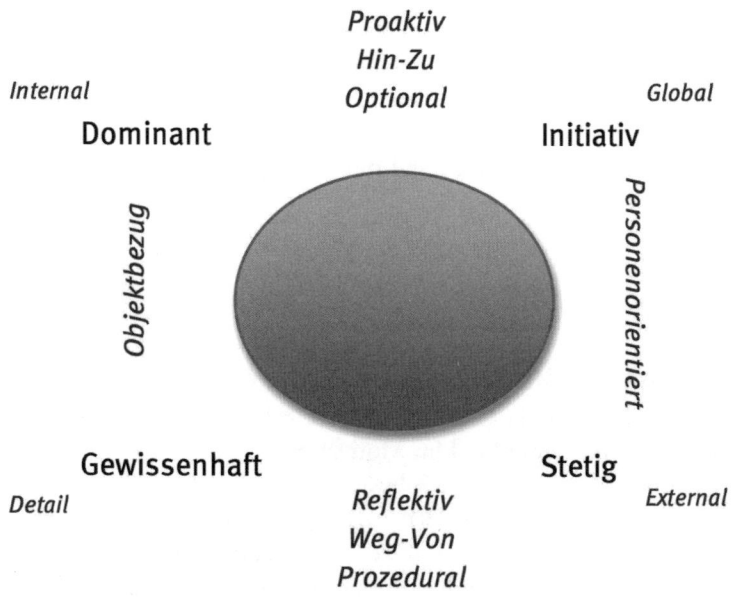

Abbildung 28: DISG und Metaprogramm-Dimensionen

···⟩ *Dominant* – Proaktiv, Hin-Zu, Optional, Objektbezug, Internal;
···⟩ *Initiativ* – Proaktiv, Hin-Zu, Optional, Personenorientiert, Global;
···⟩ *Gewissenhaft* – Reflektiv, Weg-Von, Prozedural, Objektbezug, Detail;
···⟩ *Stetig* – Reflektiv, Weg-Von, Prozedural, Personenorientiert, External.

Interessant an dieser Anordnung sind drei Ordnungsprinzipien:
···⟩ *die Diagonalen:* Internal bis External in der Diagonale zwischen Dominant und Ste-tig bzw. Global bis Detail in der Diagonalen zwischen Initiativ und Gewissenhaft;
···⟩ *die Seiten:* Personenorientierung auf der rechten Seite bei Initiativ und Stetig bzw. Objektbezug auf der linken Seite bei Gewissenhaft und Dominant;

---

47 Z.B. Friedbert Gay: *DISG Persönlichkeitsprofil.* 2002.

···⟩ *die Vertikale:* Proaktiv, Hin-Zu, Optional im oberen Bereich bei Dominant und Initiativ bzw. Reflektiv, Weg-Von, Prozedural im unteren Bereich bei Gewissenhaft und Stetig.

Hier noch eine mögliche Zuordnung zu den Graves-Ebenen:
···⟩ *Dominant* – Graves3 + Graves5;
···⟩ *Initiativ* – Graves7 + Graves6;
···⟩ *Gewissenhaft* – Graves2 + Graves4;
···⟩ *Stetig* – Graves6 + Graves2.

Motivstrukturanalyse

Die Motivstrukturanalyse analysiert 18 Grundmotive und baut theoretisch auf den zentralen Modellen der Big Five-Entwickler auf: Gordon Allport, Paul T. Costa und Robert R. McCrae.

Hier die Zuordnung der 18 MSA-Motivklassen zu den Graves-Ebenen:
- Graves1: Essen, körperliche Aktivität, Sinnlichkeit;
- Graves2: Familie, materielle Sicherheit;
- Graves3: Macht, Status, Risiko;
- Graves4: Prinzipientreue, Ordnung, Anerkennung (Streben nach positivem Selbstwert aufgrund von Rückmeldungen des Umfelds);
- Graves5: Wettkampf;
- Graves6: Hilfe/Fürsorge, Beziehung, Idealismus;
- Graves5: Wissen, Freiheit;
- Graves8: Spiritualität.

16PF-Modell

Dieses im Personalbereich recht beliebte Modell wurde von Raymond Bernard Cattell mit dem Verfahren der mathematischen Fakorenanalyse entwickelt. Cattel war von 1945 bis 1974 Professor für Psychologie an der University Illinois, USA. Das 16PF (*Sixteen Personality Factor Questionnaire*) arbeitet mit 16 Primärfaktoren, die sich zu fünf komplexen Globalfaktoren zusammenfassen lassen. Aus der Sicht des Metaprogramm- und Gravesmodells sind die 16 Faktoren:

→ 1. Wärme: Sachorientierung vs. Kontaktorientierung
Entsprechen dem Metaprogramm Arbeitsorganisation in den Ausprägungen Objektbezug bzw. Personenbezug bzw. dem Metaprogramm „innerer Prozess" in den Ausprägungen Denken und Fühlen.

→ 2. Logisches Schlussfolgern: Konkretes Denken vs. abstraktes Denken
Bezug zum Jung/MBTI-Muster Sensorisch/Intuition und damit zu den Metaprogrammen Informationsgröße, Motivationsgrund und den Graves-Ebenen. Konkretes Denken: Detail, Prozedural, Graves1 bis Graves5. Abstraktes Denken: Global, Optional, Graves6 bis Graves8.

→ 3. Emotionale Stabilität: Störbarkeit vs. Widerstandsfähigkeit
Siehe Emotionale Stabilität (ursprünglich „Neurotizismus") bei den „Big Five". Emotionale Widerstandsfähigkeit: flexible oder kognitive Reaktion auf Stress. Emotionale Störbarkeit: emotionale Reaktion auf Stress.

→ 4. Dominanz: Soziale Anpassung vs. Selbstbehauptung
Im engeren Sinne betrifft dies die Graves3-Stärke, im weiteren Sinne die Balance zwischen den individuumsorientierten Werteebenen (Graves 1, 3, 5, 7) mit den gruppenorientierten Werteebenen (Graves 2, 4, 6, 8).

→ 5. Lebhaftigkeit: Ernsthaftigkeit vs. Begeisterungsfähigkeit
Tangiert das Motivationsniveau Reflektiv/Proaktiv, einen der Teilfaktoren für Extraversion/Introversion.

→ 6. Regelbewusstsein: Unangepasstheit vs. Pflichtbewusstsein
Pflichtbewusstsein: Prozedural, Detail, Graves4-Stärke.
Unangepasstheit: Optional, Global, Graves7-Stärke.

→ *7. Soziale Kompetenz: Zurückhaltung vs. Selbstsicherheit*

Tangiert wie die 16PF-Lebhaftigkeit das Motivationsniveau Reflektiv/Proaktiv, einen der Teilfaktoren für Extraversion/Introversion.

→ *8. Empfindsamkeit: Robustheit vs. Sensibilität*

Sensibilität: Personenbezug, innerer Prozess: Fühlen.
Robustheit: Objektbezug, innerer Prozess: Denken.

→ *9. Wachsamkeit: Vertrauensbereitschaft vs. skeptische Haltung*

Vertrauensbereitschaft: Matching, Hin-Zu.
Skeptische Haltung: Mismatching, Weg-Von.

→ *10. Abgehobenheit: Pragmatismus vs. Unkonventionalität*

Pragmatismus: Prozedural („Wie", etablierte Erfolgswege), Detail.
Unkonventionalität: Optional („Warum", Möglichkeiten), Global.

→ *11. Selbstöffnungsbereitschaft: Unbefangenheit vs. Verschlossenheit*

Tangiert wie die 16PF-Lebhaftigkeit und 16PF-Soziale Kompetenz das Motivations-niveau Reflektiv/Proaktiv, einen der Teilfaktoren für Extraversion/Introversion.

→ *12. Besorgtheit: Selbstvertrauen vs. Besorgtheit*

Selbstvertrauen: Hin-Zu.
Besorgtheit: Weg-Von.

→ *13. Offenheit für Veränderung: Sicherheitsinteresse vs. Veränderungsbereitschaft*

Sicherheitsinteresse: Weg-Von, Prozedural, Graves2- und Graves4-Stärke.
Veränderungsbereitschaft: Hin-Zu, Optional, Graves7-Stärke.

→ *14. Selbstgenügsamkeit: Gruppenverbundenheit vs. Eigenständigkeit*

Eigenständigkeit: Reflektiv.
Gruppenverbundenheit: Proaktiv.

→ *15. Perfektionismus: Spontanität vs. Selbstkontrolle*

Selbstkontrolle: Graves4-Stärke, Prozedural.
Flexibilität: Graves7-Stärke, Optional.

→ *16. Anspannung: Innere Ruhe vs. Innere Gespanntheit*

Innere Gespanntheit: unbalancierte Graves3-Ebene.
Innere Ruhe: balancierte Graves3-Ebene.

Die mit einer weiteren Faktorenanalyse von diesen 16 Primärfaktoren abgeleiteten Globalfaktoren korrelieren mehr oder weniger mit den „Big Five" (in Klammern):

⸭ *Extraversion – Introversion (Big Five: Extraversion)*
Nach Cattell ist die Extraversion gebildet aus den gewichteten Faktoren: Kontaktorientierung (1.), Selbstbehauptung (4.), Begeisterungsfähigkeit (5.), Selbstsicherheit (7.), Unbefangenheit (11.) und Gruppenverbundenheit (14.). Nach dieser Analyse wäre dann die „Cattell-Extraversion" gebildet aus: Personenbezug, Graves3-Stärke, 3 x Proaktiv.

⸭ *Hohes Angstniveau – Gelassenheit (Big Five: Emotionale Stabilität)*
Zusammengesetzt aus innerer Gespanntheit (16), Besorgtheit (12.) und emotionaler Störbarkeit (3.). Ein hohes Angstniveau würde sich demnach äußern in: Weg-Von, emotionale Reaktion auf Stress, unbalancierte Graves3-Ebene. Die Ausprägung Gelassenheit ist damit zusammengesetzt aus: Hin-Zu, flexible oder kognitive Reaktion auf Stress und eine balancierte Graves3-Ebene („In der Ruhe liegt die Kraft!").

⸭ *Sensibilität – Unnachgiebigkeit (Big Five: Offenheit für Erfahrungen)*
Sensibilität wird aus den beiden Faktoren Veränderungsbereitschaft (13.) und Unkonventionalität (10.) gebildet und setzt sich nach dieser Analyse zusammen aus: Hin-Zu, 2 x Optional, Graves7-Stärke, Global. Unnachgiebigkeit wird gebildet aus: Weg-Von, 2 x Prozedural, Graves2- und Graves4-Stärke, Detail.

⸭ *Abhängigkeit – Eigenständigkeit (Big Five: Verträglichkeit)*
Eigenständigkeit setzt sich zusammen aus: Selbstbehauptung (4.), Selbstvertrauen (12.), Sachorientierung (1.) und Robustheit (8.). Der Globalfaktor Eigenständigkeit wird demnach gebildet aus: Graves3-Stärke, Hin-Zu, 2 x Objektbezug.

⸭ *Niedrige Selbstkontrolle – Hohe Selbstkontrolle (Big Five: Gewissenhaftigkeit)*
Nach Cattell wird eine hohe Selbstkontrolle gebildet aus Pflichtbewusstsein (6.) und Selbstkontrolle (15.): 2 x Prozedural, Detail, 2 x Graves4-Stärke.

11. CSR und Nachhaltigkeit rechnen sich

In diesem Kapitel werden das Graves-Werteentwicklungsmodell und seine Anwendung in der Einordnung von CSR (Corporate Social Responsibility) in die strategische Unternehmensführung vorgestellt. Das Ziel dieses Kapitels liegt darin, die CSR-Sicht für die strategische Unternehmensführung zu erweitern und die als relevant genannten CSR-Nutzeffekte wie Vorreiterfunktion, Mitarbeitermotivation und Arbeitgeber-Attraktivität greifbarer zu gestalten.

CSR und Nachhaltigkeit aus der Sicht des Gravesmodells

CSR-Projekte als Konzept gesellschaftlicher Verantwortung von Unternehmen, die sich am Wert der Nachhaltigkeit orientieren, sind freiwillige „Zusatzleistungen" von Unternehmen für die Gesellschaft und werden häufig von engagierten Personen initiiert. Sie beruhen auf Eigeninitiative und Eigenverantwortung.

Wie aber in vielen CSR-Publikationen und Projektbeschreibungen betont wird, ist eine notwendige Voraussetzung für das gesellschaftliche Engagement von Unternehmen deren wirtschaftlicher Erfolg. CSR benötigt ein solides Graves5-Erfolgsfundament, auf dem eine Ausweitung nach Graves6 erfolgen kann. Aus der Sicht des Gravesmodells liegt das Wertezentrum eines wirtschaftlichen Unternehmens in der Graves5-Werteebene:

⋯⋗ wirtschaftlicher Erfolg durch unternehmerisches Denken und Handeln;

⋯⋗ die Herausforderung der globalen Märkte meistern;

⋯⋗ Wohlstand durch Ziel- und Ergebnisorientierung schaffen;

⋯⋗ Gewinne realisieren;

⋯⋗ Wachstums- und Expansionsstrategien umsetzen.

Dies alles sind die Graves5-Triebfedern eines Unternehmens. Nur wettbewerbsfähige und wirtschaftlich gesunde Unternehmen sind überhaupt in der Lage, ihren Beitrag zur Lösung gesellschaftlicher Probleme zu leisten. Bei der Betonung der Eigeninitiative wird aus der Sicht des Gravesmodells in bemerkenswerter Weise zum Ausdruck gebracht, dass nicht staatliche Graves4-Regelungen zum Zuge kommen sollen, sondern die Unternehmen in Eigenverantwortung die Motivationskraft der höheren Graves-Ebenen 6, 7 und 8 nutzen wollen („Motivieren statt regulieren").

Diese soziale Verantwortung geht über das „reine Arbeitsplätze sichern" hinaus. Ein wirtschaftliches Unternehmen repräsentiert als Teil der Gesellschaft auch die Graves6-Grundwerte wie gesellschaftlicher Konsens, Gleichheit und Solidarität. Die Wirkungen einer Umsetzung dieser CSR-Themenfelder sind vielfältig. Sie schafft Sympathiepunkte innerhalb und außerhalb des Unternehmens und wird so zu einem real wirksamen Erfolgsfaktor. Bei den Graves6-Aspekten von CSR-Initiativen geht es wie bereits erwähnt z.B. darum:

···⟩ soziales Engagement zu erfahren (z.B. Tsunami-Spendeninitiativen, Behinderten-integrations-Projekte, Kunstförderung etc.);
···⟩ Teamgeist erleben zu können, Kollegen auf einer anderen Ebene kennenlernen, gemeinsam etwas Gutes zu tun;
···⟩ Umsetzung von familienfreundlichen Maßnahmen;
···⟩ Förderung von informellen, persönlichen Kommunikationsprozessen im Unternehmensalltag;
···⟩ Maßnahmen zur Förderung von Fairness und Vertrauen im zwischenmenschlichen Kontakt.

Auf einer wirtschaftlich gesunden Graves5-Basis baut auch eine strategische Graves7-Personalentwicklung auf. Es ist bekannt, dass in wirtschaftlichen Krisenphasen das Personalentwicklungsbudget gefährdet ist. Genauso einleuchtend ist für fast jedes Management, dass in wirtschaftlich guten bzw. durchschnittlichen Zeiten die strategische Graves7-Personalentwicklung ein wesentlicher Erfolgsfaktor ist, um überdurchschnittliche Performance und langfristige Mitarbeiterzufriedenheit = niedrige Fluktuation zu realisieren.

Die Bedeutung der Graves7-Werte „Lernen", „Wissen und Kompetenzen erweitern" und „Weiterentwicklung" für die langfristige Performance wurde schon Anfang der 1990er Jahre im Konzept der „Lernenden Organisationen" vertieft thematisiert,[48] während die Graves6-Apekte der CSR-Sichtweise erst Mitte der 1990er Jahre stärkere Aufmerksamkeit in den Führungs-Etagen von Spitzenmanagern fanden. Dies hat unter anderem damit zu tun, dass die Graves7-Ebene gemeinsam mit der Graves5-Ebene auf der individuumsorientierten Ebene liegt und damit dem betriebswirtschaftlichen Graves5-Denken eher als erfolgsrelevant einleuchtet.

Dies ist ein weiterer Grund, weshalb sich die weichen Graves6-CSR-Initiativen (und auch die Graves8-Initiativen) so schwer rechnen lassen. Sie verbessern die Unternehmensidentität und -kultur besonders auf der Graves6-Ebene langfristig und steigern so die Effektivität und den Umsetzungserfolg von Graves7-PE-Maßnahmen, die wiederum voll und ganz auf die ökonomischen Graves5-Kennzahlen durchschlagen. Aus dem Gravesmodell lässt sich so postulieren, dass Graves6-CSR-Initiativen nicht nur

---

48 Peter M. Senge: *Die fünfte Disziplin: Kunst und Praxis der lernenden Organisation.* 1990.

in Mitarbeiterbefragungen, sondern auch im Personalentwicklungs-Controlling nachweisbar sein sollten. Ein umfassenderer Ansatz, um die Auswirkungen von Maßnahmen zu messen, wäre hier eine Unternehmenskultur-Analyse, die direkt mit Graves-Diagnostik arbeitet.

In Österreich gibt es eine Auszeichnung für Unternehmen mit sozialer Verantwortung mit Namen TRIGOS (trigos.at). In einer Untersuchung[49] der Motivationsanalyse der CSR-Subkategorien der TRIGOS-Einreichungen 2007 wurde deutlich, dass bei den Unternehmen die Hauptmotivation für die Durchführung der CSR- und Nachhaltigkeits-Projekte darin liegt, die Vorreiterposition zu erhalten, zu stärken oder zu bekommen sowie die Mitarbeitermotivation zu steigern. Die Mitarbeiter sind stolz auf ihr Unternehmen (Graves2-Komponente), über die Vorreiterposition und den dadurch verbesserten „guten Ruf". Davon profitieren die Unternehmen auch ökonomisch. Jetzt stellt sich natürlich die Frage: „Vorreiter wovon?"

Als Clare Graves in den 50er Jahren des letzten Jahrhunderts sein Werte-Entwicklungsmodell entwickelte, schätzte er die damals gesellschaftlich wirksamen Graves8-Werte (Nachhaltigkeit, holistische Weltsicht, ...) in ihrer realen Motivationskraft für die westliche Gesellschaft mit weniger als 0,1% ein. Bis heute hat sich dieser Prozentsatz sicherlich erhöht und er erhöht sich weiter, mit zunehmender Geschwindigkeit. Von allen Graves8-Werten ist der Wert der „Nachhaltigkeit" der gesellschaftlich relevanteste. Dabei ist zu beachten, dass die Graves8-Wertebene auch die systemisch-denkende Graves7-Wertebene integriert. Genauso wie echte Personalentwicklung und effektives Wissensmanagement (Graves7) ohne Team- und Gemeinschaftsgefühl (Graves6) nicht möglich sind, so etabliert sich auch echte Nachhaltigkeit (Graves8) nicht ohne systemisches Denken und dem authentischen Wunsch nach Weiterentwicklung (Graves7). Eine voll ausgebildete Graves7-Ebene ist nötig für die Ausbildung der Graves8-Ebene.

Viele der eingereichten Trigos2007-Projekte hatten eine Graves8-Nachhaltigkeitsmotivation, z.B.:
···> „Energie sparen – Geld sparen" *(bauMax)*;
···> „Longterm Biodiversity Index" *(Lafarge)*;
···> „Umweltkostenrechnung" und „Wasserleben" *(Verbund)*;
···> „OeSFX – Österreichischer Sustainability Fund Index" *(Österreichische Kontrollbank AG)*;
···> „Entwicklung eines Umweltkostenstandards" *(OMV)*.

Unternehmen, die durch ihr verantwortungsvolles Handeln nachhaltige Beiträge für den Planeten Erde liefern, sind sicherlich „Vorreiter" zu nennen und diese Vorreiterposition wird in zunehmendem Maße auch ökonomisch belohnt. Das Gravesmodell liefert hierzu ein direktes Erklärungsmodell: Da die Graves8-Ebene auf der gruppenorientierten, rechten Seite (siehe Übersicht zum Gravesmodell) steht, hat sie eine be-

---

49 Jasch, Christine et al.: *Trigos: CSR rechnet sich.* 2007.

sondere Nähe zur Graves6-Ebene. Daher kann man mit dem Gravesmodell den gemeinschaftsbildenden Effekt (Graves6) von Graves8-Initiativen erklären. Das Bewusstsein eine Graves8-Vorreiterposition einzunehmen, steigert in der Tat effektiv das Graves6-Gemeinschaftsgefühl. Das stärkere Graves6-Gemeinschaftsgefühl und die guten zwischenmenschlichen Beziehungen wirken auf die gruppenorientierte Graves4-Ebene und erhöhen damit die Qualität aller Managementkennzahlen und dadurch deren strukturelle Aussagekraft. Das stärkere Graves6-Gemeinschaftsgefühl verbessert neben der direkten Mitarbeitermotivation auch die Lernprozesse (Graves7) und logischerweise somit auch die Performance des Gesamtunternehmens (Graves5).

CSR und Nachhaltigkeitsmanagement in der strategischen Unternehmensführung

Welche Konsequenzen ergeben sich aus dieser Sicht jetzt für die strategische Unternehmensführung? In vielen Publikationen zum Nachhaltigkeitsmanagement wird beschrieben, dass bei CSR- und Nachhaltigkeitsmaßnamen die Herausforderung in der Integration der Aktivitäten liegt. Je stärker die Maßnahmen in die strategische Unternehmensführung integriert werden, desto wirksamer werden sie letztendlich auch in ihrem ökonomischen Effekt spürbar. Wird CSR oder Nachhaltigkeit als Parallelsystem zum konventionellen betriebswirtschaftlichen Management aufgebaut, besteht nicht nur die Gefahr, dass es in der Rezession abgebaut wird, es wird auch in Boomzeiten nur suboptimal funktionieren. Aus dem Gravesmodell geht hervor, wie die einzelnen Graves-Ebenen integriert zusammenwirken (siehe Abbildung 29).

Interessant ist hier, dass momentan anscheinend verschiedene Integrations-Entwicklungen zusammenlaufen. In den 70er und 80er Jahren des letzten Jahrhunderts war der Umweltschutz in den Unternehmen meist eine technologische Fragestellung, produktionsspezifische Umweltprobleme standen im Vordergrund. Erst in den späten 80er und in den 90er Jahren des letzten Jahrhunderts wurden in vielen Märkten ökologische Produkt- und Leistungsmerkmale zu wichtigen Erfolgs- und Wettbewerbspotentialen. Dies führte dazu, dass in vielen Unternehmen ein ökologisches Produktmanagement entwickelt und das Konzept eines Umweltmanagementsystems eingeführt wurde.

Der Nutzen von Umweltmanagementsystemen ist vielfältig und umfasst in erster Linie: Einsparpotentiale bei Ressourcen- und Energieeinsatz durch Prozessoptimierung, Verringerung der Entsorgungskosten, Minderung störfallbedingter Kosten, Minderung der negativen Umweltauswirkungen und damit Minimierung des Risikos von unkalkulierbaren Schädigungen und juristischen Prozesskosten. In zweiter Linie bildet die Zusammenfassung aller Umweltschutzaktivitäten eines Unternehmens, wie bereits beschrieben, Wettbewerbsvorteile durch Imagegewinn, Steigerung von Transparenz und Überblick, Verbesserung der Mitarbeitermotivation und durch Nutzung des Umweltschutzes als Marketinginstrument.

Aus der Sicht des Gravesmodells liegt ein Umweltmanagementsystem mit seiner Kennzahlenbasis (Stoff- und Energieströme, Emissionskennwerte, Umweltbilanzen, Abfallbilanzen, Grenzwerte) auf der Graves4-Ebene. Seit Mitte der 90er Jahre erweiterte sich der Begriff des Umweltmanagements um die Themen Gesundheit und Sicherheit am Arbeitsplatz und die Mitarbeiterbefindlichkeit und -motivation. Diese rückten mehr und mehr in den Blickwinkel des Managements. So erweiterte sich das Umweltmanagement mit diesen Themen zu modernen Nachhaltigkeitsmanagement-Systemen mit den ökologischen (Graves8), ökonomischen (Graves5) und sozialen (Graves6) Kernindikatoren. Die Kennzahlenbasis von Nachhaltigkeitssystemen liegt auf der Graves4-Ebene und gibt dem Unternehmen die Vorteile der Graves4-Ebene: Ordnung, Struktur, Zuverlässigkeit, Klarheit und Transparenz. Als sich in den 90er Jahren erstmals Verfahrenstechniker für Umweltschutztechnologie (Graves8) mit Controlling-Experten (Graves4) in einem Workshop begegneten und ihre jeweiligen Denkweisen kennenlernten, stärkte dies den Teamgeist (Graves6) und den systemischen Überblick über das Unternehmen (Graves7). Echte Nachhaltigkeitsmanagementsysteme stärken so über die Integration und den systemischen Überblick auch die Graves7-Ebene des Unternehmens, was aus der Sicht des Gravesmodells auch notwendig ist, da es ohne Graves7 keine echte Graves8-Ebene gibt. Die quantitative Datenbasis (Graves4) eines Nachhaltigkeitsmanagementsystems umfasst daher die Kennzahlen der Qualitäts-, Umwelt-, Sicherheits-, Bildungs- und Personalmanagementsysteme. Ansätze für eine ganzheitliche Integration der Kernindikatoren aller höheren Graves-Ebenen bietet z.B. die Sustainable Balanced Scorecard.

Ohne die externen Wirkungen auf Marktumfeld, Gesellschaft und Ökosystem zu berücksichtigen, lassen sich die inneren systemischen Wirkungen eines effektiv implementierten Nachhaltigkeitsmanagements wie folgt abbilden:

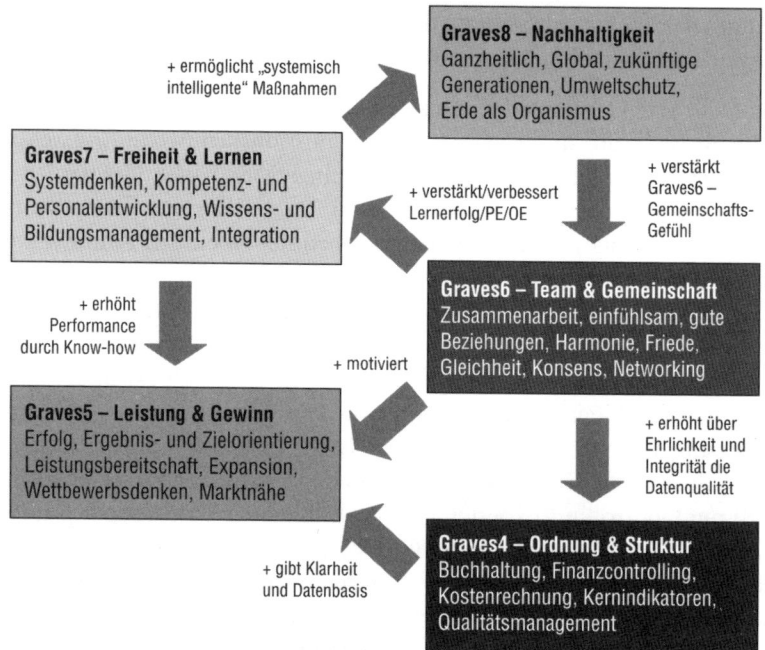

Abbildung 29: Nachhaltigkeitsmanagement im Gravesmodell

Aus dieser Grafik wird die zentrale, integrierende Rolle der beiden Ebenen Graves6 und Graves7 sichtbar. Nachhaltigkeitsmanagement funktioniert nur, wenn das Management auf der systemischen Graves7-Ebene stark entwickelt ist. Jede Entwicklungsmaßnahme zur Stärkung der Graves7-Ebene ist integrierend und zielführend. Graves7 gibt das systemische Know-how für echte Nachhaltigkeitsmaßnahmen. Gleichzeitig erhöht Graves7 die Unternehmensperformance (Graves5) durch Kompetenz und Know-how. Hier liegt die Aufgabe und Herausforderung für qualifizierte Personal-Abteilungen, das Management in der Stärkung der Graves7-Ebene durch gelebte PE & OE zu unterstützen. Über zentrale Kompetenz- und Organisationsentwicklungs-Maßnahmen wird die Graves7-Ebene des Unternehmens gestärkt. Dieses Know-how in der Personal-Abteilung hat auch positive Auswirkungen auf die Qualität bei der Personalaufnahme, die ihrerseits systemisch dann auch als ein wesentlicher Steuerungs-Faktor in der Organisationsentwicklung verstanden wird.

Gleichzeitig wird die zentrale Bedeutung der Graves6-Ebene deutlich. Hier zeigt sich, wie sehr Unternehmen von der stärkeren Integration der weiblichen, sozialen Intelligenz profitieren können. Beziehungsqualität, Teamgeist und menschliche Wertebasis der Graves6-Ebene sind mehr oder weniger die menschliche Essenz der Unternehmenskultur. Die Graves6-Ebene wird deutlich durch Graves6-CSR-Maßnahmen und Graves8-Nachhaltigkeitsinitiativen gestärkt. Auch üben Kommunikations-, Outdoor- und Team-Entwicklungsseminare einen stärkenden Einfluss auf die Graves6-Ebene aus. Besonders Outdoor-Seminare wirken zusätzlich über die Naturerfahrung (Graves8-Aspekt) auf den Graves6-Teamspirit. Die gestärkte Graves6-Ebene wiederum wirkt sich gleich dreifach positiv auf das gesamte Unternehmen aus:

1. Die Leistungsbereitschaft und Motivation steigt (Graves5).
2. Personalentwicklungs- und Lernprozesse und die Bereitschaft zur Wissensweitergabe verbessern sich (Graves7). Über den Umweg der Graves7-Ebene wirkt dies auch positiv auf die Unternehmensperformance (Graves5).
3. In Kombination mit Graves8-Nachhaltigkeitsmanagement stärken CSR-Graves6-Maßnahmen auch die beiden anderen gruppenorientierten Graves-Ebenen: Die Graves2-Mitarbeiterbindung wird gefestigt. Über die verbesserte Graves6-Beziehungsqualität erhöht sich die Graves4-Ehrlichkeit und Integrität der Daten für die Kernindikatoren in den unterschiedlichen Managementsystemen, so dass die unternehmensweite Graves4-Ebene gestärkt wird. Diese Graves4-Klarheit liefert die strukturelle Basis für die Unternehmenssteuerung und verbessert so die Unternehmensperformance (Graves5).

Es ist bezeichnend, dass Nachhaltigkeitsmanagement heute oft da erfolgreich ist, wo schon in den 80er und 90er Jahren konkrete Umweltmanagement-Systeme implementiert wurden und dann sukzessive Health- & Safety-Themen und eine strategische Personalentwicklung integriert wurden. Ehrlich (Graves4-Wert!) integriert, führt Nachhaltigkeit (Graves8) zu ökonomischem Erfolg (Graves5). Weniger erfolgreich ist Nachhaltigkeitsmanagement dort, wo es vom Top-Management als PR-Thematik verstanden wird. Fehlende Ehrlichkeit (Graves4-Schwäche) reduziert letztendlich die Mitarbeitermotivation und das Wir-Gefühl (Graves6) und echte Nachhaltigkeit (Graves8) kann nicht realisiert werden. Auch der ökonomische Erfolg (Graves5) bleibt aus und wird sogar real gefährdet, wie die vielen Wirtschaftsskandale und Bilanzfälschungen der letzten Jahre 2007 und 2008 zeigen. Auch hier erkennen wir wieder die Wichtigkeit der Integration der weiblichen Yin-Ebenen (4, 6, 8) in die strategische Unternehmensführung.

Bisher haben wir im Zusammenhang mit der strategischen Unternehmensführung die Graves3-Ebene nur unterrepräsentativ behandelt. Wie bereits an früherer Stelle beschrieben, bildet der Vertrieb die Graves3-Ebene im Unternehmen und ist damit die Kraftbasis des Unternehmens am Markt. Auch die Umsetzungskraft der Führungskräfte ist Teil der Graves3-Ebene. Der Vertrieb wird im Unternehmen durch die Graves5-Ebene gesteuert, hat aber seine ganz eigene Kraft und Dynamik. Aus ihrer eigenen Ebene heraus hat die Graves3-Ebene kein direktes Verständnis für die höheren Graves-Ebenen. Gerade deswegen sollten die Kennzahlen der Vertriebssteuerung in einer umfassenden Nachhaltigkeitsmanagement-Lösung nicht fehlen – die Graves5-Ebene wird sich dafür bedanken.

Aus diesem Überblick ergeben sich die unterschiedlichsten Integrationsprozesse, die zum ganzheitlichen Erfolg und zur Zukunftsfähigkeit von Unternehmen beitragen:

1. Die Stärkung der zentral-integrativ wirkenden Graves7- und Graves6-Ebenen durch zahlreiche Maßnahmen ist wichtig, um Unternehmenskultur, Lernkultur und Kompetenzen zu fördern;
2. weiterhin ist die Integration von CSR- und Nachhaltigkeits-Initiativen mit PE- & OE-Prozessen in der Personalabteilung mit den zentralen Graves6-, Graves7- und Graves8-Kennzahlen zu unterstützen;
3. wie auch die weiterführende Integration der zentralen Graves6-, Graves7- und Graves8-Kennzahlen mit der strategischen Unternehmensführung, die dann unternehmensweite Qualitätssicherungs-, Controlling- und Vertriebssteuerungsprozesse umfasst, z.B. in Form von Balanced Scorecards.

Diese Integrationsprozesse zu meistern, stellt die zentrale Herausforderung in der strategischen Unternehmensführung dar. Integrierte Unternehmen haben wesentlich bessere Zukunftsaussichten in den globalen Veränderungen der heutigen Zeit. Aus Sicht des Gravesmodells kommt es mit der aktuellen Finanz- und Wirtschaftskrise zu einer Verschiebung der globalen Graves-Ebenen. Bevor die Krise 2008 akut wurde, war der weltweite Fokus die Graves5-Globalisierung. In der Politik galt das neoliberale Prinzip der Nicht-Einmischung, um die freie Entfaltung der Graves5-Marktkräfte zu gewährleisten. In den letzten 20 Jahren wurden Elemente der sozialen Graves6-Balance zur Graves5-Marktwirtschaft abgebaut, meistens mit der Begründung, Graves5-Wachstum sei ja schließlich auch für alle gut. D.h. in den Jahrzehnten vor der Krise wurde global die Graves5-Ebene gestärkt, in Europa tendenziell soziale Graves6-Errungenschaften und staatliche Bürokratie abgebaut. Der Kollaps des Finanzsystems führt allerdings derzeit zu einer weltweiten Graves5-Konjunkturschwäche.[50] Das weltweite Wachstum wird kleiner bzw. die Wirtschaftskraft beginnt in einigen Ländern zu schrumpfen. Die ersten Maßnahmen der Regierungen weltweit sind die Stärkung der Graves4-Basis, mit dem Ziel, die globale Graves5-Ebene kurzfristig zu stützen und langfristig zu reorganisieren. Diese Stärkung der Graves4-Basis wird vom US-Präsidenten Barack Obama folgendermaßen beschrieben: „Transparenz, Vertrauen und Rechenschaftspflicht werden die wichtigsten Leitlinien bei der geplanten Regulierung sein müssen. Lassen Sie mich klar aussprechen: Wir stehen nicht vor der Wahl zwischen einer repressiven Staatswirtschaft und einem chaotischen, unversöhnlichen Kapitalismus; es ist eher so, dass starke Finanzmärkte eindeutige Verkehrsregeln brauchen – nicht um die Finanzinstitutionen zu behindern, sondern um Verbraucher und Anleger zu schützen."[51] Die Leitlinien Transparenz, Rechenschaftspflicht und die „eindeutigen Verkehrsregeln" sind klare Graves4-Werte, Vertrauen eine Graves6-Komponente, Schutz ein Graves2-Aspekt. Deutlich ist bei Barack Obama die Verschiebung hin zu gruppenorientierten Werten zu erkennen, inkl. einer wahrscheinlich gut ausgeprägten Graves8-Ebene.

---

50 Geschrieben Februar 2009.
51 Barack Obama am 26.2.2009.

Grundsätzlich bedeuten staatliche Maßnahmen immer eine Stärkung der Graves4-Ebene. Wenn ein System auf einer bestimmten Ebene instabil wird, ist die Stabilisierung auf der nächstniederen Ebene zu finden. Die Autorität und Ordnungsmacht des Staates wächst daher weltweit. Es bleibt allerdings abzuwarten, ob der Wunsch nach mehr Transparenz bei Ratingagenturen, Finanzprodukten und Hedgefonds realisierbar ist. Nach den ersten akuten Stützungsmaßnahmen wird sicherlich eine integrierte Strategie nötig sein, um die Anforderungen der nächsten Jahre zu bewältigen. Aus Sicht des Gravesmodells wären innovative, kostenschlanke Graves6-, Graves7- und Graves8-Elemente wichtige Bestandteile einer solchen integrativen Strategie:

⋯⋗ *Graves6-Elemente:* soziales Vertrauen aufbauen, Wir-Gefühl auf globaler Ebene aufbauen, harmonieorientierte Außenpolitik, soziale Hilfe für Bedürftige, Stärkung internationaler Organisationen und gemeinnütziger NGOs;

⋯⋗ *Graves7-Elemente:* Ausbau von Schulen und Universitäten, Ausbau der Informationstechnologie und des Breitband-Internets, Investitionen in Wissenschaft und Forschung, weltweite Bildung- und Lernkultur fördern;

⋯⋗ *Graves8-Elemente:* massive Investitionen in erneuerbare Energien und in Energiespar-Technologie wie z.B. energieeffiziente Bauweise bzw. Renovierung; alternative Antriebstechnologien für Fahrzeuge weltweit fördern.

In der heutigen Zeit sind daher Führungspersönlichkeiten auf allen Ebenen der Gesellschaft wichtig, die aus den Graves-Ebenen der 2. Oktave (Graves7, Graves8, ...) heraus agieren, um den komplexen Anforderungen und Herausforderungen der globalen Situation gewachsen zu sein.

Die in diesem Buch beschriebenen diagnostischen Werkzeuge können dazu beitragen, Unternehmen zukunftsfähiger zu gestalten. Durch strategische Personalarbeit kann die Graves-Ebenen-Integration in Unternehmen und Organisationen verbessert werden. Falls möglich und sinnvoll, können auch die Graves6-, Graves7-, und Graves8-Ebenen gestärkt werden, um dem komplexen globalen Wandel der heutigen Zeit gewachsen zu sein. Der Methodenkoffer der integrativen Organisationsentwicklung wird wahrscheinlich in den nächsten Jahren stark erneuert und erweitert werden, um Konzerne und Organisationen erfolgreich durch das 21. Jahrhundert zu begleiten. Das Gravesmodell kann hierzu sicherlich einen guten Beitrag leisten.

Anhang

Interviewfragen Übungs-Checklisten

Werte: *„Was ist Ihnen in Ihrer Arbeit wichtig?"* **GRAVES-MULTILEVEL**	2	3	4	5	6	7	8		

Motivationsrichtung → *„Warum/Wofür ist Ihnen (Wert/Kriterium) wichtig?"* bzw.: *„Was ist Ihnen an (Wert/ Kriterium) wichtig?"* → *„Wie kam es zum Wechsel bei Arbeit- geber XY?"* Hin-Zu | Weg-Von	*Hin-Zu:* sind motiviert, etwas zu bekommen oder zu erreichen; können gut mit Prioritäten umgehen; können even- tuell Hindernisse schwer erkennen. → Sagt etwas, was er/sie erreichen möchte bzw. haben möchte; → spricht über Ziele; → Modaloperatoren der Möglichkeit: wollen, hätte gerne XY, würde gerne XZ haben, ... → zielorientierte Körpersprache: zeigt auf etwas, Nicken.	*Weg-Von:* sind motiviert, Herausforderungen zu bewältigen oder Probleme zu lösen bzw. zu vermeiden. Drohungen haben belebende Wirkung. → Spricht über Probleme oder Herausforderungen; → Vermeidung von unerwünschten Situationen; → Modaloperatoren der Notwendig- keit: müssen, sollen, brauchen, ...; → ausgrenzende Gesten; leichtes Kopfschütteln.

Arbeitsmodus und Arbeitsorganisation und Graveslevel → *„Beschreiben Sie mir eine konkrete Arbeits- situation, wo (Wert/Kriterium) voll und ganz erfüllt war."* → *„Was hat Ihnen daran gefallen?"* → *„Beschreiben Sie mir einen optimalen Arbeitstag!"*	**Unabhängig** | **Beteiligung** | **Kooperativ** → *unabhängig* – Ich; selbst; meine Verantwortung; erwähnt andere nicht; → *Beteiligung* – „Ich ...", aber er- wähnt andere bzw. die Situation impliziert die Beteiligung anderer; → *kooperativ* – wir; uns; zusammen; bezieht sich mit ein und teilt Ver- antwortung.	**Personenbezug** | **Objektbezug** → *Personenbezug* – spricht über Menschen, Emotionen, Gefühle; nennt Menschen beim Namen; → *Objektbezug* – spricht über Aufga- ben, Prozesse, Ideen; Menschen werden selten erwähnt und, wenn, dann in unpersönlicher Form wie „man", „sie"; Personen werden zu Objekten oder zu Teilen von Prozessen.

Alle Übungs-Checklisten sind in Form von Lernvideos als DVD oder Video-Download erhält- lich. Der Autor demonstriert alle Fragetechniken unter realen Bedingungen und erläutert u.a. die nonverbalen Anteile in den Antworten. Zur Bestellung gehen Sie bitte in den Webshop auf: www.ecruiting.at

Referenzfilter	Internal:	External:
„Woher wissen Sie, dass Sie gute Arbeit geleistet haben?" **Internal** / **External**	beurteilen die Qualität ihrer Arbeit selbst. Sie benötigen kein Lob und treffen schnell Entscheidungen. → eigene Maßstäbe und Kriterien; → entscheiden und wissen selbst: verwenden das Wort „Ich"; → Körpersprache: zeigt auf sich, sitzt aufrecht; → bezweifelt und kritisiert schnell abweichende Meinungen und die dazugehörigen Personen.	benötigen Feedback/Lob, um Motivation aufrechtzuerhalten. Sind motiviert, wenn andere die Entscheidung treffen. → Lassen andere Menschen oder Informationsquellen für sich entscheiden. → Körpersprache: beobachten die Reaktion des Gegenübers, neigen sich beobachtend vor.
Motivationsgrund *„Warum haben Sie sich für <aktuelle Stelle bzw. Arbeitgeber XY> entschieden?"* **Optional** / **Prozedural**	*Optional:* liebt es, Systeme und Prozeduren zu entwickeln und zu verbessern; neue Wege gehen. *„Warum – Typ"* antworten mit Liste von Kriterien; Gelegenheiten, Möglichkeiten.	*Prozedural:* halten sich gerne an erprobte Methoden bzw. Strategien und sind stark in der „wirklichen Arbeit", dem Tagesgeschäft. *„Wie-Typ"* → antworten mit Geschichte; → antworten auf „wie" statt auf „warum"; → haben nicht selbst gewählt.
Motivationsniveau *„Beschreiben Sie mir Ihre typische Arbeitsweise."* **Proaktiv** / **Reflektiv**	**Proaktiv:** handeln mit wenig oder ohne Überlegung spontan. Ergreifen in Beziehungen die Initiative. → kurze Sätze mit klarer, eindeutiger Satzstruktur; → Person spricht über ihr Handeln als „Ursache", d.h. sie gestaltet die Welt; → dynamische Körpersprache.	*Reflektiv:* denken, analysieren und beobachten erst einmal die Situation und handeln später. Sie warten auf die Meinung der anderen. → lange und verschachtelte Sätze; Passivformen und Konditionalsätze: würde, könnte, sollte; → Person spricht als „Wirkung", d.h. als würden die Welt oder die Umstände sie dominieren bzw. ihr etwas zu geben haben; → ruhige Körpersprache.
Informationsgröße *„Beschreiben Sie mir Ihre typische Arbeitsweise."* **Global** / **Detail**	*Global – „Big Chunker":* lieben den Überblick und die konzeptuelle Arbeit; präsentieren oft nicht in linearer Reihenfolge. → antworten kurz angebunden; → einfache Sätze, wenig Details; → bieten Überblick, Konzept, Zusammenfassung; → bieten nichtlineare Reihenfolge.	*Detail – „Small Chunker":* sind sehr gut in Detailarbeit; kommen am besten mit kleinen Informationseinheiten zurecht; handeln Schritt für Schritt. → antworten lange und ausführlich; → nennen Details wie Namen und Einzelheiten; → sprechen in Sequenzen, Schritt für Schritt.

GRAVES2	Graves2-Schwäche:	Graves2-Stärke:
„Was bedeutet für Sie berufliche Sicherheit?" → „Was ist Ihnen dabei wichtig?" „Wie kam es zur Auflösung Ihres letzten Dienstverhältnisses?" bzw. „Wie kommt es, dass Sie Ihr jetziges Unternehmen verlassen möchten?"	kann mit den Fragen wenig anfangen oder sagt kongruent, dass z.B. Sicherheit nicht wichtig sei; reagiert nonverbal eher mit Unverständnis; theoretisiert oder antwortet inkongruent; bringt keinen Bezug zu den Werten Identifikation & Zugehörigkeit. Hat bei der Frage zum „letzten Dienstverhältnis" keine Emotionen in Bezug auf die Wichtigkeit der „Stammbindung". Ist ruhig und gelassen oder zeigt emotionale Unabhängigkeit & Eigenständigkeit.	reagiert nonverbal stark, antwortet kongruent, dass z.B. Sicherheit wichtig ist; hat Bezug zum Wert Zugehörigkeit; bringt das Gespräch auf Familie bzw. auf familiäre Werte im beruflichen Arbeitsumfeld; ein renommierter Firmenname ist erwünscht. Zeigt bei der Frage zum „letzten Dienstverhältnis" Emotionen in Bezug auf die Wichtigkeit der „Stammbindung".
GRAVES3	Bei Gegenfragen stellen Sie die erste Vertiefungsfrage: „Können Sie sich so eine Situation konkret vorstellen?" Graves3-Schwäche:	Graves3-Stärke:
„Wie reagieren Sie in beruflichen Situationen, wenn andere mit purer Macht die Vorherrschaft erkämpfen?" → konkrete Beispiele? „Wie reagieren Sie auf aggressives Konkurrenzverhalten von KollegInnen?" → konkrete Beispiele?	zeigt beim Beantworten eher nonverbal Schwäche bzw. Ablehnung von Macht bzw. niedriges Selbstbewusstsein; kann mit der Frage wenig anfangen; theoretisiert, antwortet inkongruent: „Ja, ja, Durchsetzungsvermögen ist wichtig." → Dann weitere Vertiefungsfrage: „Nennen Sie ein konkretes Beispiel!"	hat solche Situationen schon erlebt und gemeistert (dann weitere Vertiefungsfrage: „Wie genau sind Sie mit dieser Situation umgegangen?"); zeigt bei Beantwortung der Frage nonverbal Selbstbewusstsein und/oder „Kampfgeist"; akzeptiert das Machtmotiv des anderen prinzipiell, wenn er persönlich nicht tangiert wird. → ergreift in Beziehungen die Initiative; → spricht in kurzen Sätzen mit klarer, eindeutiger Satzstruktur; → dynamische Körpersprache.
GRAVES4	Graves4-Schwäche:	Graves4-Stärke:
„Was halten Sie von Regeln und Vorschriften am Arbeitsplatz?" bzw. „Wie wichtig sind für Sie Organisationsregeln und Vorschriften?" → „Welche Berechtigung haben Ihrer Meinung nach Organisationsregeln und Vorschriften für ein Unternehmen?" „Wie reagieren Sie, wenn man Sie auf einen Fehler aufmerksam macht?"	Organisationsregeln und Vorschriften werden als Unfreiheit & Hindernis zum Erfolg gesehen oder sie werden belächelt nach dem Motto „Gib mir eine Regel und ich ändere sie/biege sie"; oder inkongruente Antwort nach dem Motto: „Ja, ja, ganz wichtig" (Vertiefungsfrage: „Nennen Sie mir konkrete Beispiele"); Ausmaß der fehlenden Akzeptanz ist Maß für Graves4-Schwäche; reagiert internal, wenn man ihn auf Fehler aufmerksam macht; kann Feedback nicht leicht annehmen.	wichtig, antwortet mit Beziehung zu Werten wie Orientierung & Struktur & Ordnung & Sinnhaftigkeit; kongruente Antwort, auch wenn andere Werte wie „Zielorientierung" betont werden, ist die Stärke der nonverbalen Akzeptanz von Regeln und Vorschriften ein Maß für Graves4-Stärke. Reagiert external, wenn man ihn auf Fehler aufmerksam macht, d.h. kann Feedback leicht annehmen und ist dankbar für Führung und Direktive; lernt dazu.

GRAVES5	Graves5-Schwäche:	Graves5-Stärke:
„Wie agieren Sie in beruflichen Situationen, wo ein intensiver Wettbewerb herrscht?" → „Nennen Sie mir konkrete Beispiele." → „Was bedeutet Wettbewerb für Sie persönlich?"	wird durch die Frage geschwächt; geht in eine Stressphysiologie; glaubt unbewusst: „Viel Wettbewerb reduziert meine Aussicht auf Erfolg"; zweifelt an sich und an seinen Möglichkeiten, erfolgreich zu sein; Bereitschaft >100% zu geben nicht vorhanden.	wird durch die Frage energetisiert; hat eine proaktive und leistungsorientierte Einstellung: „Wettbewerb belebt das Geschäft"; glaubt an sich und an seine Möglichkeiten, erfolgreich zu sein; Bereitschaft vorhanden >150% zu geben.

MULTILEVEL & GRAVES5

Was ist Ihnen in Bezug auf Ihre Führungskraft wichtig? Welche Aufgaben hat eine Führungskraft? Konkrete Erfahrungen? Was erwarten Sie von Ihrem Arbeitgeber?

Führungswerte:

2	3	4	5	6	7	8

GRAVES6	Graves6-Schwäche:	Graves6-Stärke:
„Woran erkennt man im Team ein gutes Gemeinschaftsgefühl?" → konkrete Erfahrungen? → „Wie kann das Gemeinschaftsgefühl gestärkt werden?" „Wie wichtig ist es für Sie persönlich, dass sich ein Team gut untereinander versteht?"	keine kongruente, hohe Bewertung für das Gemeinschaftsgefühl; wenig konkrete Erfahrungen und Stärkungsvorschläge; theoretisiert; in den konkreten Erfahrungen zeigen sich andere Graves-Levels (z.B. 4, 5, 7); Gefühle und Emotionen sind weniger wichtig und andere Aspekte stehen im Vordergrund.	zeigt eine hohe Bewertung des Gemeinschaftsgefühls; hat viele konkrete Erfahrungen für ein gut ausgeprägtes Gemeinschaftsgefühl und weiß, wie dieses zu verbessern ist; Gefühle und Emotionen sind wichtig und essentiell: Wie hoch ist die Rapportfähigkeit? Wie balanciert ist sein Konkurrenzverhalten (Graves3, -5)?

GRAVES7	Graves7-Schwäche:	Graves7-Stärke:
Frage 1: „Stellen Sie sich eine berufliche Situation vor, in der Sie jemand um Rat fragt. Wie gehen Sie vor, wenn Sie jemanden beraten? Worauf achten Sie?" → „Können Sie mir ein konkretes Beispiel aus Ihrer Erfahrung nennen?" Frage 2: „Woran erkennen Sie bei sich Persönlichkeits-Entwicklung?" → „Können Sie mir ein konkretes Beispiel nennen?"	Frage 1: Fragt wenig; gibt in den genannten Beispielen konkrete Ratschläge; geht in der Beratung problemorientiert vor; geht in die Experten-Rolle und sucht die Lösung durch eigenes Denken, d.h. fragt wenig. Frage 2: Kann mit dem Wort Persönlichkeits-Entwicklung nichts anfangen bzw. die Wichtigkeit ist nicht hoch; zeigt keine emotionale Motivation bei dem Thema. Persönlichkeits-Entwicklung: „passiert einfach"; kann keine konkreten Erfahrungen nennen oder muss lange nachdenken.	Frage 1: Fragt viel, z.B. in den genannten Beispielen nach Zielen des anderen und was ihm wichtig ist; leitet über ziel- und lösungsorientierte Fragen den anderen zu seiner eigenen Lösung; arbeitet mit Vorannahmen wie: Die Landkarte ist nicht das Gebiet, d.h. er unterscheidet zwischen subjektiver Weltsicht des anderen und der Situation. Frage 2: Persönlichkeits-Entwicklung ist wichtig und motivierend; emotionale Beteiligung beim Thema. Persönlichkeits-Entwicklung wird bewusst angestrebt; konkrete kongruente Erfahrungsberichte.

Interviewfragen Übungs-Checklisten: Gewerbliche Positionen

GRAVES4 *„Was halten Sie von Regeln und Vorschriften am Arbeitsplatz?"* *„Wie reagieren Sie, wenn man Sie auf einen Fehler aufmerksam macht?"* Vertiefungsfragen: → *„Nennen Sie mir konkrete Beispiele."* → *„Woher wissen Sie, dass Sie gute Arbeit geleistet haben?"*	***Graves4-Schwäche – 1. Frage:*** Organisationsregeln und Vorschriften werden als Unfreiheit & Hindernis zum Erfolg gesehen oder sie werden belächelt nach dem Motto: „Gib mir eine Regel und ich ändere sie/biege sie" oder inkongruente Antwort nach dem Motto: „Ja, ja, ganz wichtig"; Ausmaß der fehlenden Akzeptanz ist Maß für Graves4-Schwäche. ***Graves4-Schwäche – 2. Frage:*** Reagiert internal; kann Feedback nicht leicht annehmen; thematisiert nonverbal Stolz/Ehre-Thematik anstatt Lernen & Feedback.	***Graves4-Stärke – 1. Frage:*** Wichtig; antwortet mit Beziehung zu Werten wie Orientierung & Struktur & Ordnung & Sinnhaftigkeit; kongruente Antwort; auch wenn andere Werte wie „Zielorientierung" betont werden, ist die Stärke der nonverbalen Akzeptanz von Regeln und Vorschriften ein Maß für Graves4-Stärke. ***Graves4-Stärke – 2. Frage:*** Reagiert external; kann Feedback leicht annehmen und ist dankbar für Führung und Direktive; lernt dazu. | 4er-Stärke	4er-Schwäche | |---|---| | | |
Motivations-Niveau *„Beschreiben Sie mir einen typischen Arbeitsablauf bzw. einen typischen Arbeitstag."* | Proaktiv | Reflektiv | |---|---| | | |	***Proaktiv:*** handeln mit wenig oder ohne Überlegung spontan; ergreifen in Beziehungen die Initiative; kurze Sätze mit klarer, eindeutiger Satzstruktur; Person spricht über ihr Handeln als „Ursache", d.h. sie gestaltet die Welt; dynamische Körpersprache.	***Reflektiv:*** reagieren statt agieren, denken, analysieren; beobachten erst einmal die Situation und handeln später; warten auf die Meinung der anderen; lange Sätze, kommt nicht auf den Punkt; spricht, als würde die Welt sie dominieren bzw. ihr etwas schuldig sein; ruhige Körpersprache.
GRAVES3 *„Wie reagieren Sie, wenn andere mit >Ellenbogentechnik< die Vorherrschaft erkämpfen?"* *„Wie reagieren Sie auf aggressives Konkurrenzverhalten von KollegInnen?"* *„Haben Sie so etwas schon einmal erlebt?"*	***Graves3-Schwäche:*** zeigt beim Beantworten eher nonverbal Schwäche und wenig „Standing"; Ablehnung von Macht und Einfluss bzw. niedriges Selbstbewusstsein; kann mit der Frage wenig anfangen; theoretisiert; antwortet inkongruent.	***Graves3-Stärke:*** Person hat solche Situationen schon erlebt und gemeistert; zeigt bei Beantwortung der Frage nonverbal Selbstbewusstsein und/oder „Kampfgeist". | 3er-Stärke | 3er-Schwäche | |---|---| | | |
Multi-Level *„Wie kam es zur Auflösung Ihres letzten Dienstverhältnisses?"* *„Was erwarten Sie von Ihrem Arbeitgeber?"* *„Wie stellen Sie sich ihren Job vor? Was glauben Sie, was Sie tun werden?"*	| 2 | 3 | 4 | 5 | 6 | 7 | 8 | |---|---|---|---|---|---|---| | | | | | | | |	

Verteilung von Metaprogrammen und Graves-Werten

	Gesamt	Basis	Sales	Management
Hin-Zu / Weg-Von	54.85% 45.15%	49.54% 50.46%	60.94% 39.06%	55.05% 44.95%
Internal / External	48.72% 51.28%	44.9% 55.1%	52.01% 47.99%	52.79% 47.21%
Optional / Prozedural	49.31% 50.69%	40.81% 59.19%	57.52% 42.48%	55.16% 44.84%
Global / Detail	72.84% 27.16%	69.97% 30.03%	0% 0%	84.89% 15.11%
Proaktiv / Reflektiv	42.03% 57.97%	38.25% 61.75%	44.17% 55.83%	50.11% 49.89%
Personen / Objekte	38.03% 61.97%	38.38% 61.62%	37.55% 62.45%	39.21% 60.79%
Matching / Mismatching	59.74% 40.26%	58.18% 41.82%	61.54% 38.46%	60% 40%
G2-Stärke / G2-Latenz	41.37% 58.63%	0% 0%	0% 0%	41.37% 58.63%
G3-Stärke / G3-Latenz	44.86% 55.14%	0% 0%	47.78% 52.22%	34.26% 65.74%
G4-Stärke / G4-Latenz	58.11% 41.89%	0% 0%	0% 0%	58.11% 41.89%
G5-Stärke / G5-Latenz	60.8% 39.2%	0% 0%	58.97% 41.03%	67.42% 32.58%
G6-Stärke / G6-Latenz	53.11% 46.89%	0% 0%	0% 0%	53.11% 46.89%
G7-Stärke / G7-Latenz	72.95% 27.05%	0% 0%	0% 0%	72.95% 27.05%

Diese Daten zeigen erste Muster in der Verteilung von „Metaprogrammen und Gra-ves-Wertemotivatoren im Kontext Arbeit", basierend auf 1679 Potentialanalysen aus den Jahren 2007 bis Mai 2009. Die Spalte „Basis" zeigt die Ergebnisse von Mitarbei-tern ohne Führungsverantwortung (798 Potentialanalysen), die Spalte „Sales" zeigt Ergebnisse von Mitarbeitern im Verkaufskontext (691 Potentialanalysen) und die Spalte „Management" zeigt die Ergebnisse von Mitarbeitern mit Führungsverantwor-tung (190 Potentialanalysen). Je nach Zielgruppe wurden unterschiedliche Metapro-gramme und Graves-Wertemotivatoren erhoben.[52] Die Graves-Stärke in einer Ebene beschreibt wie stark die Werte der jeweiligen Graves-Ebene im Kontext Beruf moti-vieren. Bei den 190 Führungskräften liegen hierbei die Graves7-Werte noch vor den Graves5- und den Graves4-Werten.

---

52 Aktuelle Forschungsergebnisse und weiterführende Studien werden auf www.ecruiting.at veröffentlicht.

Literatur

Andreas, C. & St.: *Gewußt wie.* Paderborn: Junfermann [4]2000

Bandler, R. & Grinder, J.: *Neue Wege der Kurzzeit-Therapie.* Paderborn: Junfermann [14]2007

Bandler, R.: *Veränderung des subjektiven Erlebens.* Paderborn: Junfermann [7]2006

Bär, M., Krumm, R. & Wiehle, H.: *Unternehmen verstehen, gestalten und verändern. Das Graves-Value-System in der Praxis.* Wiesbaden: Gabler 2007

Bauer, J.: *Warum ich fühle, was du fühlst. Intuitive Kommunikation und das Geheimnis der Spiegelneurone.* München: Heyne 2005

Beck, D.E. & Cowan Ch.C: *Spiral Dynamics. Leadership, Werte und Wandel: Eine Landkarte für Business und Gesellschaft im 21. Jahrhundert.* Bielefeld: Kamphausen 2007

Begley, Sh.: *Neue Gedanken, neues Gehirn. Die Wissenschaft der Neuroplastizität beweist, wie unser Bewusstsein das Gehirn verändert.* München: Goldmann 2007

Bents, R. & Blank, R.: *M.B.T.I. – Die 16 Grundmuster unseres Verhaltens nach C.G. Jung.* München: Claudius 1992

Blanchard, K., Zigarmi, P. & D.: *Führungsstile.* Reinbek: Rowohlt 1985

Braun, R.: *Die Coaching-Fibel. Vom Ratgeber zum High Performance Coach.* Wien: Linde 2004

Braun, R., Gawlas, H. Schmalz, A. & Dauz, E.: *Manual zum Trinergy-Masterpractitioner.* Berlin: dvnlp 2004

Charvet, Sh.R.: *Wort sei Dank. Von der Anwendung und Wirkung effektiver Sprachmuster.* Paderborn: Junfermann [4]2007

Covey, St.R.: *Die 7 Wege zur Effektivität. Prinzipien für persönlichen und beruflichen Erfolg.* Offenbach: Gabal 1990

Davidson, R.J.: *Toward a biology of personality and emotion.* Annals of the NY Academy of Sciences, 935, 191-207, 2001

Davidson, R.J. et al.: *Asymmetries in face and brain related to emotion,* 2004, http://psyphz.psych.wisc.edu/web/pubs.html

Davidson, R.J., Putnam, K.M. & Larson, C.L.: Dysfunction in the neural circuitry of emotion regulation. A possible prelude to violence. In: *Science,* 289, 591-594, 2000

Durnwalder, K.: *Assessmentcenter. Leitfaden für Personalentwickler.* München: Hanser 2001

Einsiedler, H., Breuer, K. & Hollstegge, S.: *Organisation der Personalentwicklung.* München: Luchterhand 1999

Evans, A.: *Value Systems and the MMPI: A Correlation Study.* Phyllis Books 1979

Gay, F.: *DISG-Persönlichkeitsprofil.* Offenbach: Gabal 2002

Graves, C.W.: *The Never Ending Quest.* (Compiled by Editors: Christopher C. Cowan & Natasha Todorovic, Eds.). Santa Barbara, CA: ECLET Publishing 2005

Graves, C.W.: The Deterioration in Work Standards. In: *Harvard Business Reviews* 11/1967

Graves, C.W.: *Levels of Human Existence.* Based on a transcription made by William R. Lee of Dr. Graves's 1971 seminar at the Washington School of Psychiatry

Graves, C.W.: *Man. An Enlarged Conception of His Nature.* New York, May, 1965

Graves, C.W.: *Value Systems and Their Relation to Managerial Controls and Organizational Viability.* San Francisco, Calif., February, 1965

Hall, M.H. & Bodenhamer, B.G.: *Figuring Out People. Reading People Using Meta-Programs.* Bethel: Crown House Publishing 1997

Häusel, H.-G.: *Think Limbic.* Freiburg: Haufe 2000

Häusel, H.-G.: *Brain Script.* Freiburg: Haufe 2007

Herschkowitz, N.: *Das Gehirn. Was stimmt? Die wichtigsten Antworten.* Freiburg: Herder 2007

Hofmann, E.: *Einstellungsgespräche führen. Bewerber aus der Reserve locken.* München: Luchterhand 2000

James, T. & Woodsmall, W.: *Time Line.* Paderborn: Junfermann ⁶2006

Jasch, Ch., Grasl, R. & Köbler, R.: *Trigos: CSR rechnet sich.* Im Auftrag des Bundesministeriums für Verkehr, Innovation und Technologie 2007

Jochmann, Dr. W.: *Was können Hochschulen von Unternehmen lernen?* Kienbaum Management Consultants GmbH 2006

Jung, C.G.: *Psychologische Typen.* Zürich: Rascher 1921

Lee, W.L., Ph.D.: *A Reliability and Validity Study of the Selected Levels of Psychological Existence Scale.* The University of North Carolina, Dissertations 1983

Lee, W.R.: *Comparing the Research Data of O.J. Harvey's Cognitive Systems with the Basic Research Data of Clare Graves' Levels of Existence Theory.* February, 1999

Mehrabian, A.: *Silent messages.* Wadsworth: Belmont, California 1971

Nielsen, N. & K.: *Das Gravesmodell und seine Anwendung im Coaching.* www.nlp-nielsen.de 2006

Pokorny-van Lochem, W.: *Die sinnvolle Berücksichtigung von Metaprogrammen oder >der etwas andere Fokus<.* Erkelenz: Synergie-Verlag 2004

Senge P.M.: *Die fünfte Disziplin. Kunst und Praxis der lernenden Organisation.* Stuttgart: Klett-Cotta 1990

Schiava, M. della, Knapp, O. & Hailand, A.: *Social-Rating.* Wien: Ueberreuter 2002

Schulz von Thun, F.: *Miteinander reden 1. Störungen und Klärungen. Allgemeine Psychologie der Kommunikation.* Reinbek: Rowohlt 1981

Spitzer, M.: *Lernen. Gehirnforschung und die Schule des Lebens.* Heidelberg: Spektrum Akademischer Verlag 2002

Das Gravesmodell im Internet

International
www.clarewgraves.com
www.spiraldynamics.org (Chris Cowan)
www.spiraldynamics.net (Dr. Don Beck)

Deutschsprachig
www.nlp-nielsen.de/graves.htm
de.wikipedia.org/wiki/Clare_W._Graves
www.graves-systeme.de
www.ecruiting.at

Mediatives Handeln im Alltag

176 Seiten • € (D) 18,– • ISBN 978-3-87387-716-0 · REIHE KOMMUNIKATION • Transformative Mediation

GATTUS HÖSL

»Der MiteinanderMensch«

Die Basis unserer Existenz ist der Mensch *mit* dem Menschen. Umso mehr stellt sich die Frage: Wie kann der Umgang miteinander gelingen?

Das neue Buch von Gattus Hösl lässt Sie den Schlüssel entdecken, mit dem Sie Ihre stillen Reserven, Talente und Gestaltungspotenziale erschließen. Sie selbst sind der Experte für achtsame, gewinnbringende, wertschätzende Begegnungen – privat und beruflich. Diese geschehen im Mediativen Handeln, das auf der Transformativen Mediation basiert: Im Erfahren eigener Klarheit und Stärke und im Erkennen und Geltenlassen des Anderen liegt eine verwandelnde Kraft. Das heißt zugleich: Soziales Lernen, auch als moralisches Wachstum, wird möglich. Wir können beziehungs-weise(r) werden und selbst die Veränderung sein, die wir in der Gesellschaft sehen wollen.

Gattus Hösl, Dr. Dr., Anwalt, Philosoph, Mediator, gilt als der führende Vertreter der Transformativen Mediation in Deutschland. Leiter des Instituts für Transformative Mediation und Mediatives Handeln.

Persönlichkeiten besser verstehen

264 Seiten, kartoniert • € (D) 28,– • ISBN 978-3-87387-657-6

REIHE FACHBUCH • Angewandte Transaktionsanalyse

**VANN S. JOINES
& IAN STEWART**

»Persönlichkeitsstile«

Die Persönlichkeitsstile geben Hinweise
auf den Kommunikationsstil, das Kontakt-
verhalten sowie Lebensmuster und -themen
einer Person.
Aus den Untersuchungen von Ware und
Kahler sowie aus Beobachtungen und jahre-
langer klinischer Erfahrung der Autoren
kristallisieren sich sechs konkrete Persön-
lichkeitstypen heraus, die in diesem Buch
ausführlich beschrieben werden. Neben
entwicklungspsychologischen Aspekten wird
ein besonderes Augenmerk darauf gelegt,
wie bestimmte Verhaltensmuster – mithilfe
des sogenannten Antreiberverhaltens –
erfasst und diagnostiziert werden können.

Dr. Vann S. Joines,
klinischer Psychologe,
lehrender und super-
vidierender Transaktions-
analytiker (ITAA).

Dr. Ian Stewart, Psycho-
therapeut, lehrender und
supervidierender
Transaktionsanalytiker
(EATA, ITAA).

Junfermann   Verlag

Know-how zur Teammediation